MEMÓRIA PÚBLICA
E ARQUIVOS PRIVADOS
POLÍTICAS DE PRESERVAÇÃO NA DÉCADA DE 1980

Editora Appris Ltda.
1.ª Edição - Copyright© 2024 da autora
Direitos de Edição Reservados à Editora Appris Ltda.

Nenhuma parte desta obra poderá ser utilizada indevidamente, sem estar de acordo com a Lei nº 9.610/98. Se incorreções forem encontradas, serão de exclusiva responsabilidade de seus organizadores. Foi realizado o Depósito Legal na Fundação Biblioteca Nacional, de acordo com as Leis nᵒˢ 10.994, de 14/12/2004, e 12.192, de 14/01/2010.

Catalogação na Fonte
Elaborado por: Josefina A. S. Guedes
Bibliotecária CRB 9/870

P426m
2024
	Peraçoli, Talita dos Santos Molina
	  Memória pública e arquivos privados: políticas de preservação na década de 1980 / Talita dos Santos Molina Peraçoli. – 1. ed. – Curitiba: Appris, 2024.
	  247 p. ; 23 cm. – (Ciências sociais. Seção história).
	
	  Inclui referências.
	  ISBN 978-65-250-5514-5
	
	  1. Memória coletiva. 2. Documentos - Preservação. 3. Arquivos pessoais. 4. Arquivos públicos. I. Título. II. Série.
	
	                                                           CDD – 363.69

Livro de acordo com a normalização técnica da ABNT

Appris editora

Editora e Livraria Appris Ltda.
Av. Manoel Ribas, 2265 – Mercês
Curitiba/PR – CEP: 80810-002
Tel. (41) 3156 - 4731
www.editoraappris.com.br

Printed in Brazil
Impresso no Brasil

Talita dos Santos Molina Peraçoli

MEMÓRIA PÚBLICA E ARQUIVOS PRIVADOS
POLÍTICAS DE PRESERVAÇÃO NA DÉCADA DE 1980

FICHA TÉCNICA

EDITORIAL	Augusto Coelho
	Sara C. de Andrade Coelho
COMITÊ EDITORIAL	Marli Caetano
	Andréa Barbosa Gouveia - UFPR
	Edmeire C. Pereira - UFPR
	Iraneide da Silva - UFC
	Jacques de Lima Ferreira - UP
SUPERVISOR DA PRODUÇÃO	Renata Cristina Lopes Miccelli
ASSESSORIA EDITORIAL	William Rodrigues
REVISÃO	Simone Ceré
PRODUÇÃO EDITORIAL	William Rodrigues
DIAGRAMAÇÃO	Andrezza Libel
CAPA	Kananda Ferreira
REVISÃO DE PROVA	William Rodrigues

COMITÊ CIENTÍFICO DA COLEÇÃO CIÊNCIAS SOCIAIS

DIREÇÃO CIENTÍFICA Fabiano Santos (UERJ-IESP)

CONSULTORES
- Alícia Ferreira Gonçalves (UFPB)
- Artur Perrusi (UFPB)
- Carlos Xavier de Azevedo Netto (UFPB)
- Charles Pessanha (UFRJ)
- Flávio Munhoz Sofiati (UFG)
- Elisandro Pires Frigo (UFPR-Palotina)
- Gabriel Augusto Miranda Setti (UnB)
- Helcimara de Souza Telles (UFMG)
- Iraneide Soares da Silva (UFC-UFPI)
- João Feres Junior (Uerj)
- Jordão Horta Nunes (UFG)
- José Henrique Artigas de Godoy (UFPB)
- Josilene Pinheiro Mariz (UFCG)
- Leticia Andrade (UEMS)
- Luiz Gonzaga Teixeira (USP)
- Marcelo Almeida Peloggio (UFC)
- Maurício Novaes Souza (IF Sudeste-MG)
- Michelle Sato Frigo (UFPR-Palotina)
- Revalino Freitas (UFG)
- Simone Wolff (UEL)

À minha mãe (in memoriam), *a saudade é imensa, mas sempre será minha inspiração.*

AGRADECIMENTOS

A decisão de publicar este livro, fruto da minha tese de doutorado, vem de um desejo de realização pessoal e profissional. Venho de uma família humilde e publicar esta obra tem que ser motivação para que meus amigos e parentes percebam como a educação é um poderoso instrumento para transformar as vidas das pessoas.

Há pouco tempo, vivíamos tempos sombrios com relação a educação, cultura e, consequentemente, preservação e estudos sobre o patrimônio histórico e arquivístico. Em uma realidade em que o acesso à informação é tema constante, a publicação desta pesquisa vem ao encontro de trazer ao leitor acesso à informação, ao conhecimento e à memória pública.

Perante essa conjuntura e com a esperança de que dias melhores estão chegando para a educação, pesquisa e ciência em nosso país, publico este livro acreditando que alcance muitos olhares, para que assim se atentem mais às políticas públicas de preservação do patrimônio documental, compreendendo quanto os arquivos públicos e privados são relevantes para nossa memória (identidade) nacional.

Dito isso e com a satisfação de ver minha pesquisa publicada, quero agradecer, novamente:

À Prof.ª Dr.ª Heloísa de Faria Cruz, pela paciência, amizade e pelo contínuo incentivo à pesquisa sobre os arquivos privados.

Agradeço à Prof.ª Dr.ª Célia Reis Camargo, por inspirar minha pesquisa com sua produção intelectual, pela contínua contribuição que valorizou este estudo.

Aos funcionários do Arquivo Central do IPHAN do Rio de Janeiro – ACI/RJ, "Arquivos Noronha Santos". Ao pesquisador Dr. Jean Bastardis, pela solidariedade de conceder seu material de pesquisa, que muito contribuiu para a publicação deste livro.

Agradeço o apoio da Coordenação de Aperfeiçoamento de Pessoal de Nível Superior (Capes) e ao Conselho Nacional de Desenvolvimento Científico e Tecnológico (CNPq), que me concedeu uma bolsa de estudos, entendendo que meu trabalho atendia a uma demanda social, e graças a esse apoio estou publicando esta obra. O investimento em educação e ciência no Brasil é primordial para a diminuição da desigualdade social a que assistimos hoje.

A todos os amigos e parentes que me ajudaram de alguma forma, meu muito obrigada. Agradeço, principalmente, a Deus e a minha mãe, que, por sua dedicação em educar seus filhos, me transformou na mulher que sou. Obrigada pela paciência e carinho.

Viva a ciência brasileira! Vivas as mulheres na ciência!

Decerto, mesmo que a história fosse julgada incapaz de outros serviços, restaria a dizer, a seu favor, que ela entretém. Ou, para ser mais exato – pois cada um busca seus passatempos onde mais lhe agrada –, assim parece, incontestavelmente, para um grande número de homens. Pessoalmente, do mais remoto que me lembre, ela sempre me pareceu divertida. Como todos os historiadores, eu penso. Sem o quê, por quais razões teriam escolhido esse ofício? Aos olhos de qualquer um que não seja um tolo completo, com quatro letras, todas as ciências são interessantes. Mas todo cientista só encontra uma única cuja prática o diverte. Descobri-la para a ela dedicar-se é propriamente o que se chama vocação.

(Marc Bloch – *Apologia da História ou o Ofício de Historiador*, 2001, p. 43)

PREFÁCIO

Historiografia e Preservação Documental

A operação historiográfica, como alerta Certeau assim como vários outros teóricos e em nossa prática cotidiana de pesquisa, é tributária do diálogo sistemático e controlado com os documentos. E, sem dúvida, o manuseio de fontes, o aprendizado da crítica dos documentos, define-se como uma das principais dimensões da formação do historiador. Aprender a lidar com a diversidade dos suportes e linguagens, tipologias e gêneros dos documentos que nos são legados pelo passado, desenvolver a crítica documental, é um dos maiores desafios do ofício. O diálogo que desenrola o carretel ao contrário, como nos propõe Chesnaux, no qual as perguntas formuladas no presente são postas às evidências do passado, têm a cada tempo como uma de suas condicionantes os processos de preservação e de constituição dos diversos acervos e arquivos. Assim, é preciso propor que antes de se constituir num momento outro, externo ou anterior à operação historiográfica, como muitas vezes parece ser a visão corrente entre nós, a compreensão sobre a conformação do arquivo é ela mesma um dos momentos da prática historiográfica. Como nos propõe Roberto Pitalluga (2007)[1], a prática arquivística, que ele denomina como o *momento do arquivo*, deve ser considerada como espaço social da produção historiográfica.

Ao reconhecer o lugar e a importância da atividade que conforma acervos documentais como prática historiográfica, há também que assinalar que esta é uma reflexão pouco desenvolvida e quase marginal nas discussões nos ambientes dos historiadores em nosso país, sendo pensado como um tema de interesse exclusivo dos arquivistas. Assim, é com grande satisfação que vejo a publicação do livro de Talita dos Santos Molina Peraçoli, *Memória Pública e Arquivos Privados: Políticas de Preservação na década de 1980*, que desenvolve uma reflexão histórica instigante e necessária sobre as políticas de preservação dos arquivos privados no país.

Fruto de pesquisa desenvolvida sob minha orientação em seu doutoramento, o livro toma como campo de estudo e reflexão o processo de criação e atuação do Pró-Documento – Programa Nacional de Documentação da

---

[1] Pittaluga, Roberto. Democratización del archivo y escritura de la historia. *In*: ENCUENTRO REGIONAL ARCHIVOS Y DERECHOS HUMANOS, 1., 2007, Buenos Aires. **Anais** [...]. Buenos Aires: Memoria Abierta, 2007. p. 1-7.

Preservação Histórica, desenvolvido pela extinta Fundação Nacional Pró-Memória – FNPM do IPHAN e que, entre os anos de 1984 e 1988, teve como objetivo central a preservação de acervos privados como conjuntos documentais importantes para a recuperação da memória e da identidade nacional.

Na reflexão sobre a questão da preservação documental, é preciso lembrar que a consolidação de marcos legais, bem como a definição de políticas públicas voltadas para a identificação, reconhecimento e preservação do patrimônio documental é questão relativamente recente no país. No plano legal, sabemos que, embora o texto constitucional de 1946 já considerasse a documentação de valor histórico como um bem a ser protegido pelo poder público, a atribuição de valor patrimonial a acervos documentais só se consolida por meio da Constituição de 1988.

Nas décadas finais do século passado, em meio aos processos de reconstrução da institucionalidade democrática, as demandas sociais pela democratização e afirmação do Direito à Memória repercutem no campo acadêmico e institucional. Na época, as demandas de historiadores e profissionais ligados a instituições de memória tais como museus, instituições de patrimônio histórico e cultural, arquivos e centros de documentação animam um movimento lento, mas crescente, de reconhecimento da importância do patrimônio cultural e de alargamento dos critérios para sua avaliação e preservação.

Passando a integrar o patrimônio cultural nacional, por meio da formulação do artigo 216 da Constituição Federal de 1988, o patrimônio documental arquivístico teria sua gestão e preservação garantidos e legalizadas logo a seguir por meio da chamada lei de arquivos. Assim, no contexto pós-constituinte, embates políticos somados às lutas de movimentos civis e de profissionais da área, após muitas idas e vindas, conquistam a promulgação da Lei n.º 8.159, de 08 de janeiro de 1991, que constitui passo importante na história da legislação voltada para a preservação documental e abre caminho para o estabelecimento e renovação de políticas públicas de identificação, avaliação, seleção, reconhecimento e preservação de arquivos no país.

Primos pobres dos bem edificados, que desde os anos 1930 têm seus processos de reconhecimento e preservação normatizados, os processos relativos aos acervos documentais só lograriam institucionalidade na legislação Federal após um movimento contínuo das comunidades acadêmicas no período. Para além das reivindicações sobre a necessidade de ampliação do universo documental advindos do campo historiográfico que se renovava, tais movimentos também sinalizam a presença da comunidade de arquivistas brasileiros e suas demandas pelo reconhecimento da importância dos arquivos tanto na preservação do patrimônio documental nacional como na gestão da coisa pública no país.

No entanto, é preciso salientar que, não obstante os significativos avanços resultantes da aprovação da lei de arquivos e de várias regulamentações que a aprofundam e desdobram nas décadas iniciais deste século, as políticas públicas delas decorrentes ainda são, em grande medida, prisioneiras de concepções que identificam o patrimônio documental nacional com os papéis de Estado. A tradição que informou a origem e criação dos arquivos nacionais nos séculos XVIII e XIX, no interior da qual como indica Celia Camargo (1999) aos arquivos, atribui-se a missão de guardar e tornar disponível a escrita do Estado ainda repercute de forma significativa sobre nossas políticas de reconhecimento e preservação documental.

Assim, independentemente dos vários indicativos relativos à identificação, à gestão e à preservação de acervos privados contidos na legislação arquivística atual, podemos avaliar, assim como faz Prochasson em relação à França, que também entre nós as políticas arquivísticas se restringem quase que exclusivamente ao trato dos arquivos públicos. Os avanços pontuais com repercussões imediatas sobre o universo dos acervos privados decorrentes do texto constitucional e da lei de arquivos e regulamentações posteriores restringiram-se ao tombamento de documentação relativas aos remanescentes quilombolas, bem como o reconhecimento de que os acervos privados tombados pelo Poder Público, os arquivos presidenciais e os registros civis de arquivos de entidades religiosas seriam automaticamente declarados como de interesse público.

Nessa direção, é preciso reconhecer que a aprovação da Lei de Arquivos em 1991 não trouxe grandes avanços para a problemática de preservação da documentação de caráter privado e que o movimento de crescente reconhecimento e valorização dos chamados arquivos privados e/ou particulares, sejam eles pessoais ou institucionais, como potenciais suportes para democratização das heranças culturais em nosso tempo, pouco tem repercutido nas políticas arquivísticas no país. Após duas décadas sob a vigência do Decreto 4.073, de 03 de janeiro de 2002, que define diretrizes para a declaração de interesse público e social de arquivos privados, propondo inclusive a elaboração do cadastro nacional de arquivos públicos e privados e o desenvolvimento de atividades censitárias referentes a arquivos, muito pouco se avançou em termos da proteção pública desses acervos.

Esse é também o ponto de partida da autora deste livro, quando avalia que embora nas últimas décadas o debate sobre o tema dos arquivos privados tenha se expandido, as políticas públicas para sua preservação se mostram ainda embrionárias, pouco articuladas e difundidas.

Na verdade, a valorização e preservação de nosso patrimônio documental privado, que também se desenvolve de forma significativa a partir dos anos 1980, acontecem de forma paralela e sem muita interlocução com os organismos institucionais da área. A identificação e preservação de muitos desses arquivos a partir de meados da década de 1970 coube majoritariamente as universidades e aos movimentos sociais que a partir de então organizam inúmeros Centros ou Núcleos de Documentação, Pesquisa e Memória Social, sediados, em sua maioria, nas universidades, mas também em outros espaços e centros voltados para o apoio aos movimentos sociais e sindicais.

Não obstante, há que indicar que naqueles anos o Pró-Documento – Programa Nacional de Documentação da Preservação Histórica, objeto da discussão proposta por este livro, constituiu-se como a uma iniciativa solitária, porém importante em relação às políticas públicas de identificação e preservação do patrimônio documental privado nacional na esfera do poder federal.

Historiadora voltada para o estudo dos acervos documentais privados e sua salvaguarda desde a graduação, a professora Talita já nos havia trazido contribuições sobre o tema que resultaram de seu estudo sobre o acervo do importante militante e sociólogo Clóvis Steiger de Assis Moura e de sua pesquisa de mestrado sobre processos de patrimonialização de conjuntos documentais privados implementadas pelo Conselho Nacional de Arquivos (CONARQ), pelo Instituto do Patrimônio Histórico e Artístico Nacional (IPHAN) e pelo Conselho de Defesa do Patrimônio Histórico, Arqueológico, Artístico e Turístico do Estado de São Paulo (CONDEPHAAT) nas últimas décadas. Dando prosseguimento a esta trajetória de pesquisa, no livro agora publicado, a professora Talita recupera e discute as propostas do *Pró-Documento*, que consistiu em uma das poucas, senão única, iniciativas de fôlego voltada para a identificação e preservação do patrimônio documental de natureza privada e/ou particulares desenvolvidas no âmbito do federal.

Em sua redação final, o texto revela um trabalho de reflexão histórica paciente e criterioso que articula a análise da dinâmica social e política que envolve a temática da preservação do patrimônio documental, expressa em concepções, políticas e ações desenvolvidas pelo *Pró-Documento,* aos debates e encaminhamentos propostos pelas associações acadêmicas, especialmente a AAB e a ANPUH, em suas interfaces com a atuação daquele Programa durante a década de 1970-1980 e início da década de 1990.

Dialogando com referências teóricas importantes e atualizadas sobre o tema e um conjunto de materiais amplo e diversificado, o livro traz a público contribuição relevante para todos aqueles interessados e comprometidos com as questões do patrimônio cultural e com o desenho das políticas culturais de memória em nosso país.

Pesquisadora séria e criativa, a autora localizou e analisou criteriosamente uma vasta e sugestiva documentação quase intocada por pesquisadores do Arquivo Central do IPHAN/RJ, mais conhecido como "Arquivo Noronha Santos", que reúne a documentação sobre a criação e o funcionamento do próprio Programa. Assim, dialogando com registros variados como resoluções, comunicados, projetos, relatórios, atas de reunião, correspondência diversas, recortes de jornais entre outros documentos reconstruiu concepções e práticas que orientaram o funcionamento do Programa durante seu curto período de existência. Em direção articulada, também por meio do levantamento minucioso realizado nas publicações acadêmicas da área, principalmente da *Revista Acervo*, do Arquivo Nacional, e da Revista *Arquivo&Administração* – da Associação dos Arquivistas do Brasileiros (AAB), bem como nos Anais de Congressos da AAB e da Associação Nacional de História (ANPUH), logrou acompanhar o debate e a atuação dos profissionais da área e de suas associações sobre a questão do patrimônio documental.

Em suas linhas mais amplas de reflexão, o estudo indica como o *Pró-Documento* representou um importante deslocamento diante de uma tradição resistente de valorização quase exclusiva do patrimônio edificado. Na análise dos sentidos históricos da valorização de acervos documentais não governamentais, provenientes da sociedade civil em suas diversas áreas, propõe-nos pensar sobre as relações entre a emergência do Programa e uma conjuntura política que tem como uma de suas dimensões as reivindicações por democratização da memória nacional. Numa outra direção, a autora também trouxe à tona indagações sobre as razões e caminhos que levaram ao esquecimento desse programa na literatura especializada sobre a questão.

No decorrer dos quatro capítulos que organizam o texto, sem cair em uma análise meramente descritiva, de forma reflexiva e criativa, a autora alinhava questões importantes sobre a trajetória recente das políticas de patrimonialização documental em nosso país.

O primeiro capítulo, "HISTÓRIA E MEMÓRIA: O processo de preservação dos arquivos privados no Brasil", volta-se para a questão mais geral relativa à trajetória histórica do desenho das concepções e as políticas sobre a questão da preservação do patrimônio documental entre nós, incluindo aí a discussão sobre o papel das instituições arquivísticas. Já o capítulo que se segue, "O Programa Nacional de Documentação da Preservação Histórica – Pró-Documento", ocupa-se da análise sobre o processo de criação, concepções e propostas de atuação do Programa.

Os capítulos três e quatro, respectivamente, "Ação e Atuação do Pró-documento" e "Os Projetos do Pró-documento", constituem o centro da pesquisa e se dedicam a uma análise e avaliação das demandas que chegavam ao Programa, das parcerias realizadas, dos desafios concretos que enfrentou bem como das ações e projetos desenvolvidos.

Em sua perspectiva geral, diferentemente de vários outros estudos sobre o tema que centram suas análises nas questões da gestão dos documentos e dos procedimentos técnicos relativos ao seu trato, a reflexão da professora se desloca para o campo da história da preservação documental e nos propõe pensar sobre as relações de poder que envolve a preservação dos arquivos, nos lembrando que atos de preservação estão intimamente articuladas às disputas sociais em torno da produção da lembrança e do esquecimento em cada momento histórico.

Ao final, cabe novamente registrar nossa satisfação pela publicação do estudo, bem como nossa avaliação sobre sua importante contribuição aos estudos históricos e a todos interessados nos destinos do patrimônio documental de nosso país. Como indica a própria autora, trata-se de por meio deste estudo trazer elementos que nos ajudem a refletir sobre razões que explicam este percurso descontínuo e de frágil institucionalização das políticas de memória e reconhecimento e preservação do patrimônio documental/arquivístico privado e/ou particular no país.

São Paulo, 30 de outubro de 2023.

Heloisa de Faria Cruz

SUMÁRIO

INTRODUÇÃO 19

CAPÍTULO I
HISTÓRIA E MEMÓRIA: O PROCESSO DE PRESERVAÇÃO DOS ARQUIVOS PRIVADOS NO BRASIL.. 39
    1.1 HISTÓRIA, MEMÓRIA E PATRIMÔNIO DOCUMENTAL 49
    1.2 DEBATES SOBRE O PATRIMÔNIO DOCUMENTAL 57

CAPÍTULO II
O PROGRAMA NACIONAL DE PRESERVAÇÃO DA DOCUMENTAÇÃO HISTÓRICA – PRÓ-DOCUMENTO 73
    2.1 CONJUNTURAS E DEMANDAS QUE LEVARAM À CONCEPÇÃO DO PRÓ-DOCUMENTO 73
    2.2 O PROJETO INICIAL APROVADO – AMBIÇÕES, AMPLITUDE E CONCEPÇÕES 89
    2.3 METODOLOGIA E ORGANIZAÇÃO DO PRÓ-DOCUMENTO 96

CAPÍTULO III
ATUAÇÃO E AÇÃO DO PRÓ-DOCUMENTO 107

CAPÍTULO IV
OS PROJETOS DO PRÓ-DOCUMENTO 135
    4.1 O MUNDO DO TRABALHO E OS ARQUIVOS EMPRESARIAIS 137
    4.2 PARCERIAS COM INSTITUIÇÕES UNIVERSITÁRIAS E ESCOLAS 144
    4.3 ARQUIVOS DE ASSOCIAÇÕES DIVERSAS E DE ENTIDADES RELIGIOSAS ...156
    4.4 DOCUMENTOS: ENTRE O PÚBLICO E O PRIVADO 164
    4.5 DOCUMENTOS PESSOAIS 167

CONSIDERAÇÕES FINAIS 175

FONTES 183

REFERÊNCIAS.. 187

ANEXOS

ANEXO I
TEXTO BASE DO PROGRAMA NACIONAL DE PRESERVAÇÃO DA
DOCUMENTAÇÃO HISTÓRICA – PRÓ-DOCUMENTO.................. 201

ANEXO II
TRANSCRIÇÃO DO ESTATUTO DA ASSOCIAÇÃO DE ARQUIVOS
PRIVADOS (ARQPRI) 237

INTRODUÇÃO

Criado no ano de 1984, o Programa Nacional de Documentação da Preservação Histórica – Pró-Documento, tinha como proposta central trabalhar com a preservação de acervos privados como conjuntos documentais importantes para a recuperação da memória e da identidade nacional. Sendo um programa finalizado em 1988, nosso objetivo nesta obra é compreender de forma mais ampla o Pró-Documento, por meio de um exame das dimensões históricas propostas, das concepções e políticas sobre a questão da preservação do patrimônio documental em nosso país naquela época.

Desse modo, conforme o leitor perceberá, meu objeto de estudo está centrado na análise da dinâmica social e política que envolve a temática da preservação do patrimônio documental, expressa em concepções, políticas e ações desenvolvidas pelo Pró-Documento e, de forma articulada, nos debates e encaminhamentos propostos pelas associações acadêmicas, especialmente a Associação dos Arquivistas Brasileiros (AAB) e a Associação Nacional de História (ANPUH), em suas interfaces com a atuação daquele Programa durante a década de 1980. Procurei fazer, então, ao longo desta pesquisa, uma reflexão sobre a descontinuidade e a fragilidade das políticas de memória e das políticas em relação ao patrimônio documental/arquivístico no país e a falta de institucionalização.

A proposta de analisar os conjuntos documentais privados como suportes do patrimônio cultural emergiu no decorrer de minhas pesquisas da graduação e mestrado. Nesses trabalhos, procurei indicar a marginalização e a preocupação recente pelos arquivos privados, buscando problematizar as razões históricas e os caminhos na construção desta situação.

Inicialmente quero destacar que a definição de arquivo privado aqui utilizada é aquela proposta pelo *Dicionário Brasileiro de Terminologia Arquivística*, que os define como "arquivos de entidade coletiva de direito privado, família ou pessoa. Também chamado arquivo particular"[2]. A publicação deste dicionário, em 2005, é resultado das discussões iniciadas em fins de 1970 e início de 1980 por meio da AAB (fundada em 1971), resultando nas publicações de dicionários no estado da Bahia (1989) e São Paulo (1990), por

---

[2] ARQUIVO NACIONAL (Brasil). **Dicionário Brasileiro de Terminologia Arquivística**. Rio de Janeiro, 2005. Disponível em: https://www.gov.br/conarq/pt-br/centrais-de-conteudo/publicacoes/dicionrio_de_terminologia_arquivistica.pdf. Acesso em: 7 set. 2023. p. 35.

exemplo[3]. Essa definição perpassa por várias discussões de pesquisadores da área da Arquivologia e História, como, por exemplo, Heloísa L. Bellotto[4], Paulo Knauss[5], José Maria Jardim[6], Janice Gonçalves[7], entre outros[8], com os quais também dialoguei em minha reflexão sobre o tema.

Esta obra é resultado de minha pesquisa de doutorado e articula-se às questões e problemáticas emergentes vindas dos meus trabalhos anteriores que também são relativos aos arquivos privados. Na pesquisa de Iniciação Científica, concluída em janeiro de 2010 e intitulada *Clóvis Moura (1925-2003): Arquivo Pessoal e Vida Intelectual*, entrei em contato com o universo dos arquivos públicos e privados a partir da elaboração de um inventário sobre o arquivo pessoal deste intelectual que se encontra sob a guarda do Centro de Documentação e Memória da Universidade Estadual Paulista "Júlio de Mesquita Filho" (Cedem/Unesp).

Com relação a minha pesquisa feita para o mestrado – estudo que também abarcou o tema de arquivos privados –, resultou na dissertação intitulada *Arquivos privados e interesse público: caminhos da patrimonialização documental*, defendida no ano de 2013 no Programa de Pós-Graduação em História Social da Pontifícia Universidade Católica de São Paulo (PUC-SP)[9].

No mestrado analisei como as instituições de salvaguarda e preservação do patrimônio cultural tratam o patrimônio documental, buscando acompanhar trajetórias e ações em relação ao patrimônio documental nos processos de patrimonialização relativos aos arquivos privados apresentados ao Instituto do Patrimônio Histórico e Artístico Nacional (IPHAN) e Conselho de Defesa do Patrimônio Histórico, Arqueológico e Turístico do

---

[3] ARQUIVO NACIONAL (Brasil), 2005, p. 10.

[4] BELLOTTO, H.L. **Arquivos permanentes**: tratamento documental. Rio de Janeiro: FGV, 2007.

[5] KNAUSS, P. Usos do passado, arquivos e universidade. **Cadernos de Pesquisa do CDHIS**, v.1, n. 40, p. 9-16, 2010.

[6] JARDIM, J.M. **Sistemas e políticas públicas de arquivos no Brasil**. Niterói: EDUFF, 1995.

[7] GONÇALVES, J. Os arquivos no Brasil e sua proteção jurídico-legal. **Registro**, Indaiatuba, v.1, n.1, p. 28-43, 2002.

[8] Para saber mais sobre essas reflexões, ver: MOLINA, T. S. **Arquivos privados e interesse público:** caminhos da patrimonialização documental. 2013. Dissertação (Mestrado em História Social) – Pontifícia Universidade Católica de São Paulo, São Paulo, 2013. Também publicado em formato de livro: **Caminhos e concepções da patrimonialização documental**. Curitiba: Appris, 2022. Uma análise mais sintetizada desse tema pode ser encontrada também no artigo publicado pela revista **Acervo**: MOLINA, T. S. Arquivos privados e interesse público: caminhos da patrimonialização documental. **Acervo**, Rio de Janeiro, v. 26, n. 2, p. 169-174, 2013.

[9] A pesquisa de I.C. foi realizada na Faculdade de Ciências e Letras da Unesp, *campus* Assis, com o financiamento da Fundação de Amparo à Pesquisa do Estado de São Paulo (Fapesp) e sob orientação da Prof.ª Dr.ª Célia Reis Camargo. Esta pesquisa resultou em artigo: MOLINA, T. S. O acervo documental de Clóvis Steiger de Assis Moura (1925-2003). **Escritas do Tempo**, v.1, n. 2, p. 5-24, 2019. O estudo do mestrado – apresentado ao Programa de História Social da PUC-SP, também teve apoio financeiro das seguintes instituições: Capes (de 02/2011 a 02/2012) e CNPQ (de 03/2012 a 02/2013), sob a orientação da Prof.ª Dr.ª Heloísa de Faria Cruz.

Estado de São Paulo (CONDEPHAAT/SP) em solicitações de tombamento e ao Conselho Nacional de Arquivos (Conarq) em solicitações de "declaração de interesse público e social"[10].

De acordo com a análise dos processos de patrimonialização dos arquivos privados das instituições anteriormente citadas, da legislação relativa à proteção do patrimônio cultural brasileiro, da Lei de Arquivos e, também, das atas e boletins do Conarq, indiquei as formulações e mudanças nas concepções e ações correntes dessas instituições. O contato com as leituras teóricas sobre as questões da preservação e patrimonialização dos arquivos privados em nosso país, bem como as fontes sobre a questão produzidas por diferentes instituições utilizadas nesta pesquisa, revelou discussões extremamente interessantes entre as instituições de preservação e salvaguarda do patrimônio cultural e histórico e as instituições arquivísticas.

Este foi o caso, por exemplo, das questões abordadas em diversos artigos da *Revista do Patrimônio Histórico e Artístico Nacional (RPHAN)*, em sua edição que transcreveu a mesa-redonda Acervos Arquivísticos. Nesta publicação, para além de referências teóricas diversas sobre o tema, destaca-se a criação, na década de 1980, do já citado Programa Nacional de Preservação da Documentação Histórica – Pró-Documento, pela extinta Fundação Nacional Pró-Memória (FNPM), que tinha como objetivo criar políticas públicas relativas à preservação e organização dos arquivos privados no país naquele período. Numa área na qual as discussões e referências são escassas, surpreendeu tanto o fato da existência do Programa como também seu subsequente apagamento da memória dessas áreas[11].

Ao acompanhar as discussões sobre a questão, mesmo reconhecendo que o tema dos arquivos privados tenha se expandido, constata-se que as políticas públicas para a preservação desses conjuntos documentais se mostram ainda embrionárias, pouco articuladas e difundidas. Segundo José Maria Jardim, a ausência de uma política pública arquivística em nível nacional evidencia as dificuldades estruturais do Estado brasileiro no desenho e operacionalização de políticas públicas referentes à preservação dos arquivos. Essa indefinição,

---

[10] De acordo com a **Lei de Arquivos**, no artigo 22 afirma-se que "Os arquivos privados de pessoas físicas ou jurídicas que contenham documentos relevantes para a história, a cultura e o desenvolvimento nacional podem ser declarados de interesse público e social por ato do Ministro de Estado da Justiça e Segurança Pública". CONARQ (Brasil). **Coletânea da Legislação Arquivística Brasileira e Correlata**. Rio de Janeiro: Conarq, 2022, p. 45. Disponível em: https://www.gov.br/conarq/pt-br/legislacao-arquivistica/coletanea/conarq_legarquivos_jan_jun_2022_pdf-2.pdf. Acesso em: 19 set. 2023.

[11] **Tema 1: Por uma política brasileira de arquivos.** REVISTA DO PATRIMÔNIO HISTÓRICO E ARTÍSTICO NACIONAL – RPHAN. Rio de Janeiro, n. 21, p. 26-47, 1986. **Mesa – Redonda: Acervos Arquivísticos.** REVISTA DO PATRIMÔNIO HISTÓRICO E ARTÍSTICO NACIONAL – RPHAN. Rio de Janeiro, n. 22, p. 171-192, 1987.

no caso dos arquivos, "compromete o direito da sociedade à informação e à memória coletiva, além de dificultar a eficiência do aparelho de Estado"[12]. Dessa forma, em minha pesquisa de mestrado senti a quase inexistência de um diálogo sistemático entre as diversas instituições de preservação e salvaguarda do patrimônio cultural e as instituições arquivísticas.

Identifiquei em meu estudo que muitos profissionais da área da arquivologia desconhecem este programa que foi promovido pela FNPM e, do mesmo modo, profissionais da área de preservação do patrimônio cultural pouco conhecem as ações promovidas pelas instituições arquivísticas[13], ou pode ser também que até tenham conhecimento da existência desse programa, mas não lhe deram importância porque, conforme já citado anteriormente, a preocupação dos profissionais da área está mais próxima do patrimônio edificado – no caso do IPHAN – ou da gestão documental dos arquivos públicos – no caso dos arquivistas. Mesmo assim, a pesquisa revelou inúmeras pistas sobre a emergência de discussões e propostas para lidar com a questão no decorrer da década de 1980.

Assim, em meio a essas discussões se sobressaiu a proposta de atuação do Pró-Documento, que se propunha a desenvolver "programas e ações do Ministério da Cultura e demais arquivos públicos e privados no sentido do apoio à preservação dos registros que marcam a atuação das comunidades nos processos econômico, social e cultural"[14]. Assim, o estudo do Pró-Documento e a retomada de questões propostas pelo programa na década de 1980 indicou que havia um caminho promissor para estudos e análises de discussões e proposições sobre a necessidade de desenvolvimento de normativas e políticas públicas na área da preservação documental, incluindo a documentação de natureza privada[15].

Importante destacar aqui também que, na época da criação do Pró-Documento, identifiquei outros processos e ações voltados para a preservação de arquivos privados, como o da criação de inúmeros Centros de Documentação

---

[12] JARDIM, J.M. Políticas públicas de informação: a (não) construção da política nacional de arquivos públicos e privados (1994-2006). *In*: ENCONTRO NACIONAL DE PESQUISA EM CIÊNCIA DA INFORMAÇÃO, 9., 2008, São Paulo. **Anais** [...]. São Paulo: Universidade de São Paulo, 2008. p. 1-17.

[13] Prova disso está no processo de declaração de interesse público e social da **Companhia Antártica Paulista** e da **Companhia de Cervejaria Brahma** (2006) pedido ao Conarq por Renata de Faria Pereira – arquiteta responsável por projetos e pesquisas relacionados a acervos documentais de empresa. Na análise notei que, mesmo a solicitante trabalhando com restauração de arquivos, fez o pedido de tombamento primeiramente ao IPHAN e, com a negativa, solicitou ao Conarq, no qual foi aprovado. MOLINA, 2013, p. 97.

[14] RPHAN, 1986, p. 45.

[15] A publicação deste livro é fruto de minha pesquisa de doutorado. MOLINA, T.S. **Arquivos privados e patrimônio documental**: o Programa de Preservação da Documentação Histórica – Pró-Documento (1984-1988). 2018. Tese (Doutorado em História Social) – Pontifícia Universidade Católica de São Paulo, São Paulo, 2018.

ligados às universidades ou movimentos sociais. Tais movimentos foram impulsionados pela conjuntura de redemocratização, da vitalidade dos movimentos sociais e também pela reconstrução da pesquisa nas instituições universitárias. Tal reconstrução tornou visível diversas mudanças, como o crescimento de programas de pós-graduação, particularmente na área de História, de pesquisa e de discussão de temas relativos à história do Brasil Contemporâneo, na qual ganha visibilidade em diversos congressos, encontros e simpósios.

Da mesma forma, nesse mesmo período, a Associação dos Arquivistas Brasileiros (AAB) também se destacou como importante instituição nas ações de preservação dos arquivos públicos e privados, assim como na busca pela valorização da profissão e do profissional arquivista por meio de congressos, seminários e cursos promovidos no período[16].

O interessante do trabalho sobre os arquivos privados e o processo de preservação e patrimonialização do patrimônio documental é que parece caminhar juntamente com a própria renovação da historiografia e também com o crescente interesse dos historiadores pelos documentos privados e pessoais.

Devemos reconhecer, então, que a criação do Pró-Documento em 1984 é fruto de lutas e reivindicações de vários setores de nossa sociedade que estavam desejosos em ter acesso à documentação "nunca dantes navegada". Conforme se observa no Texto

Base do Pró-Documento, a criação do programa tem

> [...] o espírito de ver preservado a identidade social e cultural de nosso povo, registrada no seu cotidiano pelos arquivos privados, que anima a Secretaria de Cultura do MEC, através da Subsecretaria do Patrimônio Histórico e Artístico Nacional e da Fundação Nacional Pró-Memória, a apresentar à comunidade acadêmica e cultural este Programa Nacional de Preservação da Documentação Histórica – Pró-Documento[17].

O Pró-Documento[18], criado então nessa conjuntura, constitui o movimento mais articulado em termos de ação de políticas públicas no que diz respeito à preservação documental dos acervos privados de interesse

---

[16] A AAB promoveu diversos congressos nacionais entre 1972 e 2000. Atualmente está dissolvida. Documentação foi doada às instituições congêneres, como, por exemplo, o Arquivo Nacional.

[17] Arquivo Noronha Santos – ACI/RJ – IPHAN. **Fundo Arquivo Intermediário.** Fundo Sphan/Pró-Memória (1969-1992). SPHAN/FNPM (Brasil). **Texto-base do Pró-Documento.** Rio de Janeiro, 1984, p. 41.

[18] No período de existência do Pró-Documento (1984-1988), o órgão federal de preservação na época chamava-se SPHAN (Secretaria do Patrimônio Histórico e Artístico Nacional), sendo, posteriormente, integrado à FNPM (Fundação Nacional Pró-Memória), tornando-se SPHAN/FNPM, em 1979. A extinção da Secretaria e da Fundação ocorre em 1990 e, no lugar, é criado o Instituto Brasileiro do Patrimônio Cultural (IBPC). FONSECA, M.C.L. **O patrimônio em processo:** trajetória da política federal de preservação no Brasil. Rio de Janeiro: EDUFRJ; IPHAN, 2005, p. 283.

histórico. Como indicado anteriormente, o programa Pró-Documento foi criado no ano de 1984 pela extinta FNPM e funcionou até meados de 1988. Dentre os principais objetivos do Pró-Documento, destaco:

> [...] identificar e avaliar acervos privados de interesse histórico como de valor excepcional;
> identificar e cadastrar os acervos documentais privados;
> elaborar e divulgar instrumentos básicos de pesquisa em arquivo;
> prestar assessoria técnica às atividades de organização e conservação de acervos permanentes[19];
> incentivar a formação e o treinamento de profissionais em arquivística;
> influir junto às instituições detentoras de acervos documentais privados de interesse histórico no sentido de torná-los acessíveis ao público em geral, entre outros[20].

Assim, este programa tem como intuito preservar documentos provenientes de instituições da sociedade civil que consideravam de valor histórico para a identidade cultural e a preservação da memória de uma nação.

Para o início deste trabalho, é importante pensar que os estudos e a reflexão sobre a temática dos arquivos privados constituem área relativamente recente, sobretudo no que se refere à problemática da importância do patrimônio documental do país. Vistos como instrumento de informação, conhecimento e patrimônio cultural, só muito recentemente os arquivos privados têm sido considerados, seja por parte dos governos, quando da formulação de políticas públicas de preservação documental, seja no debate da sociedade civil em suas reivindicações pelo direito à memória, ou mesmo de historiadores e arquivistas nas suas formulações teóricas e metodológicas, como patrimônio documental[21].

Por sua vez, os estudos da área apontam que até muito recentemente não havia definição de políticas e ações voltadas ao patrimônio documental nos órgãos que tratam do patrimônio cultural, como o IPHAN, cuja atuação concentrou-se majoritariamente na preservação do patrimônio edificado.

---

[19] Como indica Knauss, o arquivo permanente seria um conjunto de documentos que transforma a memória da ação produzida e consumada, a "registro do passado e se afirma como patrimônio cultural". KNAUSS, 2010, p. 10.
[20] RPHAN, 1986, p. 45.
[21] Pesquisar, por exemplo: CAMARGO, C. R. **A margem do patrimônio cultural:** estudo sobre a rede institucional de preservação do patrimônio histórico no Brasil (1838-1980). 1999. Tese (Doutorado em História) – Universidade Estadual de São Paulo, São Paulo, 1999; BASTARDIS, J. **O Programa Nacional de Preservação da Documentação Histórica e seu significado para a preservação de arquivos no IPHAN.** 2012. Dissertação (Mestrado em Preservação do Patrimônio Cultural) – Instituto do Patrimônio Histórico e Artístico Nacional, Rio de Janeiro, 2012; HEYMANN, L.Q. **O lugar do arquivo:** a construção do legado de Darcy Ribeiro. Rio de Janeiro: ContraCapa/ FAPERJ, 2012. CRUZ, H.F. Direito à memória e patrimônio documental. **História e Perspectivas**, Uberlândia, v. 29, n. 54, p. 23-59, 2016.

A criação do SPHAN (atual IPHAN), em 1937, como dimensão do projeto nacional então em desenvolvimento, anunciava uma "unidade nacional que era incompatível com as diferentes expressões culturais da nação. Nacionalizar nos anos 30 e 40 significou impor a unidade, impedindo qualquer feição plural da nação, que deveria sintetizar-se numa única brasilidade"[22].

A historiadora Déa R. Fenelon indica que aquele momento histórico e suas intenções marcam de forma profunda as concepções de patrimônio até hoje vigentes nas políticas culturais do país, indicando que, a partir da criação do SPHAN, uma das características das ações de patrimonialização é a predominância do patrimônio edificado – igrejas, capelas, quartéis, fortes, cadeias, palácios, casas da câmara, casarões – como símbolo do passado da nação e que é "precisamente este caráter institucional da experiência brasileira no que diz respeito ao patrimônio histórico que julgamos importante colocar em discussão"[23].

Ao formular a crítica a esta concepção de patrimônio, Fenelon propõe que a análise atual sobre políticas públicas relativas ao patrimônio cultural e histórico não devem ficar restritas às técnicas e critérios de identificação e preservação e seus conceitos operacionais,

> [...] é preciso politizar o tema, reconhecendo as condições históricas em que se forjaram muito das suas premissas [...]. Com isso, esperamos retomar um sentido de patrimônio histórico que nos permita entendê-lo como prática social e cultural de diversos e múltiplos agentes. No social, esta luta se concretiza entre diferentes sujeitos históricos, assumindo formas diversas e resultando em diferentes memórias. [...] pensada como uma diretriz geral, a cidadania cultural envolve também as questões pertinentes à preservação e registro da memória[24].

Tais argumentos da historiadora Déa Fenelon indicam que devemos politizar o tema em destaque e, do mesmo modo, anunciam a questão de fundo deste trabalho. Assim, este texto se propõe a fazer um diálogo com a arquivística, o qual será analisado por meio da trajetória do Pró-Documento.

---

[22] SENA, T. C. **Relíquias da Nação:** a proteção de coleções e acervos no Patrimônio (1937-1979). 2011. (Dissertação em História, Política e Bens Culturais) – Centro de Pesquisa e Documentação de História Contemporânea do Brasil, Rio de Janeiro, 2011, p. 7.

[23] FENELON, D. R. Políticas Culturais e Patrimônio Histórico. *In*: CUNHA, M. C. P. (org.). **O direito à memória:** patrimônio histórico e cidadania. São Paulo: Departamento do Patrimônio Histórico, 1992. p. 29-33.

[24] FENELON, 1992, p. 31.

Procuramos trabalhar aqui, portanto, o embate sobre o sentido social dos arquivos e dos conjuntos documentais privados. Não obstante, temos de ter ciência que os estudos sobre arquivos não podem ser apenas técnico-administrativos, mas devem refletir também sobre os fragmentos de memória social que se encontram dentro dos conjuntos documentais privados, dando visibilidade à multiplicidade de experiências e sujeitos sociais, incluindo também setores para além das elites, como, por exemplo, os trabalhadores, sindicatos, intelectuais, entre outros.

Conforme alertam vários profissionais e estudiosos da área, desde os momentos iniciais de sua formulação, as políticas de preservação e de tombamento de bens culturais como suporte para a memória nacional acabaram por privilegiar monumentos e bens arquitetônicos. A historiadora Célia Reis Camargo, em sua tese de doutorado intitulada *À margem do patrimônio cultural: estudo sobre a rede institucional de preservação do patrimônio histórico no Brasil (1838-1980)*, assevera que ao longo dos séculos XIX e XX, no Brasil, o patrimônio documental[25] propriamente dito, que inclui arquivos de documentos e publicações (manuscritos ou não),

> [...] foi marginalizado pelas políticas públicas de proteção patrimonial e, desde o início, com a criação do SPHAN, os acervos documentais sob a guarda das instituições foi marginalizado pela política então elaborada, reforçando uma tendência de abandono que vinha gradativamente se consolidando desde o início da fase republicana[26].

Os estudos feitos pela autora das ações governamentais de elaboração e execução de políticas de proteção do patrimônio histórico nacional, principalmente a partir do processo de institucionalização do patrimônio cultural na década de 1930, nos indicaram que, desde esse período, o patrimônio documental foi – e ainda é – marginalizado pelas instituições de preservação do patrimônio cultural, como, por exemplo, o IPHAN e o CONDEPHAAT. Trabalho que muito me interessou para que eu pudesse compreender por que, na década de 1980, ocorre um movimento que procurou acabar com essa marginalização do patrimônio documental.

---

[25] Devemos acrescentar que no *Dicionário de Terminologia Arquivística* não consta o termo "patrimônio documental", e sim "patrimônio arquivístico", com o seguinte significado: "Conjunto dos arquivos de valor permanente, públicos ou privados, existentes no âmbito de uma nação, de um estado ou de um município". ARQUIVO NACIONAL (Brasil), 2005, p. 130.

[26] CAMARGO, 1999, p.15.

Assim, temos que a valorização do patrimônio documental como integrante das políticas de patrimônio nacional vem ocorrendo só muito recentemente, entendendo que os arquivos e conjuntos documentais servem como suportes importantes na configuração de uma "comunidade imaginada"[27] – definida como nação.

Desse modo, quando lidamos com a questão da preservação do patrimônio documental e, consequentemente, do direito à memória e à informação, temos como referência a publicação do volume *O direito à memória*, de 1991[28]. Nessa obra, as propostas centrais analisadas diziam respeito à necessidade de promover políticas que atendessem as reivindicações emergentes das "vozes silenciadas" pelo seu "direito de memória" no espaço público, como, por exemplo, a história de índios e negros no Brasil[29].

O congresso estava em busca de uma nova proposta quanto ao conceito de patrimônio cultural, colocando-o como direito de todos os cidadãos paulistanos, adotando uma nova forma de lidar com os nossos bens culturais. Assim, nesta nova proposta, a preocupação está em contestar o triunfalismo dos poderes estabelecidos, para então passarmos a contar a "história dos vencidos" e, enfim, conquistar "o espaço da cidadania, que permite a produção de uma história e de uma política democrática de patrimônio histórico"[30].

Esse olhar para o patrimônio documental como referência cultural e histórica só se tornou possível nas últimas décadas do século XX, quando se deu a ampliação do conceito de patrimônio cultural. Antes associado apenas aos chamados monumentos históricos e artísticos, desde então a noção de patrimônio passou a compreender também outras dimensões, suportes e escalas do nacional como os chamados bens de natureza imaterial, documental, ambiental, genético, entre outros[31].

---

[27] Termo utilizado pelo historiador Benedict Anderson para se referir a discussão sobre a formação da identidade nacional. Para saber mais, consultar: ANDERSON, Benedict. **Comunidades imaginadas**: reflexões sobre a origem e a difusão do nacionalismo. São Paulo: Cia. das Letras, 2008.

[28] Esta obra refere-se à parte dos textos coletados do material apresentado e discutido no Congresso Internacional Patrimônio Histórico e Cidadania, promovido pelo Departamento do Patrimônio Histórico da Secretaria Municipal de Cultura de São Paulo no ano de 1991.

[29] CUNHA, M. C. P. (org.). **O direito à memória:** patrimônio histórico e cidadania. São Paulo: Departamento do Patrimônio Histórico, 1992.

[30] PAOLI, M. C. Memória, história e cidadania: o direito ao passado. *In*: CUNHA, M. C. P. (org.). **O direito à memória**: patrimônio histórico e cidadania. São Paulo: Departamento do Patrimônio Histórico, 1992, p. 27.

[31] Recentemente tivemos a publicação de uma obra com reflexões que indicam essa ampliação do conceito de patrimônio. PAULA, Z. C. P.; MENDONÇA, L. G.; ROMANELLO, J. L. (org.). **Polifonia do patrimônio**. Londrina: EDUEL, 2012.

Dessa forma, temos na Constituição Federal Brasileira um pouco do reflexo do que era reivindicado pela sociedade civil naquela época. Seguida há 35 anos pelos cidadãos brasileiros, concedeu-nos direitos negados pela ditadura. No artigo 5.º, por exemplo, afirma-se que "todos são iguais perante a lei, sem distinção de qualquer natureza, garantindo-se [...] a inviolabilidade do direito à vida, à liberdade, à igualdade [...]". No inciso XIV acrescentam que todo cidadão tem o direito "ao acesso à informação e resguardado o sigilo da fonte, quando necessário ao exercício profissional".

Também no artigo 19 coloca-se que é "vedado à União, aos Estados, ao Distrito Federal e aos municípios [...] recusar fé aos documentos públicos". Do mesmo modo, os documentos são classificados como patrimônio cultural. No artigo 216, afirma-se que se constituem como patrimônio cultural as "formas de expressão, modos de criar, fazer e viver; obras, objetos, *documentos* [grifo nosso], edificações ..."[32].

No entanto, uma lei específica que procurou tratar sobre os arquivos, promulgada somente no ano de 1991, qual seja, a Lei de n.º 8.159, de 8 de janeiro, atualmente conhecida como Lei de Arquivos, dispõe sobre a política nacional de arquivos públicos e privados e assevera em seu artigo 1.º que "É dever do Poder Público a gestão documental e a proteção especial a documentos de arquivos, como instrumento de apoio à administração, à cultura, ao desenvolvimento científico e como elementos de prova e informação"[33]. Posso concluir então que essa lei pode ser vista como uma continuidade do que está firmado em nossa Constituição Federal, dando um suporte maior aos conjuntos documentais públicos ou privados no que se refere à preservação e salvaguarda do patrimônio documental.

Contudo, de acordo com Vitoriano, a lei acaba estabelecendo limites para os arquivos privados, pois nosso país padece com a "ausência de políticas públicas específicas que conciliem o caráter privado dos acervos ao interesse público de sua preservação e difusão"[34].

Na reflexão e escrita deste livro sobre os conjuntos documentais de natureza privada há de se destacar algumas outras leituras sobre o tema. Em primeiro lugar, a dissertação de Jean Bastardis, *O Programa Nacional de*

---

[32] BRASIL. [Constituição (1988)]. **Constituição da República Federativa do Brasil.** Brasília: Congresso Nacional, 1988, p. 26, 44 e 167.

[33] CONARQ (Brasil). **Coletânea da legislação arquivística brasileira e correlata.** Rio de Janeiro: CONARQ, 2022. p. 22.

[34] VITORIANO, M. C. C. P. Acervos Privados no Arquivo Público do Estado de São Paulo: uma visão sobre os fundos institucionais. **Revista do Arquivo**, São Paulo, v. 2, n. 4, p. 1-14, 2017. p. 2.

Preservação da Documentação Histórica e seu significado para a preservação de arquivos no IPHAN, que foi de grande utilidade para este trabalho e constitui o único trabalho acadêmico que identifiquei e que tem como tema de pesquisa o Pró-Documento.

Nesse trabalho o autor analisou as ações e a atuação do órgão de salvaguarda e preservação do patrimônio cultural que operou durante a década de 1980, destacando justamente o desempenho de um de seus programas do período, o próprio Pró-Documento. O autor analisa o desenvolvimento desse Programa sob o ponto de vista de suas implicações para a construção da memória institucional referente à FNPM. Assim, a partir do objetivo que o autor teve para esse estudo, detectei alguns indícios de como o programa se desenvolveu e quais as consequências deste para a preservação do patrimônio documental.

Já Luciana Quillet Heymann, em sua obra *O lugar do arquivo: a construção do legado de Darcy Ribeiro*, também me auxiliou com sua reflexão sobre os arquivos privados, procurando analisar o processo de construção do arquivo pessoal e os sentidos que o percorrem ao longo do tempo de sua acumulação e guarda. Em especial, destacamos a reflexão da autora em seu primeiro capítulo, no qual aborda os recentes debates em torno de uma "sociologia histórica dos arquivos", considerando, principalmente, o processo de construção de discursos sobre o passado feitos nas áreas das Ciências Humanas[35].

Do mesmo modo, os estudos de Marilena Chauí publicados em sua obra *Cidadania cultural, o direito à cultura* também fazem uma relação do direito à memória e à informação com a definição de patrimônio cultural. Chauí faz uma excelente reflexão na qual coloca a memória como direito do cidadão, porque esta resulta de uma produção da ação de diversos sujeitos sociais e, assim, não pode ser vista como uma produção oficial da história. Devemos ter memórias no plural, e não uma história. Chauí também reflete sobre a questão da política de informação, colocando-a como suporte essencial para a afirmação das várias memórias, na qual o Estado é responsável por auxiliar os cidadãos em seu direito à memória a partir do momento em que conquistamos o direito à informação[36]. Isso é colocado pela filósofa como patrimônio histórico e cultural.

---

[35] Esta publicação da autora é fruto de sua tese de doutorado em Sociologia, defendido no antigo Instituto Universitário de Pesquisas do Rio de Janeiro (IUPERJ), sob a orientação de Ricardo Benzaquen de Araújo. HEYMANN, 2012.

[36] CHAUÍ, M. **Cidadania cultural**: o direito à cultura. São Paulo: Fundação Perseu Abramo, 2006.

Por sua vez, a obra organizada por Sérgio Miceli, intitulada *Estado e Cultura no Brasil*, uma coletânea que reúne alguns dos trabalhos apresentados e discutidos por ocasião do seminário Estado e Cultura no Brasil: Anos 70, trouxe artigos interessantes com relação a debates sobre a concepção do patrimônio cultural no Brasil, como o de Joaquim Arruda Falcão e do próprio Miceli, que contribui para a reflexão sobre o processo de preservação do patrimônio cultural no âmbito federal pelo órgão responsável pela preservação e salvaguarda de patrimônio brasileiro, no período em que estava ocorrendo esse processo de reivindicação do direito à cidadania.

O artigo de Heloísa Belloto, publicado em 2010, também contribuiu para que eu refletisse sobre os arquivos públicos e privados como patrimônio cultural. Em seu artigo "A função social dos arquivos e o patrimônio documental", a autora discute a questão da marginalização do patrimônio documental nas instituições culturais, e propõe que

> [...] os conjuntos documentais reunidos nos arquivos permanentes, também chamados históricos, vêm a constituir o patrimônio documental institucional, municipal, estadual ou nacional. [...] Assim, estes arquivos passam a ter outra função, nas áreas cultural, social e educativa.

Também defendendo a proposta de que os arquivos devem cumprir uma ampla função cultural e social[37]. Bellotto indica que a ideia do documento como um patrimônio cultural é recente e, até pouco tempo, pouco trabalhada no meio arquivístico, já que se buscava colocar ênfase na gestão e no processo informativo, ou seja, o que a autora está alertando é que devemos começar a politizar o tema da arquivística, pois o acesso aos conjuntos documentais e a informação contida neles é direito do cidadão[38].

Por fim, a dissertação de mestrado de Andresa Oliver trouxe contribuições a esta obra com sua reflexão sobre os arquivos, incluindo em mais uma área, a educacional. Intitulada *Arquivo e sociedade: experiências de ação educativa em arquivos brasileiros (1980-2011)*, a historiadora defende uma pesquisa inovadora sobre a importância dos arquivos na área educacional, elencando-os como suportes necessários às áreas culturais e educacionais de nosso país.

---

[37] BELLOTTO, H. L. A função social dos arquivos e o patrimônio documental. *In*: PINHEIRO, Á. P.; PELEGRINI, S. C.A. (org.). **Tempo, memória e patrimônio cultural**. Teresina: EDUFPI, 2010, p.73.

[38] Podemos acrescentar a essa discussão outro tipo de função que também não é muito discutida pelos profissionais dessa área: a ação educativa. Segundo Bellotto "Os serviços culturais e educativos nos arquivos expandem-se, na direção do acesso do cidadão ao universo de informações de cunho cultural, social, e mesmo de lazer que o arquivo lhe pode oferecer, ademais de ser o 'guardião' dos seus direitos e deveres cívicos" (BELLOTTO, 2010, p. 81).

Esta autora, com sua análise sobre projetos e atividades educativas, refletiu sobre a trajetória de três instituições arquivísticas – Arquivo Público do Estado de São Paulo (Apesp), Arquivo Histórico de São Paulo (AHSP) e Arquivo Público da Cidade de Belo Horizonte (APCBH) – no que se refere à proposição de ações de difusão para a sociedade em geral e para o público escolar, no período de 1980 a 2011. Nesse sentido, a autora trouxe discussões acerca da conjuntura histórica pós-ditadura civil-militar no Brasil e o importante papel dos movimentos sociais na conquista do direito à participação política, à informação e à memória, entre outros, que impulsionou o desenvolvimento de estratégias de extroversão dos Arquivos[39].

De acordo com Oliver, quando tratamos de patrimônio documental, não devemos desconsiderar as discussões sobre a Memória e o que ela representa, bem como deixar de reconhecer os sujeitos envolvidos no processo de preservação patrimonial, porque desconsiderá-los é o mesmo que transformar essas instituições em meros depósitos de papéis antigos. Ao evocarmos a palavra "Arquivo", por exemplo, precisamos ter em mente que estamos falando de um espaço permeado por relações que expressam poder político e social. Assim,

> O controle do passado, e o controle sobre a criação e preservação do passado pelos arquivos, reflete as lutas de poder do presente e, na verdade, sempre as refletiram. Isso tem implicações relevantes para os arquivistas, tanto de arquivos pessoais quanto de arquivos institucionais, e para a profissão arquivista[40].

Ciente de que os estudos de Cook nos chamam para uma discussão mais ampla sobre os Arquivos – princípios da proveniência, princípio da ordem original, impactos tecnológicos, novas mídias de informação, a ideia de que tudo é socialmente construído, e a crítica à naturalização dos acervos –, seus textos também são de extrema relevância para nosso trabalho. Cook trabalha em seus estudos a construção de um conceito de Arquivo que privilegia o estreitamento com a sociedade – e esse foi um dos meus objetivos nesta obra, principalmente quando lidei com a questão da preservação dos arquivos privados e o direito à memória e à informação destes.

Também a dissertação de Paula Ribeiro Salles, sob o título *Documentação e comunicação popular: a experiência do CPV – Centro de Pastoral Vergueiro (São Paulo/SP, 1973-1989)*, o Centro de Pesquisa e Documentação Vergueiro (CPV) e o artigo de Célia Reis Camargo "Centro de Documentação e Pesquisa Histórica: uma trajetória de décadas" abordaram temas que foram de meu

---

[39] BARBOSA, A. C. O. **Arquivo e sociedade:** experiências de ação educativa em arquivos brasileiros (1980-2011). 2013. Dissertação (Mestrado em História) – Pontifícia Universidade Católica de São Paulo, São Paulo, 2013.

[40] COOK, 1998, p. 143 *apud* BARBOSA, 2013, p.24.

interesse para este estudo, pois discutem o surgimento dos centros de documentação durante a década de 1970 e 1980 em nosso país como movimento de preservação e organização dos arquivos privados e, ao mesmo tempo, como instrumento de informação para os cidadãos – no caso do CPV.

O trabalho de Paula Salles[41] trouxe contribuições com relação à constituição do patrimônio documental entre as décadas de 1970 e 1980 por meio de ações da sociedade civil daquele período. Apresentou, em sua dissertação, a experiência histórica que possibilitou a constituição do patrimônio documental acumulado pelo CPV durante seu período de atuação, evidenciando seu desempenho político e as concepções e práticas de documentação e comunicação popular implementadas nas décadas de 1970 e 1980 pelo então Centro de Pastoral Vergueiro (CPV).

Nesse período de grande ascensão dos movimentos sociais, o CPV se destacou na organização e mobilização desses movimentos e também nas lutas pela redemocratização do Brasil, tendo como fio condutor do seu trabalho um amplo projeto de documentação e comunicação popular, entendidas como práticas de caráter formativo e político e vinculadas às lutas e à defesa da classe trabalhadora.

No que se refere ao artigo de Camargo[42], este se relaciona mais ao surgimento de Centros de Documentação ligados à universidade e à pesquisa acadêmica, colocando como principal exemplo o Centro de Pesquisa e Documentação de História Contemporânea do Brasil (CPDOC). Para a autora, a documentação deve ser considerada relevante para a memória nacional e para a memória local, que significa preservar o patrimônio histórico e cultural brasileiro.

Assim, os Centros de Documentação foram essenciais para a preservação do Patrimônio Histórico e Cultural do Brasil, no caso o patrimônio documental. Em seu estudo, Camargo indica o pioneirismo do CPDOC nesse campo, sem deixar de discutir a criação e a natureza da documentação existente nos demais centros de documentação como uma contribuição para a preservação arquivística[43].

---

[41] SALLES, P. R. **Documentação e comunicação popular**: a experiência do CPV – Centro de Pastoral Vergueiro (São Paulo/SP, 1973-1989). 2013. (Mestrado em História Social) – Pontifícia Universidade Católica de São Paulo, São Paulo, 2013.

[42] CAMARGO, C.R. Centro de Documentação e Pesquisa Histórica: uma trajetória de décadas. *In*: CAMARGO, C. R. *et al.* **CPDOC 30 anos**. Rio de Janeiro: FGV, 2003. p. 21-44. Também temos outro artigo da mesma autora referente a Centros de Documentação como base bibliográfica de nossa tese: CAMARGO, C. R. Centros de documentação das universidades: tendências e perspectivas. *In*: SILVA, Z. L. (org.). **Arquivos, patrimônio e memória**: trajetórias e perspectivas. São Paulo: UNESP, 1999. p. 49-63.

[43] Além do CPDOC, teremos o surgimento também do IEB/USP; Cedem/Unesp; AEL/Unicamp; entre outros, conforme apresentaremos ao longo dos capítulos desta obra.

Referente à conjuntura histórica do período selecionado, novamente posso afirmar que as décadas de 1970 e 1980 foram marcadas principalmente por movimentos de resistência à ditadura, que lutaram pela redemocratização e pela conquista de direitos dos cidadãos brasileiros. É nessa conjuntura que emergem também movimentos de luta pelo direito à memória e pelo direito à informação, que contribuem para a organização de programas que priorizam a proteção e preservação do patrimônio documental.

No que se refere a esta pesquisa, trabalhamos com as seguintes fontes: "Fundo SPHAN/Pró-Memória"; Arquivo Central do IPHAN/RJ, que abrange o período de 1969-1992; as publicações da revista *Acervo*, do Arquivo Nacional; os Anais de Congressos da AAB e da ANPUH; e publicações da revista *Arquivo & Administração*, da AAB. Por meio dessas fontes, procurei identificar as políticas propostas, os projetos concretizados e as diversas ações promovidas pelo Pró-Documento durante sua existência, entre 1984-88.

A documentação central da pesquisa está localizada no Arquivo Central do IPHAN/RJ, mais conhecido como "Arquivo Noronha Santos". Tive como guia na consulta do acervo o "Inventário – Setor de documentação SPHAN/FNPM", elaborado por Jean Bastardis, como um dos resultados de seu mestrado profissional, já citado anteriormente. O Inventário teve o intuito de demonstrar quais são os suportes documentais disponíveis e os assuntos expostos sobre o período em que o extinto SPHAN/FNPM atuou. O "Fundo SPHAN/Pró-Memória" abrange o período de 1969-1992.

Esse fundo é composto por aproximadamente 40 caixas de arquivos. Em meio a essa documentação, identifiquei diversos assuntos que me interessaram para esta pesquisa, como os trabalhos de assessoria prestados pelo Pró-Documento em ações de preservação documental; cooperação institucional, organização de acervos e projetos; documentos de participação em congressos, seminários e cursos; serviços de biblioteca; projetos e documentos administrativos do Pró-Documento; estrutura e funcionamento institucional; sobre acervos presidenciais; programas de trabalho; legislação e tratamento de acervos.

Sobre a conformação do Fundo, Bastardis nos informa que:

> A presente documentação foi produzida no decorrer da atuação institucional desenvolvida durante a década de 1980. Posteriormente foi reunida por técnicos do Instituto Brasileiro do Patrimônio Cultural e do IPHAN durante a década de 1990, sendo retirada dos setores nos quais foi produzida e acondicionada em caixas e maços de diferentes

formatos e tamanhos. Sua guarda final se deu em parte do móvel deslizante do Arquivo Central do IPHAN/Seção Rio de Janeiro, no 8º andar do Palácio Gustavo Capanema, sob a denominação de **"Arquivo Intermediário"** como forma de precisar o caráter transitório de sua guarda[44].

Outras informações com relação à documentação do IPHAN foram trazidas pelo caderno *Programa de Gestão Documental do IPHAN*, de 2008, que apresenta um "censo" realizado pela equipe sobre a situação do acervo arquivístico da instituição desde o período de sua criação[45].

Nessa publicação, afirmam que constataram diversos problemas com relação à preservação dos conjuntos documentais da instituição e, quando da realização do diagnóstico, identificaram

> [...] um panorama sombrio quanto ao precário estado de conservação, às condições inadequadas para a preservação do acervo, à falta de padronização quanto aos procedimentos adotados no processamento técnico da documentação[46].

Deve-se ressaltar que mesmo com a ajuda desses dois instrumentos, trabalhar com esse conjunto documental significou um grande desafio. Além da documentação do Fundo não estar organizada, provavelmente devido ao histórico da instituição, com uma estrutura nacional e várias mudanças administrativas, sua conformação ainda sugere várias lacunas. Assim, no cotidiano da pesquisa, ao consultar a documentação, encontrei somente referências ou citações dos títulos de projetos ou assessorias em relatórios da equipe do programa, sem que eu conseguisse encontrar uma descrição que pudesse nos esclarecer melhor sobre a elaboração dos projetos[47].

Na entrevista dos integrantes da equipe do programa, Gilson Antunes e Zulmira C. Pope, realizada por Jean Bastardis, ambos ressaltaram a grande quantidade de projetos que o Pró-Documento realizou, apesar de

---

[44] "Alguns instrumentos primários de pesquisa foram compilados e reuniam todo o conhecimento sobre essa documentação e serviram de base para a construção do presente Inventário. Os documentos textuais do acervo reúnem, principalmente: cartas, ofícios, memorandos, telegramas, relatórios (de viagem, de ações realizadas, entre outros), atas de reuniões, resoluções, portarias, comunicados, ordens de serviço, currículos, recortes de jornais, programações orçamentárias, projetos e organogramas, entre outros documentos relativos às atividades de planejamento, gestão e intervenção promovidas por SPHAN/FNPM e, principalmente, pelo Pró-Documento" (BASTARDIS, 2012, p. 4).

[45] BARBOSA, F. H.; POPE, Z. C. (org.). **Programa de Gestão Documental do IPHAN**. Rio de Janeiro: IPHAN/Copedoc, 2008.

[46] BARBOSA; POPE, 2008, p. 32.

[47] Desse modo, Bastardis, em suas pesquisas, também realizou entrevistas com intelectuais que atuaram no Pró-Documento, como Gilson Antunes da Silva e Zulmira C. Pope. O pesquisador disponibilizou-me o sumário e a transcrição dessas entrevistas – com autorização dos entrevistados, que também utilizamos como fonte para compreender as atuações dos agentes envolvidos neste programa de preservação do patrimônio documental.

não conseguirmos identificá-los na documentação consultada. A ausência dessa documentação me levou a compreender que a atuação do Pró-Documento teve dois caminhos: o primeiro é o da não execução da quantidade de projetos citados por Antunes e Pope; e o segundo – e mais provável – é que, devido à precariedade da conservação desses documentos, conforme citado anteriormente, temos uma parte da massa documental desse período da instituição "perdida" em algum local.

Mesmo assim, devo ressaltar que o inventário produzido por Jean Bastardis facilitou muito nossa pesquisa, nos indicando ao mesmo tempo o quanto são importantes as pesquisas sobre arquivos privados e públicos ao acessarmos essa documentação[48].

Num segundo plano, ainda com relação às fontes, há que se indicar que, por meio das publicações das revistas *Acervo* e *Arquivo & Administração*, e dos Anais de Congressos da AAB e da ANPUH, procurei acompanhar os debates travados por meio dos artigos e dos trabalhos apresentados nos Congressos em torno da questão do acesso e preservação do patrimônio documental. Em minha proposta de estudo, procurei compreender a atuação dessas associações ante o Pró-Documento, visto que as duas associações que fizeram parte desse movimento de preservação do patrimônio documental – AAB e ANPUH – promoveram eventos que tinham, dentre as diversas discussões, temas como o da preservação do patrimônio, do acesso à informação e do direito à memória em suas sessões de trabalho[49].

Construído nesses diálogos, o objetivo principal desta pesquisa foi analisar como a criação, a atuação e a desativação do Pró-Documento ocorreu, buscando a atuação dos agentes envolvidos. Interessa também indagar sobre razões e caminhos que levaram ao esquecimento desse programa do IPHAN na literatura especializada sobre a questão nos anos seguintes.

Procuro demonstrar neste estudo que entre as décadas de 1970 e de 1980 assistimos a um movimento de reconhecimento do patrimônio documental referente aos critérios sobre preservação, tanto na área acadêmica como na de políticas públicas. Desse movimento nas políticas públicas relacionadas à memória e ao patrimônio documental é que temos a cria-

---

[48] BASTARDIS, J. **Inventário** – Setor de Documentação SPHAN/FNPM. (Instrumento de Pesquisa). Mestrado Profissional em Preservação do Patrimônio Cultural. Rio de Janeiro, IPHAN, 2012.
BASTARDIS, J. **Práticas Supervisionadas II**: Entrevistas (Transcrição). Rio de Janeiro: IPHAN, 2012.

[49] Os anais dos congressos da AAB e os simpósios feitos pela ANPUH disponíveis no site dessas organizações foram trabalhados no intuito de compreender melhor como essas instituições lidavam com o tema central deste trabalho.

ção, conforme já citado anteriormente, do Pró-Documento pela FNPM/SPHAN, o qual podemos considerar como um programa inédito voltado exclusivamente para a preservação documental.

Esse programa nos revela um deslocamento diante de uma tradição resistente de valorização quase exclusiva do patrimônio edificado, tendo criado numerosos projetos de organização e preservação de acervos no país[50]. Conforme afirma Heloísa de Faria Cruz, em seu artigo "Preservação e patrimonialização do Acervo do Comitê de Defesa dos Direitos Humanos CLAMOR - 1978-1990"[51]:

> Naquele contexto, a questão do patrimônio documental aparece como uma das prioridades, traduzindo-se em metas quanto à implantação de sistemas de arquivos; à reorganização e ampliação do acesso aos acervos documentais; e ao desenvolvimento de projetos de História Oral e de apoio técnico aos movimentos populares na organização e no registro de sua própria memória[52].

Desse modo, o que defendo nesta pesquisa é que o Pró-Documento se propôs, com seus trabalhos nos projetos de preservação e organização dos arquivos privados, a produção de "legados históricos", pois sua atuação procurou dar continuidade e sobrevivência aos conjuntos de documentos que foram trabalhados pelo programa. Do mesmo modo, a atuação do programa na década de 1980 indicou como a falta de uma estabilidade política governamental reflete na preservação de seu patrimônio histórico, portanto é a atuação deste que nos indica sua importância e singularidade.

Tudo isso faz com que possamos encarar que esse programa buscou formular políticas públicas com relação ao patrimônio documental não governamental, vistos (patrimônio documental) como elementos integrantes da memória nacional, pois procuram trazer à tona as memórias da sociedade civil em suas diversas áreas – empresariais, sindicais, trabalhistas, educa-

---

[50] Importante salientar que a breve atuação do Pró-Documento indica a existência de tensões acerca de encaminhamentos das políticas sobre patrimônio documental no período. Para maior conhecimento da atuação do órgão em relação ao patrimônio documental e ao Pró-Documento, pode-se consultar também: MOLINA, 2022; BASTARDIS, 2012; ANTUNES, G.; RIBEIRO, M. V. T.; SOLIS, S. O Programa Nacional de Preservação Histórica – Equipe Pró-Documento. **Revista do Patrimônio Histórico e Artístico Nacional – RPHAN.** Rio de Janeiro, n. 21, p. 45-47, 1986, p. 45-47.

[51] CRUZ, H. F. Preservação e patrimonialização do Acervo do Comitê de Defesa dos Direitos Humanos CLAMOR- 1978-1990. **Memória em Rede**, Pelotas, v. 5, n. 12, p. 1-14, 2015, p. 1-14.

[52] CRUZ, 2015 *apud* SÃO PAULO, 1992, p.13.

cionais, entre outros. Podemos afirmar então que o Pró-Documento foi um programa pioneiro com relação à preservação de conjuntos documentais privados. É o que será exposto nos capítulos desta obra.

Diante desses objetivos, estruturamos o livro em quatro. No Capítulo I, intitulado "História e memória: O processo de preservação dos arquivos privados no Brasil", analisei as concepções e as políticas propostas sobre a questão da preservação do patrimônio documental, além de discutir sobre o papel das instituições arquivísticas no Brasil e sobre os processos de preservação de documentos como suportes da identidade e da memória. Também acompanhei os debates que foram realizadas no período estudado sobre história, memória e arquivos.

No Capítulo II, "O programa nacional de documentação da preservação histórica", investiguei como ocorreu o processo de criação do Pró--Documento no contexto de demandas e propostas do período delineadas no capítulo anterior, assim como discuti o histórico geral que levou à criação do Programa dentro do SPHAN/FNPM. Também avaliei a proposta do projeto, procurando descrever quais eram suas ambições, amplitudes e concepções em torno de suas propostas de atuações com relação aos conjuntos documentais privados. Também apresento neste capítulo como foram elaboradas as propostas gerais, a metodologia e a organização do programa, centrando-se nos arquivos privados.

No Capítulo III, "Ações e atuações do pró-documento", realizei uma análise das ações e atuação do Programa por meio da tabela de projetos elaborada por mim. Deste modo, foi possível averiguar quais tipos de demandas que o programa tinha, quais parcerias, desafios e soluções estavam indicados nos projetos específicos feitos pelo Pró-Documento.

Por fim, no Capítulo IV, "Os projetos do Pró-Documento", procurei trabalhar os projetos executados pelo programa, por meio de suas assistências técnicas, as instituições que pretendiam preservar seu acervo, pois assim consegui detectar as principais atuações do programa durante seu período de existência.

CAPÍTULO I

HISTÓRIA E MEMÓRIA: O PROCESSO DE PRESERVAÇÃO DOS ARQUIVOS PRIVADOS NO BRASIL

As concepções e as políticas propostas sobre a questão da preservação do patrimônio documental aqui destacadas, principalmente relacionadas ao Pró-Documento, emergem no contexto das discussões sobre novas demandas memoriais, a renovação da historiografia brasileira e as propostas relativas ao papel das instituições arquivísticas e a preservação documental na década de 1980. Dessa forma, neste capítulo procurei demonstrar algumas dimensões das relações entre preservação documental e a atuação das instituições arquivísticas, os processos de patrimonialização documental e as disputas em torno da memória social que se tornaram públicas naquele período.

Em primeiro lugar, cabe indicar que nossa discussão não se volta para a questão da gestão documental, embora com ela se relacione, mas sim para os processos de constituição do patrimônio documental, ou mais especificamente os processos de constituição e preservação dos arquivos privados como arquivos permanentes. Cabe salientar algumas questões introdutórias que dizem respeito à natureza dos processos que transformam documentos correntes e de uso ordinário em documentos históricos e patrimônio documental. E, mais especificamente, questões que problematizem a historicidade desses processos de preservação do patrimônio documental no caso brasileiro. Assim, como propõe Le Goff, entende-se que o documento não é inócuo, mas

> [...] resultado de uma montagem, consciente ou inconsciente, da história, da época, da sociedade que o produziram, mas também das épocas sucessivas durante as quais continuou a viver, talvez esquecido, durante as quais continuou a ser manipulado, ainda que pelo silêncio[53].

Ainda com o mesmo autor, adota-se a compreensão de que a preservação documental não é meramente uma operação objetiva e técnica, e que os documentos se tornam históricos não por acaso, pois

---
[53] LE GOFF, J. **História e Memória**. São Paulo: Unicamp, 2003. p. 537.

> [...] o que sobrevive não é o conjunto daquilo que existiu no passado, mas uma escolha efetuada quer pelas forças que operam no desenvolvimento temporal do mundo e da humanidade, quer pelos que se dedicam à ciência do passado e do tempo que passa, os historiadores [por exemplo][54].

Aliás, saliente-se que March Bloch, em sua obra *Apologia da História*, já alertava que

> Ao contrário do que parecem por vezes imaginar os principiantes [e diríamos não só os principiantes, mas vários dentre nós que pensam a preservação como questão eminentemente técnica], os documentos não surgem, aqui ou acolá, por artes mágicas. A sua presença ou sua ausência em determinado fundo de arquivo, em determinada biblioteca, em determinado terreno, dependem de causas humanas que não escapam de forma alguma à análise, e os problemas que sua transmissão levanta, longe de se encontrarem somente ao alcance de exercícios de técnicos, respeitam, eles mesmos, o mais íntimo da vida do passado, porque aquilo que se encontra afinal em jogo, não é nem mais nem menos do que a passagem da memória das coisas através das gerações[55].

Sabemos então que são considerados documentos históricos aqueles que são selecionados e preservados e é essa preservação que os torna documentos permanentes. Os conjuntos de documentos permanentes, normalmente, ficam sob a guarda das instituições arquivísticas, pois estas são responsáveis pela organização e preservação de conjuntos documentais. Em nosso país, assim como em outras nações, é esta preservação pelas instituições arquivísticas que geralmente transforma documentos privados em documentos permanentes.

Como indica Paulo Knauss – já citado na introdução –, quando preservado nas instituições arquivísticas, o documento se torna suporte da memória da ação produzida, ele passa a ser registro do passado e se afirma como documento histórico e patrimônio cultural.

> Importa salientar que durante os ciclos de sua vida, os documentos sofrem uma transmutação de sentido que os desloca da produção de um ato para a recordação do mesmo

---

[54] LE GOFF, 2003, p. 525.
[55] BLOCH, M. **Introdução à história**. Lisboa: Europa América, 1997. p. 117. Este livro foi publicado posteriormente no Brasil com outro título: BLOCH, M. **Apologia da História ou o ofício do historiador**. Rio de Janeiro: Zahar, 2001.

ato. Considerando que os documentos nascem correntes[56], sobrevivem como intermediários[57], e se redefinem como permanentes[58], entre a primeira e a última fase de sua vida eles continuam sempre sendo os mesmos suportes materiais de informação, mas o seu sentido é transformado[59]. Nessa passagem é que os usos dos documentos são redefinidos, e nesse momento eles deixam de transportar ações do presente, para transportar ações do passado. Há uma mudança de inserção temporal em torno da transmutação de sentido dos documentos. Nesse caso, os usos do passado fazem a diferença, pois os documentos passam a ganhar outra razão de ser e se instalam nos arquivos. No início de sua vida, o documento é registro do presente, na terceira fase de sua vida ele passa a ser registro do passado e se afirma como patrimônio cultural[60].

Desse modo, os documentos de caráter permanente, que encontramos nos arquivos dos nossos dias, não foram sempre vestígios de outro tempo. Como documentos correntes eles serviram ao instante do presente. Assim, as ações do Pró-Documento procuraram por fazer essa transmutação de sentido dos conjuntos documentais quando trabalharam com projetos de preservação e organização de arquivos privados, pois esses documentos que já haviam cumprido sua função de servir ao presente estavam sendo preservados para tornarem-se sinais de outro tempo.

Temos então que a transmutação dos documentos correntes em permanentes pode ser indicada também como um processo de produção de legados e, desse modo, ser colocado como patrimônio documental. Segundo Luciana Quillet Heymann, em seu artigo "De 'arquivo pessoal' a 'patrimônio nacional': reflexões acerca da produção de 'legados'", a produção de um legado implica a atualização (presente) do conteúdo que lhe é atribuído (passado) e na afirmação constante de sua rememoração (futuro). Assim,

---

[56] **Arquivos Correntes**: conjunto de documentos, em tramitação ou não, que, pelo seu valor primário, é objeto de consultas frequentes pela entidade que o produziu, a quem compete a sua administração. Consultar: ARQUIVO NACIONAL (Brasil), 2005, p. 29.

[57] **Arquivos Intermediários**: conjunto de documentos originários de arquivos correntes, com uso pouco frequente, que aguarda destinação. ARQUIVO NACIONAL (Brasil), 2005, p. 32.

[58] **Arquivos Permanentes**: conjunto de documentos preservados em caráter definitivo em função de seu valor. ARQUIVO NACIONAL (Brasil), 2005, p. 34.

[59] Quando o sentido do documento é transformado para valor permanente, por exemplo, é porque cessou o valor primário (KNAUSS, 2010, p. 9).

[60] KNAUSS, 2010, p. 10.

> As ações que tomam os legados históricos como justificativa, sejam elas comemorações, publicações ou a organização de instituições alimentam o capital simbólico de que são dotados, um capital que carrega em si o atributo da continuidade, da sobrevivência ao tempo[61].

Conforme será discutido nos próximos capítulos, quando analisamos as ações do Pró-Documento, perceberemos que o programa se propôs, em seus projetos com trabalhos de preservação e organização de arquivos privados, a produção de "legados históricos", pois sua atuação procurou dar continuidade e sobrevivência aos conjuntos de documentos que foram trabalhados pelo programa.

Knauss também coloca que revisitar os documentos históricos de arquivos, nesse caso, significa sempre reafirmar a particularidade do presente ante outros tempos e que, portanto, os usos do passado se organizam no presente. "Assim, a transmutação do sentido do documento acompanha de fato um deslocamento dos tempos, pois é no presente que o passado se define. O passado não é dado, mas construção atualizada do presente"[62].

Dessa forma, a reflexão desenvolvida nesta obra procura dar continuidade à discussão iniciada em minha pesquisa de mestrado, por meio da análise das atuações que o Pró-Documento desenvolveu em seus quatro anos de existência como um programa que tinha como principal intuito auxiliar projetos de preservação e organização de arquivos privados considerados "históricos e de excepcional valor".

Conforme já citado na Introdução deste livro, o Pró-Documento foi elaborado pela FNPM/SPHAN, órgão público então responsável pela preservação e salvaguarda do patrimônio cultural e artístico brasileiro, instituição essa que está inserida no processo de construção da memória histórica, na qual os processos de tombamento realizados transformam bens culturais em patrimônio histórico nacional. Podemos afirmar novamente que o Pró-Documento também está inserido no que Luciana Heymann chama de produção de "legados históricos".

Em estudo anterior[63], a análise realizada sobre os processos de patrimonialização voltados para os arquivos privados efetuados por instituições de preservação e salvaguarda do patrimônio cultural do país, como

---

[61] HEYMANN, Luciana. **De "arquivo pessoal" a "patrimônio nacional"**: reflexões acerca da produção de " legados". Rio de Janeiro: CPDOC, p. 1-10, 2005. p. 4.
[62] KNAUSS, 2010, p.11.
[63] MOLINA, 2013, p. 34.

IPHAN[64], CONDEPHAAT[65] e Conarq[66], seja por processo de tombamento ou como declaração de interesse público e social, nos indicou um "processo social de transformação do arquivo em patrimônio", uma "produção de legados históricos".

Já naquele momento, embora a análise estivesse centrada na discussão de processos de patrimonialização recentes, apontei a complexidade dos processos de incorporação dos documentos ao patrimônio histórico e cultural brasileiro, como também para o lugar quase marginal ocupado pelos documentos privados neste contexto.

Ao estudarmos os processos de patrimonialização realizados pelo IPHAN, CONDEPHAAT e Conarq, com relação aos arquivos privados, percebemos que o número de arquivos analisados por essas instituições é ínfimo perto da quantidade de arquivos institucionais e pessoais existentes em nosso país e, assim, pode-se concluir que as ações de patrimonialização relativas aos arquivos privados continuam, mesmo com a atuação do Conarq, residuais. Na dissertação de mestrado afirmo que:

> [...] [quanto] às solicitações do IPHAN[67] e CONDEPHAAT[68] percebemos que os processos de patrimonialização dos arquivos privados são esparsos, esporádicos e ocorreram por razões políticas localizadas e, quando ocorrem, é quase que por acidente, como nos casos dos processos de tombamento

---

[64] O Instituto do Patrimônio Histórico e Artístico Nacional (Iphan) é uma autarquia federal vinculada ao Ministério da Cultura que responde pela preservação do Patrimônio Cultural Brasileiro. Cabe ao Iphan proteger e promover os bens culturais do País, assegurando sua permanência e usufruto para as gerações presentes e futuras. Disponível em: https://www.gov.br/iphan/pt-br. Acesso em: 28 ago. 2023. "O órgão de preservação recebeu diversas denominações. Entre 1937 e 1946, o nome da instituição foi Serviço do Patrimônio Histórico e Artístico Nacional (SPHAN); de 1946 a 1970 mudou para Diretoria do Patrimônio Histórico e Artístico Nacional (DPHAN); a seguir, de 1970 a 1990, tornou-se Secretaria (SPHAN); em 1990 foi extinta por decreto e passou a funcionar sob o título de Instituto Brasileiro de Patrimônio Cultural (IBPC) até 1994; desse ano em diante voltou a ser Instituto do Patrimônio Histórico e Artístico Nacional (IPHAN)". Informação retirada da dissertação de SENA, 2011, p. 8.

[65] O Conselho de Defesa do Patrimônio Histórico Arqueológico, Artístico e Turístico (CONDEPHAAT) tem a função de proteger, valorizar e divulgar o patrimônio cultural no estado de São Paulo. Nessa categoria se encaixam bens móveis, imóveis, edificações, monumentos, bairros, núcleos históricos, áreas naturais, bens imateriais, dentre outros. Disponível em: http://condephaat.sp.gov.br/. Acesso em: 27 jul. 2023.

[66] O Conselho Nacional de Arquivos (Conarq) é um órgão colegiado, vinculado ao Arquivo Nacional do Ministério da Justiça, que tem por finalidade definir a política nacional de arquivos públicos e privados, como órgão central de um Sistema Nacional de Arquivos, bem como exercer orientação normativa visando à gestão documental e à proteção especial aos documentos de arquivo. Disponível em: https://www.gov.br/conarq/pt-br/acesso-a-informacao/institucional/o-conselho. Acesso em: 27 jul. 2023.

[67] Indico no mestrado que o IPHAN tombou três acervos, fazendo uma discussão mais aprofundada sobre o processo de "tombamento". Os três acervos são: Igreja Vizinha da Ordem Primeira do Carmo/Santos-SP (1964); Coleção Mário de Andrade do acervo UEB/USP (1996); documentação do Quilombo Ambrósio em Ibiá-MG (2008). MOLINA, 2013, p. 57.

[68] Com relação ao CONDEPHAAT, tombaram: o Acervo Arquivístico da Hospedaria dos Imigrantes (1979); a Biblioteca e Arquivo Histórico Wanda Svevo (1993); e a Coleção Mário de Andrade IEB/USP (2008). MOLINA, 2013, p. 57.

de bens edificados que acabam por descobrir arquivos em risco de perda ou possível dispersão. Quanto às solicitações do CONARQ[69], mesmo se considerarmos que sua atuação é relativamente recente e que só em 2004 ocorre a tramitação do primeiro pedido de declaração de interesse público e social no órgão, identifica-se uma certa morosidade na divulgação e implementação do instrumento[70].

Assim, temos que diferentemente do patrimônio edificado, a constituição do patrimônio documental entre nós não teve como processo fundamental os institutos de tombamento ou outros expedientes explícitos e oficiais, como o reconhecimento do interesse público e social de qualquer documento ou conjunto documental. Por essa razão, a preservação de um vasto universo de documentos hoje sob custódia das instituições arquivísticas públicas e privadas no Brasil, que são reconhecidos como documentos permanentes/históricos, deve-se a um processo complexo de constituição desta herança que pode ser rastreado mais seguramente desde a metade do século XX.

Para se compreender esse ponto, lembremos que a organização de uma política, de diretrizes legais e de órgãos na área da arquivologia, bem como a estruturação de sua intervenção nos processos de acumulação do patrimônio documental brasileiro, é fenômeno recente. Destarte, é importante salientar que o processo de gestão dos documentos, como a organicidade, processos de avaliação e tabelas de temporalidade, é questão que aparece na área da arquivística por volta dos anos 1940 nos EUA, só chegando ao Brasil nos anos 1970 e 1980.

Não obstante, como indica o artigo "O Arquivo Público do Império: o legado absolutista na construção da nacionalidade", de Célia M. L. Costa, é no contexto de construção das identidades nacionais que surgem os primeiros arquivos nacionais[71].

---

[69] Até o ano de 2023 o Conarq tinha aprovado como arquivos de "interesse público e social" os seguintes conjuntos documentais: Alexandre Barbosa de Lima Sobrinho (2004); Companhia Antártica Paulista, Companhia de Cervejaria Brahma, Associação Brasileira de Educação e Gláuber Rocha no ano de 2006; Atlântida Cinematográfica LTDA (2007); Berta Gleizer Ribeiro, Darcy Ribeiro e Oscar Niemeyer no ano de 2009; Abdias Nascimento (2010); César Lattes (2011); Paulo Neglus Freire e o Arquivo da Cúria Diocesana de Nova Iguaçu-RJ em 2012; Dom Lucas Moreira Neves (2016); Associação Circo Voador e Instituto de Arqueologia Brasileira (IAB) (2018); Augusto Ruschi, Sindicato dos Músicos do Estado do Rio de Janeiro e Memória Civelli Produções Culturais LTDA em 2022. Os processos de 2016 a 2022 não foram analisados na dissertação publicada em 2013. MOLINA, 2013, p. 61. Importante refletir também que não é o Conarq que desencadeia o processo de declaração de interesse público e social, é solicitado pela instituição, empresa ou pessoa física que estejam interessadas em fazer a solicitação. Disponível em: https://www.gov.br/conarq/pt-br/servicos-1/declaracao-de-interesse-publico-e-social/arquivos-declarados. Acesso em: 27 jul. 2023.

[70] MOLINA, 2013, p. 113.

[71] Segundo Costa, esse modelo de arquivo tinha "como principal finalidade colocar nas mãos dos soberanos um importante instrumento de governo — a informação. Nesse sentido serão secretos e estarão exclusivamente a serviço das monarquias". COSTA, C. M. L. O Arquivo Público do Império: o Legado Absolutista na Construção da Nacionalidade. **Estudos Históricos**, Rio de Janeiro, v.14, n. 26, p. 217-231, 2000.

Com a Revolução Francesa, estrutura-se um novo tipo de arquivo nacional, ou seja, surgem arquivos nacionais cujos objetivos consistiam em atender ao Estado e à nação, isto é, às demandas do cidadão. A preocupação não está mais em servir às monarquias. Assim,

> [...] [a] partir do século XIX, os historiadores [da Europa], inspirados no modelo francês de arquivos e convencidos da necessidade do documento como prova empírica para desenvolver uma "história científica", começam a pressionar os arquivos de Estado para abrirem suas portas à pesquisa histórica[72]. Assiste-se então ao surgimento de vários arquivos nacionais, entre eles o da Inglaterra, em 1838[73].

No caso do Brasil, o Arquivo Público do Império – hoje Arquivo Nacional – foi fundado em 1838, no momento de afirmação do processo de Independência do país. Célia Costa indica que a criação do arquivo pode ser pensada como um dos instrumentos para viabilizar o projeto político nacional que estava em curso no Império.

Assim, "o Arquivo brasileiro visava, ao mesmo tempo, fortalecer as estruturas do Estado recém-fundado e consolidar a própria ideia do regime monárquico em um continente totalmente republicano":

> Para alcançar tais objetivos seria necessário recolher não só a documentação produzida pela administração pública, a fim de realizar sua função instrumental em relação ao novo Estado, como também os documentos referentes ao passado colonial, que se encontravam dispersos nas províncias e deveriam subsidiar a escrita da história da nação, a exemplo dos arquivos europeus[74].

Portanto, se podemos afirmar que esta instituição foi criada para preservar o patrimônio documental da nação, observa-se também que "o arquivo brasileiro encontrou sérias dificuldades para realizar os objetivos inerentes a esse tipo de instituição: 'instrumentalizar' a ação administrativa do Estado nacional emergente e subsidiar a pesquisa histórica"[75].

A inexistência de procedimentos claros e contínuos e as dificuldades enfrentadas pelos processos de preservação documental em nosso país também são discutidas no artigo de Carlos Bacellar "Uso e mau uso dos

---

[72] COSTA, 2000, p. 2.
[73] Podemos citar também a criação do Archivo Histórico Nacional del Madrid – Espanha, em 1866.
[74] COSTA, 2000, p. 218.
[75] COSTA, 2000, p. 217-218.

arquivos", quando propõe que no caso da América Portuguesa, após cinco séculos de história, o que se viu foi uma "profusão de papéis, espalhados por um sem-número de depósitos arquivísticos formais e informais, nos mais variados graus de desorganização". Assim, no caso de nosso país, é a partir do século XIX que "tais acervos foram em parte reunidos em instituições especialmente estabelecidas para o fim de atender à crescente demanda de acesso". O autor também afirma que ao longo do século XX, por aqui, os arquivos públicos tiveram grandes dificuldades em manter a continuidade do processo de recolhimento documental, assim como organizá-los e preservá-los[76].

Mesmo com essas dificuldades na trajetória de constituição das instituições responsáveis pela preservação da documentação permanente como suportes de nossa memória nacional, há que se destacar a atuação tanto da criação do Arquivo Público do Império em 1838 como a do Instituto Histórico e Geográfico Brasileiro (IHGB) – criado no mesmo ano. De acordo com Costa, a tarefa principal do Arquivo Público do Império pelo Regulamento de criação seria guardar os

> [...] documentos probatórios do Estado, legitimando-o na sua ação política e administrativa, enquanto o IHGB seria o responsável pela construção da história nacional, entendida não só como reconstituição do passado da nação, mas também como contribuição para o desenvolvimento da disciplina histórica no país. Seu objetivo era escrever a história da pátria, a partir do testemunho dos documentos[77].

O IHGB – criado para a coleta e publicação de documentos relevantes para a história do Brasil e o incentivo ao ensino público de estudos de natureza histórica –, assim como suas entidades congêneres[78], é um

---

[76] BACELLAR, C. Uso e mau uso dos arquivos. *In*: PINSKY, C. B. (org.). **Fontes Históricas**. São Paulo: Contexto, 2011. p. 46.

[77] De acordo com Costa, no período imperial tínhamos um projeto político de consolidação do Estado imperial e da construção da nacionalidade brasileira. Inspirado no modelo iluminista de "civilização e progresso" dos Estados nacionais europeus, desenvolveram-se as artes, a ciência, a literatura, a história e a geografia visando a aproximar o Brasil das nações civilizadas. Nesse sentido, várias instituições científicas e culturais foram criadas, entre os quais pode-se destacar o Colégio Pedro II, o já citado Instituto Histórico e Geográfico Brasileiro, a Academia de Belas Artes, o Conservatório Nacional de Música e o Jardim Botânico. Para saber mais, ver: COSTA, 2000, p. 222 e 226.

[78] Temos, por exemplo, o Instituto Histórico e Geográfico de São Paulo (IHGSP), constituído em 1.º de novembro de 1894, "é uma pessoa jurídica de direito privado, de fins não econômicos, de caráter científico e cultural, reconhecido de utilidade pública". Para saber mais, ver: http://www.ihgsp.org.br/. Acesso em: 15 set. 2023.

instituto privado reconhecido como de utilidade pública. Assim temos que, desde o momento de criação dessas instituições, a custódia e preservação do patrimônio documental nacional foi partilhada por instituições públicas e privadas. A autora afirma que:

> Ao contrário dos arquivos nacionais europeus, que subsidiaram com seus documentos a história e a geografia nacionais, o Arquivo brasileiro limitou-se a recolher os documentos legislativos e administrativos que diziam respeito quase que exclusivamente à rotina administrativa do governo imperial e ao aparato legal necessário à organização da nova sociedade[79].

Nesse processo, ainda segundo a autora, "coube ao IHGB[80] o papel de artesão da nacionalidade a ser construído, e ao Arquivo o de depositário legal dos instrumentos necessários à consecução desse objetivo"[81].

Importante notar também que essas lacunas funcionais do Arquivo Nacional refletem a inexistência no Brasil, até bem recentemente, de

> [...] uma política nacional de arquivos ou de uma política pública para a área de arquivos, seja em nível de avaliação e recolhimento da documentação dos órgãos da administração pública, seja em nível de uma correta política de acesso aos documentos[82].

A historiadora Célia Reis Camargo aponta em sua tese que as criações do IHGB e do Arquivo Público do Império foram iniciativas que buscaram atingir um "escopo institucional que supunha uma ideia abrangente dos testemunhos da "nacionalidade". Assim, à primeira instituição coube a função de "reunir documentos do período colonial e produzir uma história do Brasil", enquanto a segunda foi incumbida da função de "manter

---

[79] COSTA, 2000, p. 227.
[80] O historiador Manoel L. S. Guimarães também explora esse tema do IHGB. GUIMARÃES, M. L. S. Nação e civilização nos trópicos: o Instituto Histórico e Geográfico Brasileiro e o projeto de uma história nacional. **Estudos Históricos**, Rio de Janeiro, v. 1, n. 1, p. 217-321, 1988. p. 227.
[81] Contudo, esse projeto acabou sendo bem diferenciado dos moldes europeus. Mesmo com essa função de recolher e guardar os documentos legislativos e administrativos do Império na época, Costa afirma que parte da documentação referente ao Estado, como, por exemplo, relacionada à delimitação das fronteiras nacionais e à preservação da unidade territorial, permaneceu no Ministério dos Negócios Estrangeiros e hoje integra o fundo do Arquivo Histórico do Itamaraty. Desse modo, o Arquivo Público do Império teve suas atividades e funções que deveriam ser de sua exclusiva competência reduzidas por outras instituições. "A 'divisão de tarefas' entre as agências culturais empenhadas no processo de construção da nacionalidade implicou a superposição de funções e a consequente fragilização do Arquivo enquanto principal instituição de guarda dos documentos da administração pública" (COSTA, 2000, p. 227).
[82] COSTA, 2000, p. 229.

organizados os documentos gerados pelo poder imperial"[83]. No entanto, apesar de no período imperial o Arquivo Nacional "acompanhar a formação dos estados nacionais", na fase republicana, a proteção do patrimônio documental é deixada de lado, ou seja, temos um "processo de esvaziamento e marginalização das ações e das entidades de preservação existentes"[84].

Desse modo, somente cento e cinquenta e três anos passados da criação do Arquivo Público do Império é que foi sancionada a Lei n.º 8.159, de janeiro de 1991, conhecida como Lei de Arquivos[85].

> Os entraves criados por esse atraso secular em termos de uma legislação específica para os documentos de arquivos são enormes e se expressam de formas diversas. Uma delas, fruto de uma indecisa política imperial, refere-se à fragmentação de alguns fundos; outra, talvez a mais importante, diz respeito à destruição parcial ou total de vários conjuntos que deveriam integrar o patrimônio documental brasileiro[86].

Assim, o que temos é que só recentemente se estruturaram intervenções arquivísticas na área da gestão documental que, via processos de avaliação, buscam incidir sobre a constituição do universo da documentação permanente/histórica no país.

As considerações de Célia Costa sinalizam a trajetória histórica bastante acidentada em relação ao cuidado e preservação do patrimônio documental brasileiro. Também nos mostram que a criação e atuação do Pró-Documento sinaliza uma conjuntura diferente em relação às questões da memória e do patrimônio cultural, que se inicia em meados da década de 1970 e percorre toda a década seguinte, refletindo já na Constituição de 1988 e na Lei de Arquivos de 1991.

Naquele contexto, parece importante pontuar dimensões desse processo no que diz respeito tanto às novas demandas memoriais e aos movimentos de renovação da historiografia brasileira como às propostas em relação às novas diretrizes para as instituições arquivísticas e para a preservação documental em nosso país.

---

[83] CAMARGO, 1999, p. 65-66.
[84] CAMARGO, 1999, p. 96.
[85] A Lei n.º 8.159/91, conhecida como Lei de Arquivos, dispõe sobre a Política Nacional de Arquivos Públicos e Privados e dá outras providências. Disponível em: https://www.planalto.gov.br/ccivil_03/leis/L8159.htm. Acesso em: 15 set. 2023. Conarq (Brasil). **Coletânea da Legislação Arquivística Brasileira e Correlata**. Rio de Janeiro: CONARQ, 2022.
[86] COSTA, 2000, p. 230.

Para tanto, no decorrer deste estudo, buscando situar a criação e atuação do Pró-Documento no interior desses processos, desenvolveu-se o diálogo com publicações diversas da área como a revista *Acervo*[87], do Arquivo Nacional, os Anais de Congressos da AAB[88] e da ANPUH e a revista *Arquivo & Administração*[89], da AAB.

No entanto, para que se compreenda melhor esse processo das demandas memoriais e da renovação historiográfica brasileira com o processo de preservação do patrimônio documental, acreditamos ser necessário discorrer sobre a relação entre história e memória.

1.1 HISTÓRIA, MEMÓRIA E PATRIMÔNIO DOCUMENTAL

A dinâmica de preservação e renovação das fontes históricas está intimamente articulada às relações que as sociedades estabelecem com seu passado e com suas reivindicações no campo da memória social a cada conjuntura histórica[90]. Essa discussão é de fundamental relevância, pois os arquivos "são práticas de identidade, memória viva[91], processo cultural indispensável ao funcionamento no presente e no futuro"[92].

Le Goff afirma que preservar o patrimônio nada mais é que preservar a memória local, regional, nacional, implicando ações em que o Estado procura conservar seus bens do passado para que, no presente, a população se sinta representada em seu país. Nas sociedades modernas, a criação de políticas públicas para proteger bens culturais está atrelada à vontade coletiva de preservar sua memória, propagada nos bens considerados representativos de identidade nacional, regional e local. Conforme argumenta o autor,

---

[87] Publicação quadrimestral do Arquivo Nacional, sendo sua primeira edição de 1986, tem por objetivo divulgar estudos e fontes nas áreas de Ciências Humanas e Sociais Aplicadas, especialmente Arquivologia. Até o ano de 2023 já publicou 36 volumes. Como a revista iniciou seu expediente em 1986, até o início da década de 1990 haviam sido publicadas nove edições.

[88] O Congresso Brasileiro de Arquivologia é um evento da Associação dos Arquivistas Brasileiros (AAB), tem sido realizado desde 1972. Tem como principal objetivo o fomento das discussões e reflexões na Arquivologia. Da década 1970 até início dos anos 1990 foram realizados oito congressos.

[89] A revista *Arquivo & Administração*, uma publicação da AAB, foi idealizada por profissionais de documentação e informação e seus artigos destacaram-se na comunidade por apresentar não só a prática arquivística, mas também as mais distintas reflexões sobre o campo. Editada entre 1972 e 2014, com algumas interrupções, constituiu-se no mais importante periódico científico brasileiro na área de Arquivologia. Informação retirada da dissertação de mestrado de GOMES, Y. Q. **Processos de institucionalização do campo arquivístico no Brasil (1971-1978):** entre a memória e a história. 2011. Dissertação. (Mestrado em Memória Social) – Universidade Federal do Estado do Rio de Janeiro, Rio de Janeiro, 2011, p. 108.

[90] CRUZ, 2016.

[91] JARDIM, J. M. A Invenção da Memória nos arquivos públicos. **Ciência da Informação**, v. 25, n. 2, p. 1-13, 1996.

[92] MATHIEU; CARDIN, 1990, p. 114 *apud* JARDIM, 1996, p. 6.

> [...] a memória é ligada à vida social que varia em função da presença ou da ausência da escrita e é objeto da atenção do Estado que, para conservar os traços de qualquer acontecimento do passado, produz diversos tipos de documento/monumento, faz escrever a história e acumular objetos[93].

Desse modo, indique-se que o arquivo tem grande significado não só como fonte de informação, mas também como um patrimônio histórico e cultural – no caso estamos trabalhando com o patrimônio documental, o qual está preservando a memória individual e coletiva de uma determinada sociedade.

Indiquei até aqui, então, disputas políticas por meio da memória e da preservação documental. Quero destacar que o ato de organizar e constituir arquivos refere-se à organização de poderes em torno da história e da memória social em cada presente. Também temos que as intenções dos arquivos e de seus atos de preservação estão intimamente articuladas às disputas sociais em torno da produção da lembrança e do esquecimento em cada momento histórico[94].

Ao problematizar as relações entre Memória e Documento, indicando demandas sociais emergentes nos anos 1980, o artigo de Heloísa Faria Cruz nos ajuda a conduzir discussão sobre as novas demandas memoriais daquela época. Como propõe a autora, naquela conjuntura, no Brasil, mas também no continente americano, identifica-se a multiplicação de demandas culturais e políticas que se desdobraram em disputas sobre as memórias relativas ao passado recente, principalmente à documentação referente aos períodos de regimes repressivos no Cone Sul, contexto no qual muitos países assumiram como política pública de governo a tarefa e dever do Estado de recuperar, preservar e publicizar a documentação sobre os períodos de violência institucionalizada.

Assistimos então ao surgimento de movimentos sociais diversos reivindicando direitos e visibilidade na cena pública, o que também se alarga nas definições das políticas em relação ao patrimônio, abrindo e democratizando conceitos e concepções de memória e patrimônio vigentes na época, assim como temos uma renovação nos estudos acadêmicos referentes à memória social e ao patrimônio, "gerando novos campos de pesquisa e movimentos de registro e preservação de novos suportes de memórias"[95].

---

[93] LE GOFF, 2003, p. 419.
[94] CRUZ, 2016 *apud* SCHWARTZ; COOK, 2002.
[95] CRUZ, 2016, p. 40.

No Brasil, o período de transição democrática trouxe à tona demandas por políticas de memória capazes de ampliar o repertório de referências culturais, questionando concepções elitistas que predominavam o conceito de patrimônio. Conforme afirma Heloísa,

> [...] o processo de alargamento dos critérios sobre avaliação e preservação proposto pelas políticas patrimoniais das últimas décadas do século XX amplia o conceito de patrimônio cultural para além dos bens edificados, incorporando também os patrimônios imaterial, documental, ambiental, genético, entre outros[96].

Tais questões também são destacadas por Roberto Pittaluga, em artigo intitulado "Notas a la relación entre archivo e historia", quando faz uma discussão sobre a situação dos arquivos da Argentina, abordando a relação de memória e arquivos e o processo de democratização do país. O autor afirma que o "acesso, a composição e a intepretação de um arquivo podem ser tomados como um indício da democratização de uma sociedade":

> Del mismo modo la democratización en la conconstucción, gestión y localización del archivo puede ser pensada como la clave para sostener la crítica del mandato, de la autoridade del archivo, y de sus gestores, los nuevos arcontes. Esa democratización necesariamente debe alcanzar a las políticas del Estado em relación al patrimônio (que incluye la de-signación de aquello que lo compone), pero precisa también de una práctica de archivación llevada a cabo en distintas instancias de la sociedade civil. Es esa práctica democrática, la que puede ser el modo de hacerse cargo de lo que el nombre archivo guarda para sobre-imprimirle su propia crítica[97].

Esse debate relaciona-se com o Pró-Documento, pois em seu texto-base, que foi entregue à extinta Fundação Nacional Pró-Memória (FNPM), na parte introdutória, é indicado que a sua criação se deve à importância que os arquivos privados têm para a recuperação da memória e identidade da sociedade civil de nosso país, conforme está no trecho a seguir:

> [...] [a criação do Pró-Documento] deve-se à importância dos acervos documentais privados para a *recuperação da memória e identidade nacionais* (grifo nosso) e para a pesquisa e a cultura no País e também ao fato de grande parte dessa documentação

---

[96] CRUZ, 2016, p. 41. Outras livros que também discutem essa questão: FONSECA, 1997; CAMARGO, 1999.

[97] PITTALUGA, R. Notas a la relación entre archivo e historia. **Políticas de la memoria. Anuario de Investigación e Información del CeDInCI**, Buenos Aires, v. 1, n. 6/7, p. 199-205, 2006-2007. p. 200.

encontrar-se em estado extremamente precário de conservação [grifo nosso] e inacessível aos pesquisadores e interessados [...][98].

Assim, quando o SPHAN/FNPM aprova o Pró-Documento, está propondo trazer à tona as memórias não visíveis, pois a proposta deles é trabalhar com arquivos privados compreendidos, para eles, como documentos integrantes da memória nacional.

Importa indicar aqui então que esse é o principal aspecto que me interessa ao discutir o Pró-Documento, ou seja, a dimensão dos documentos como suporte de memória. Meu intuito é analisar o processo de preservação no seu sentido de processo histórico e dos procedimentos de patrimonialização dos documentos que os transformam em documentos históricos – que também podem ser chamados de arquivos permanentes.

Com relação aos arquivos privados e sua relação com a renovação historiográfica, Luciana Q. Heymann afirma que o aparecimento dos conjuntos documentais privados também está interligado com a transformação do campo historiográfico e que é a partir da década de 1970 que se percebe uma nova relação do historiador com este tipo de fonte, revelando-se de grande qualidade e potencialidade, que permitiria que se produzisse um novo tipo de reflexão histórica[99].

As discussões sobre o tema passam a ser trabalhadas pelos historiadores, principalmente, tendo como uma das tendências os conjuntos de documentos pessoais e também os arquivos de entidades civis ou de organizações não governamentais. Conforme indica Ângela de Castro Gomes, com a renovação historiográfica iniciada nas primeiras décadas do século XX, como, por exemplo, a Escola dos Annales na França e os Estudos Culturais na Inglaterra[100], ampliou-se o conceito de fontes históricas, surgindo estudos baseados não só em documentos públicos, como também em documentos privados – diários íntimos, correspondências pessoais, arquivos institucionais e pessoais, entre outros[101].

---

[98] Texto base do Pró-Documento apresentado à FNPM em 1984 (SPHAN/FNPM (Brasil). **Texto-base do Pró-Documento**. Rio de Janeiro, 1984).

[99] HEYMANN, 2012, p. 36.

[100] Estes grupos de estudos "ampliou as perspectivas da pesquisa histórica, introduzindo novas abordagens, temporalidades e sujeitos". MIRANDA, M. E. Historiadores, Arquivistas e Arquivos. SIMPÓSIO NACIONAL DE HISTÓRIA, 26., 2011, São Paulo. **Anais** [...]. São Paulo: Universidade de São Paulo, 2011. p. 4.

[101] GOMES, Ângela de Castro. Nas malhas do feitiço: o historiador e os encantos dos arquivos privados. **Estudos Históricos**, Rio de Janeiro, v.11, n. 21, p.121-127, 1998. Além dos estudos sobre História Oral, que se iniciaram no início do século XX com Pollak, na França, por exemplo. POLLAK, Michael. Memória e identidade social. **Estudos Históricos**, Rio de Janeiro, v. 5, n. 10, p. 200-212, 1992. POLLAK, Michael. Memória, Esquecimento e silêncio. **Estudos Históricos**, v. 2, n. 3, p. 3-15, 1989.

Para Philippe Levillain[102], foi a partir da década de 1970 que a história social deu aos documentos privados uma nova dimensão, pensando-os como rastros expressivos dos meios sociais silenciosos do indivíduo, proporcionando à análise histórica uma dimensão singular.

Cristophe Prochasson também propõe que foi na década de 1970 que os historiadores, principalmente na França, se voltaram com uma "gula irreprimível para o que convém chamar de fontes privadas". Esse interesse crescente pelos arquivos privados corresponde a uma mudança de paradigma fundamental na história das práticas historiográficas[103].

O autor aponta dois fatores que podem esclarecer o gosto pelo arquivo privado: o primeiro é o impulso experimentado pela história cultural e multiplicação dos trabalhos sobre os intelectuais; e o segundo motivo está vinculado à mudança da escala de observação do social que levou, por meio da micro-história[104] e da antropologia histórica, à busca por fontes menos seriais e mais qualitativas.

Essas renovações das pesquisas acadêmicas chegam ao Brasil na conjuntura da redemocratização. Assim sendo, os arquivos privados adquirem um lugar especial em instituições universitárias, refletindo na criação de Centros de Documentação em diversas faculdades e, ao mesmo tempo, centros populares que buscavam informar os cidadãos de seus direitos a partir da guarda de documentos relacionados a manifestações promovidas pelos movimentos sociais do período, como, por exemplo, o CPV[105]. Dessa forma, também nos interessa analisar aqui como as instituições arquivísticas – incluindo os Centros de Documentação e outros espaços da preservação

---

[102] LEVILLAIN, P. Os protagonistas da biografia. *In*: RÉMOND, R. **Por uma história política**. Rio de Janeiro: FGV, 2003, p. 166.

[103] PROCHASSON, C. Atenção: Verdade! arquivos privados e renovação das práticas historiográficas. **Estudos Históricos**, Rio de Janeiro, v. 11, n. 21, p. 105-119, 1998.

[104] A micro-história é um gênero historiográfico surgido com a publicação, na Itália, da coleção *"Microstorie"*, sob a direção de Carlo Ginzburg e Giovanni Levi, pela editora Einaudi, entre 1981 e 1988. Vem sendo praticada principalmente por historiadores italianos, franceses e estadunidenses, com ênfase no papel desempenhado pelos primeiros, na importância da revista *"Quaderni Storici"* e no sucesso da referida coleção *"Microstorie"*.

[105] O Centro de Documentação e Pesquisa Vergueiro, originalmente Centro Pastoral Vergueiro (CPV), foi fundado em 1973. A ideia da criação do CPV veio dos frades dominicanos na região sudeste de São Paulo. Frei Giorgio Callegari aglutinou em torno do projeto CPV um grupo de frades dominicanos, estudantes universitários, professores, profissionais liberais e militantes de organizações de esquerda. Desde sua fundação, o CPV assumiu o compromisso de preservar a memória de resistência e organização popular, mas não para armazená-la apenas, mas para divulgá-la para que servisse de instrumento de transformação. Atualmente, militantes, historiadores e pesquisadores encontram para consulta no CPV documentos de vários gêneros (textual, bibliográficos, iconográficos e sonoros), acervo constituído de mais de 200 mil documentos. Disponível em: http://www.cpvsp.org.br/cpv.php. Acesso em: 16 set. 2023. Para saber mais, consultar: SALLES, 2013.

permanente do patrimônio documental –, vistas como lugares de memória e de guarda dos documentos permanentes/históricos, acabaram por contribuir neste processo de preservação dos arquivos privados.

Conforme afirma Knauss, os centros de documentação, em sua maioria universitários, tornaram-se importantes instituições na preservação e difusão dos arquivos privados, pois a criação destes deve-se a dois movimentos: primeiramente, há um movimento oficial que reconheceu a contribuição que a universidade pôde dar à proteção do patrimônio documental; posteriormente, o movimento que procurou proteger o que as forças oficiais da época não admitiam – como, por exemplo, o arquivo do AEL-Unicamp, em 1974, e o Arquivo Ana Lagôa, localizado na Universidade Federal de São Carlos (UFSCAR), em 1996[106].

Percebe-se então um aumento de centros de documentação no Brasil a partir da década de 1970. Dentre os centros organizados neste período que se preocuparam, principalmente, com os arquivos pessoais, temos o Centro de Pesquisa e Documentação de História Contemporânea do Brasil (CPDOC), que reuniu arquivos pessoais de políticos brasileiros a partir de 1930, como o de Gustavo Capanema, Getúlio Vargas, Osvaldo Aranha, Filinto Muller, Ulysses Guimarães, dentre tantos outros.

Além dos arquivos pessoais, temos os arquivos de instituições particulares, como os arquivos acumulados e organizados no Centro de Documentação e Memória da Unesp (Cedem); no Cedic, da PUC-SP; o Arquivo Edgard Leuenroth, da Unicamp; Centro de Pesquisa Vergueiro (CPV); Centro de Documentação e Pesquisa Histórica da Universidade Estadual de Londrina (UEL); e muitos outros. Vários desses centros de documentação caracterizam-se por uma especialização em acervos de movimentos sociais e de resistência atuantes, principalmente nas três últimas décadas do século XX. Assim, em todos esses casos, de acordo com Knauss, os centros de documentação universitários ou, de alguma forma, centros ligados à universidade têm um papel decisivo na preservação e proteção do patrimônio documental local e regional[107].

Camargo também debate tais questões acrescentando que, no período que a autora intitula como da "construção da memória"[108], entram em cena novos atores, como as instituições universitárias,

---

[106] KNAUSS, 2010, p. 13.
[107] KNAUSS, 2010, p. 14.
[108] Camargo afirma que para explicar possíveis continuidades ou rupturas das políticas patrimonialistas era necessário apresentá-las em quatro períodos, quais sejam: 1) De 1808 a 1889, reconhecido como **construção da nação**; 2) considerado como o de **construção da federação**, estendeu-se de 1890 a 1937; 3) de 1937 a 1975: registra-se a configuração do modelo **político de proteção** instituindo o patrimônio e a história como questão de Estado; e 4) inicia-se em 1975 e é o período da **construção da memória**. Este assunto será mais bem abordado no Capítulo II deste livro (CAMARGO, 1999, p. 74).

> [...] que assumem a liderança em suas respectivas áreas de especialização, no âmbito do patrimônio histórico, criando centros de memória e documentação, preservando fontes regionais/locais, cumprindo recomendações do Plano Nacional de Cultura (1975) que as estimulava a preservar a documentação de valor histórico[109].

A criação dos centros de documentação também está envolvida com o crescimento dos programas de pós-graduação, ambos refletem desdobramentos da mudança de perspectiva com relação aos tipos de fontes que o pesquisador poderia passar a utilizar na área de Ciências Humanas. O acesso a esses conjuntos documentais também era motivo de debate nesses programas.

Bom exemplo disso encontra-se na *Revista Brasileira de História*[110], publicada pela Associação Nacional dos Professores Universitários de História (ANPUH), hoje Associação Nacional de História, em sua edição de março de 1983, na qual foi feita uma transcrição do Encontro Documentação e Pesquisa Histórica, organizado pela ANPUH e SPBC, realizado em Campinas-SP, no dia 9 de julho de 1982.

Nesse encontro, Raquel Glezer, então secretária-geral da ANPUH, afirma que o encontro tinha como intuito "adquirir mais informações sobre as pesquisas feitas no período, por meio das apresentações das instituições, seu funcionamento e perspectivas" e que, ao final, foi possível observar "a disparidade total de condições de trabalho de pesquisa existente entre os diversos grupos em todo o Brasil, o que nos faz reiterar a importância da continuidade de outros encontros como este"[111].

As apresentações procuraram mostrar o andamento das pesquisas desenvolvidas em Programas de Pós-Graduação em História, de Núcleos de Documentação e Pesquisa, Institutos e Centros de Documentação e Pesquisa, entre outros. Na revista encontram-se relatos de pesquisas em diversos locais de nosso país, como Paraíba, Paraná, Rio Grande do Sul, Rio de Janeiro, São Paulo – capital, Campinas e Piracicaba. De forma mais abrangente, os textos indicam que boa parte dos programas, núcleos e centros de documentação iniciaram suas atividades na década de 1970 e, portanto,

---

[109] CAMARGO, 1999, p. 75.

[110] A Revista Brasileira de História – RBH publica artigos originais e alinhados com o avanço da produção historiográfica contemporânea. Visa atuar como um veículo de divulgação das práticas de pesquisa, escrita e ensino da história. Disponível em: http://site.anpuh.org/index.php/2015-01-20-0001-55/revistas-anpuh/rbh. Acesso em: 16 set. 2023.

[111] GLEZER, R. Encontro Documentação e Pesquisa Histórica. **Revista Brasileira de História**, São Paulo, v. 3, n. 5, mar. 1983. p. 5.

a publicação estaria divulgando os primeiros resultados dos trabalhos feitos em nível de mestrado e doutorado[112].

O referido Encontro destacou que a principal atividade deste evento estava em promover contatos entre diversos grupos de pesquisa histórica existentes no Brasil, "que se agrupam sob diferentes denominações: arquivos, centros de documentação, núcleos de documentação, núcleos de pesquisa e cursos de pós-graduação"[113]. Entretanto, a autora afirma que nas discussões notou-se a dificuldade em realizar as pesquisas, seja pelas condições de trabalho, seja pelas condições e acesso aos conjuntos documentais[114].

Camargo, em sua tese, traz indicações sobre a importância das instituições arquivísticas no período. Afirma que então "entram em cena instituições como o Arquivo Nacional, a Biblioteca Nacional, a Casa de Rui Barbosa e a Fundação Getúlio Vargas, por meio de seu Centro de Pesquisa e Documentação de História Contemporânea do Brasil". Além dessas instituições, Camargo assevera que também temos as Universidades que, no "âmbito do patrimônio histórico, criam Centros de Memória e Documentação [...]. Então, o que se observa são surtos de ampliações institucionais"[115].

Desse modo, em todos esses casos, de acordo com Knauss[116], os centros de documentação universitários ou, de alguma forma, centros ligados à universidade têm um papel decisivo na proteção do patrimônio documental local e regional e, também, no direito à informação e à memória que todo cidadão brasileiro deveria (ou deve) ter.

Bastardis reassegura que nesse período assistimos a um impulso nos estudos sobre a história recente do Brasil, os quais resultaram na propagação de pesquisas nos arquivos públicos e privados do país. "A demanda por informação histórica trouxe à tona uma realidade de abandono e vazio

---

[112] Os programas de pós-graduação em História no estado de São Paulo e no Rio de Janeiro foram criados todos na década de 1970: em 1971 na USP; em 1972 na PUC-SP; em 1976 na Unicamp; em 1978 na Unesp - *Campus* Assis, e no *Campus* Franca em 1979. No estado do Rio de Janeiro, temos em 1971 a inauguração da pós-graduação em História na UFF, e em 1982 na UFRJ.

[113] Também notei que os pesquisadores participantes do Encontro ou eram professores de programas de pós-graduação ou eram pesquisadores de centros de documentação apresentando as possibilidades de pesquisa nesses locais. Dentre as diversas apresentações, temos a de Déa Ribeiro Fenelón sobre o "Programa de Pós-Graduação em História" da Unicamp-SP; Laima Mesgravis, "O curso de Pós-Graduação do Departamento de História da Faculdade de Filosofia, Letras e Ciências Humanas – FFLCH da USP"; Gilson Antunes, "Breve Histórico do Centro de Memória Social Brasileira – CMSB", no Rio de Janeiro; e de Yara Aun Khoury, "O Núcleo de Pesquisa e Documentação Histórica da Pontifícia Universidade Católica de São Paulo" – atualmente chamado de Centro de Documentação e Informação Científica "Prof. Casemiro dos Reis Filho" – Cedic/PUC-SP.

[114] GLEZER, 1983, p. 5.

[115] CAMARGO, 1999, p. 74-75.

[116] KNAUSS, 2010.

organizacional em relação aos acervos que poderiam impulsionar o conhecimento da história do Brasil"[117], revelando a necessidade de uma dedicação à questão da preservação e acesso ao patrimônio documental no país.

Percebe-se então que a criação do Pró-Documento/SPHAN/FNPM está relacionada com a questão da preservação dos arquivos privados e aos movimentos de renovação da historiografia brasileira no período.

Devemos salientar que o trabalho de preservação documental proposto pelo Pró-Documento nos indicou, por meio dos projetos executados por ele, que os arquivos privados eram tratados com uma perspectiva de que as dinâmicas de preservação trariam uma renovação das fontes históricas. Assim, ao nos propormos aqui a analisar as ações e propostas do Pró-Documento, estamos em busca de "desnaturalizar os arquivos e seus enquadramentos metodológicos e institucionais", assim como "dar visibilidade às narrativas produzidas em torno e por meio desses artefatos"[118].

1.2 DEBATES SOBRE O PATRIMÔNIO DOCUMENTAL

Como indiquei anteriormente, nas décadas de 1970 e 1980, as associações acadêmicas ligadas aos arquivos e a história, como a AAB, o Arquivo Nacional e a ANPUH, se envolvem com discussões e propostas sobre a preservação do patrimônio do documental no Brasil[119].

A legislação arquivística e a preocupação com a organização das instituições responsáveis pela preservação dos arquivos foram temas recorrentes nos debates do campo do Patrimônio, da Arquivologia e da História naqueles anos. Junto às demandas sociais pela renovação da história e da memória, emergem propostas e perspectivas para a criação de um arcabouço jurídico capaz de orientar os procedimentos relacionados à preservação do patrimônio documental. O diálogo com as publicações e com os anais de seminários e encontros dos profissionais desta área indica os principais temas e direções deste debate.

Títulos de artigos das revistas ou de comunicações de pesquisa, tais como "A importância social dos arquivos", "Arquivos, Política, Administração e Cultura" "Arquivo e Cidadania", "A popularização dos arquivos", "Acesso à informação nos Arquivos Brasileiros", "Guia brasileiro de Fontes para a

---

[117] BASTARDIS, 2012, p. 48.
[118] HEYMANN, 2012, p. 14.
[119] Essa seleção deve-se ao fato de serem instituições ou associações que apresentam total ou parcial relação com processos de demandas memoriais, a renovação historiográfica brasileira e a preservação do patrimônio documental.

História da África, da Escravidão Negra e o Negro na Sociedade Atual", trouxeram pistas sobre a natureza deste debate. Aí se destacam temas como: o diagnóstico sobre o estado precário do patrimônio documental do país e a necessidade de ações para a garantia de seu tratamento e preservação; o estabelecimento de uma política para a organização e utilização de documentos públicos e privados; a necessidade de identificação e preservação de documentos históricos relacionados aos novos temas da historiografia, a questão do acesso e democratização dos arquivos, dentre outros.

Para corroborar este argumento, pode-se perceber a disseminação dessas temáticas e preocupações nos ambientes acadêmicos pelas discussões registradas nos Anais do Congresso Brasileiro de Arquivologia (CBA) e dos Simpósios Nacionais da ANPUH, além de artigos nas revistas *Acervo* e *Arquivo & Administração*.

Destarte, no VI Simpósio Nacional da ANPUH, em 1971, temos a apresentação do professor da UFF José Pedro Esposel, intitulada "Os arquivos no Brasil: atualidade e perspectivas"[120], em que o autor analisa a valoração dos arquivos pelos pesquisadores a partir da situação em que se encontravam os arquivos, valorando que

> Nos simpósios da ANPUH, a mais expressiva oportunidade que se oferece no Brasil para exame e discussão dos problemas relacionados com a História, cabem, a nosso ver, algumas considerações sobre matéria arquivística, eis que são muito estreitas as relações, inclusive de dependência, entre as duas áreas[121].

Mesmo que o autor considerasse estreita a relação entre arquivistas e historiadores, Esposel assevera que

> [...] a pesquisa histórica vai aos poucos, então, ganhando em qualidade e crescendo em quantidade, embora enfrentando, ainda, problemas que, impedindo ou retardando sua plena expansão, contendo-a mesmo, se refletem negativamente no progresso do país. Entre eles avulta o dos arquivos onde a História se mantém, podemos dizer, "aprisionada"[122].

---

[120] ESPOSEL, J. P. P. Os arquivos no Brasil: atualidade e perspectivas. *In*: SIMPÓSIO NACIONAL DOS PROFESSORES UNIVERSITÁRIOS DE HISTÓRIA, 6., 1971, Goiânia. **Anais** [...]. São Paulo: Associação Nacional dos Professores Universitários de História, 1973. p. 18-20.

[121] ESPOSEL, 1971, p. 18.

[122] ESPOSEL, 1971, p. 19.

No mesmo evento, o trabalho da professora Antonieta de Aguiar Nunes, da Faculdade de Filosofia, Ciências e Letras da Pontifícia Universidade Católica de São Paulo (PUC-SP), com o título "Relacionamento entre cursos universitários de História e arquivos e museus"[123], também discorre sobre essa questão ao delinear a importância da preservação dos arquivos pelos profissionais da área de Ciências Humanas e Sociais.

Mesmo que pareça redundante num simpósio de professores universitários de História,

> [...] a maioria dos quais bastante familiarizados com a lide nos arquivos, eu venha falar do possível relacionamento de cursos universitários de História com Arquivos e Museus. Acontece, porém, que a maior parte dos nossos contatos com os arquivos (não a totalidade, felizmente) se dá de modo individual e esporádico através das pesquisas que fazemos para os trabalhos históricos[124].

Em outro momento, no I Congresso Brasileiro de Arquivologia, em 1972, a apresentação de Stanley Hilton[125], "O estudo da história contemporânea"[126], também trabalha a questão da pesquisa histórica e das fontes, pois esse pesquisador descreve a dificuldade em trabalhar com os arquivos como fonte para a pesquisa acadêmica. Para o autor, o Brasil não acompanhava o ritmo de estudos dos países estrangeiros, e essa defasagem se justificava pela inexistência de centros de depósito para coleções de manuscritos ligadas à história contemporânea. Para uma possível resolução desse problema, Stanley aponta o recém-criado Centro de História Contemporânea, no Arquivo Nacional, "como reflexo de uma crescente consciência de que maior ênfase precisa ser dada ao estudo do passado recente"[127].

O autor afirma que a história contemporânea tem sofrido um certo "descuido pelos historiadores profissionais no Brasil", ao contrário de outros países como Inglaterra e EUA, países que mantêm instituições que

---

[123] NUNES, A. A. Relacionamento entre cursos universitários de História e Arquivos e Museus. *In*: SIMPÓSIO NACIONAL DOS PROFESSORES UNIVERSITÁRIOS DE HISTÓRIA, 6., 1971, Goiânia. **Anais** [...] São Paulo: Associação Nacional dos Professores Universitários de História, 1973. p. 101-102.

[124] NUNES, 1971, p. 67.

[125] Stanley E. Hilton é brasilianista. Conhecido devido a suas obras referentes às personalidades de conhecidos políticos brasileiros, como: **Oswaldo Aranha: uma biografia** (Objetiva, 1994); **A guerra civil brasileira: história da Revolução Constitucionalista de 1932** (Fronteira, 1982); entre outras obras referentes à história contemporânea do Brasil.

[126] HILTON, S. O estudo da história contemporânea. *In*: CONGRESSO BRASILEIRO DE ARQUIVOLOGIA, 1., 1972, Rio de Janeiro. **Anais** [...] Rio de Janeiro: AAB, 1979. p. 259-270.

[127] CONGRESSO BRASILEIRO DE ARQUIVOLOGIA, 1., 1972, Rio de Janeiro. **Anais** [...]. Rio de Janeiro: AAB, 1979. p. 259.

dão acessibilidade aos arquivos da história contemporânea daquelas nações. Assim, afirma que "os textos de história tendem a terminar com o advento da República e, se retratam do século XX, o fazem sumariamente"[128]. Hilton assevera que este descaso se deve à falta de instrumentos de pesquisa, como catálogos, índices, bibliografias, e "falta de acesso institucionalizado a coleções de documentos"[129].

Esse aparente diálogo com as apresentações de Esposel, Nunes e Hilton sobre a questão da preservação e do acesso aos arquivos parece repercutir no III CBA[130], em 1976, com o lançamento do "1.º Seminário de Fontes Primárias de História do Brasil"[131]. A maioria dos participantes eram representantes de arquivos públicos de estados brasileiros, como São Paulo, Espírito Santo, Minas Gerais, Paraíba, Sergipe, Bahia, entre outros. O intuito do seminário era que esses representantes apresentassem levantamentos sobre os conjuntos documentais desses arquivos públicos para servirem como base de pesquisa para futuramente serem acessados[132].

Em 1977, no IX Simpósio da ANPUH, verifiquei a continuidade desse debate em outros trabalhos, como o de Monica Hirst, em "Um guia para a pesquisa histórica no Rio de Janeiro – os arquivos privados"[133]. Reunindo informações sobre os arquivos privados do Rio de Janeiro descrevendo alguns dos conjuntos documentais privados das instituições arquivísticas cariocas, como o CPDOC/FGV, a Casa de Rui Barbosa e o CMSB, a autora assevera que:

> A realidade deste trabalho correspondeu a necessidade de reunir informações básicas e fundamentais sobre os arquivos privados no Rio de Janeiro. Seu objetivo consiste em elaborar um mapeamento de fontes documentais referentes ao período republicano da história do Brasil. Este levantamento visa basicamente fornecer pistas ao pesquisador para a localização de fontes primárias no Rio de Janeiro[134].

---

[128] HILTON, 1972, p. 262.
[129] HILTON, 1972, p. 263.
[130] O II CBA não se encontra disponível para consulta.
[131] Evento que ocorre em conjunto com o CBA.
[132] CONGRESSO BRASILEIRO DE ARQUIVOLOGIA. *In*: CONGRESSO BRASILEIRO DE ARQUIVOLOGIA, 3., 1976, Rio de Janeiro. **Anais** [...]. Rio de Janeiro: Associação dos Arquivistas Brasileiros, 1979., p. 657-800.
[133] HIRST, M. Um guia para a pesquisa histórica no Rio de Janeiro – os arquivos privados. *In*: SIMPÓSIO NACIONAL DA ASSOCIAÇÃO DOS PROFESSORES UNIVERSITÁRIOS DE HISTÓRIA, 9., 1977, Florianópolis. **Anais** [...] São Paulo: Associação dos Professores Universitários de História, 1979. p. 1247-1285.
[134] HIRST, 1979, p. 1247.

Dois anos depois, em 1979, durante o IV CBA[135], realiza-se em conjunto com o congresso o "2.º Seminário de Fontes Primárias de História do Brasil"[136], no qual mais uma vez discutiu-se sobre o relacionamento entre arquivistas e os historiadores e a utilização dos arquivos como fonte histórica. Esse debate indicou as reflexões e debates sobre a pesquisa histórica em nosso país, pontuando questões importantes sobre a necessidade de preservação do patrimônio documental para suprir a demanda que se iniciava com a renovação historiográfica brasileira[137].

Depois, ao longo da década de 1980, o debate com relação a preservação e acesso dos arquivos prossegue, incorporando as questões sobre variados tipos documentais, como fotografias e depoimentos orais, por exemplo. Nas edições 24 e 25 da revista *Arquivo & Administração*, ambas publicadas no ano de 1980, encontramos artigos com temas variados, como história oral, sistemática arquivística, desburocratização dos documentos, a desordem documental no Brasil, assim como um roteiro para um guia de arquivos privados. Note-se que a elaboração de guias é discutida a todo o momento, já que serviriam como excelente instrumento de pesquisa, facilitando a identificação dos acervos e o acesso aos arquivos e, consequentemente, o trabalho do pesquisador.

No XIII Simpósio da ANPUH, de 1985[138], temos a continuidade da discussão sobre os conjuntos documentais com o professor José Cláudio Barriguelli, ao propor um encontro sob o título "Preservação de acervos documentais no Brasil"[139], em que o historiador é identificado como sendo da Comissão Pró-Organização da Associação Paulista de Arquivos Privados. Percebem-se, mais uma vez, as demandas com relação à memória, renovação historiográfica e preservação do patrimônio documental[140].

---

[135] O VI CBA será somente sete anos depois, em 1986. Não consegui acesso aos Anais do V CBA.

[136] CONGRESSO BRASILEIRO DE ARQUIVOLOGIA, 4., 1979, Rio de Janeiro. **Anais** [...]. Rio de Janeiro: Associação dos Arquivistas Brasileiros, 1982. p. 75-90.

[137] Importante esclarecer que não relacionamos esses trabalhos com possíveis artigos da revista *Acervo* porque sua primeira edição é de 1986. Com relação à revista *Arquivo & Administração*, a maioria das suas publicações estão divulgando as prestações de contas da AAB ou artigos que buscam trabalhar a importância do profissional arquivista. Lembrando que a década de 1970 é considerado um marco do reconhecimento da ciência arquivística aqui no Brasil (BOTTINO, 2014).

[138] Conforme já citado anteriormente, no ano de 1983 a ANPUH publicou na edição de março de 1983 da RBH a transcrição do Encontro Documentação e Pesquisa Histórica, organizado pela ANPUH e SPBC, realizado em Campinas – SP, no dia 9 de julho de 1982. O objetivo desse encontro era adquirir mais informações sobre as pesquisas feitas no período, por meio das apresentações das instituições, seu funcionamento e perspectivas. ANPUH. **Revista Brasileira de História**, São Paulo, v. 3, n. 5, 1983.

[139] BARRIGUELLI, J. C. Preservação de acervos documentais no Brasil. *In*: SIMPÓSIO NACIONAL DE HISTÓRIA, 13., 1985, Curitiba. **Anais** [...] Curitiba: ANPUH, 1985. p. 151-152.

[140] É interessante destacar que não foram encontradas quaisquer informações sobre a existência dessa Associação, o que me instigou a necessidade de se investigar de forma mais ampla a existência de entidades dessa natureza no Brasil nesse período, trabalho que foge aos limites desta obra.

No ano seguinte, o VI Congresso Brasileiro de Arquivologia, "Arquivos, Política, Administração e Cultura", destaca questões correlatas, como a formação de uma Política Nacional de Arquivos e a importância de cuidado e preservação dos documentos[141]. De acordo com Gilson Antunes da Silva, esta sessão plenária e o título dado ao congresso indicam a relevância que os arquivos estavam adquirindo devido a

> [...] todo o processo da mídia conscientizando para a preservação da memória, e no seu bojo divulgando a importância dos arquivos para a guarda e manutenção dos documentos de valor permanente produzidos e acumulados por agências governamentais [...] em consequência do processo de recuperação democrática do país[142].

Ainda em 1986, temos publicações de artigos que trazem como temática central a avaliação, preservação e o possível acesso a fontes históricas, como as fotografias, nos indicando a preocupação com uma análise sobre esse suporte documental, respondendo as novas demandas da renovação historiográfica no país. Também discorrem sobre a reorganização dos arquivos empresariais, além de um levantamento bibliográfico feito pelo CPDOC sobre arquivos privados[143]. Ressalte-se aqui como a questão da preservação dos conjuntos documentais é uma demanda corrente entre pesquisadores e profissionais da área naquele período[144].

A revista *Acervo*, nas edições de 1987[145], também continua a abordar a questão da preservação dos conjuntos documentais ou o direito de acesso à informação por meio de temáticas relacionadas à área das humanas, que

---

[141] Os relatores dessa sessão plenária foram: Celina do Amaral Peixoto Moreira Franco – na época diretora-geral do Arquivo Nacional, que fez uma apresentação sobre "O Arquivo Nacional e a Política Nacional de Arquivos"; Gilson Antunes da Silva – então pesquisador da FNPM/Pró-Documento, que expôs sobre o "Programa Nacional de Preservação da Documentação Histórica"; Antônio A. B. de Lemos – diretor do IBICT: "A Política Nacional de Desenvolvimento Científico e Tecnológico e os Arquivos"; Jorge G. da Costa – Fundação Getúlio Vargas: "O Posicionamento dos Arquivos nas Instituições Públicas e Privadas"; Inês Etienne Romeu – diretora do Arquivo do Estado de São Paulo: "O Sistema de Arquivos do Estado de São Paulo". *In*: CONGRESSO BRASILEIRO DE ARQUIVOLOGIA, 6., 1986, Rio de Janeiro. **Anais** [...]. Rio de Janeiro: Associação dos Arquivistas Brasileiros, 1986. p. 18.

[142] SILVA G. A (Sessão Plenária acesso aos arquivos privados). *In*: CONGRESSO BRASILEIRO DE ARQUIVOLOGIA, 6., 1986, Rio de Janeiro. **Anais** [...]. Rio de Janeiro, 1986, p. 12.

[143] Esses temas foram discutidos nas edições 29 e 30 da revista *Arquivo & Administração*, números 1 e 2, 1986.

[144] Importante indicar aqui que o lançamento da revista *Acervo* substituiu o Mensário do Arquivo Nacional, publicação que vigorou de 1970 até 1982, funcionando como um instrumento de divulgação das atividades do AN. Em sua primeira edição da revista, pontua-se que o intuito é continuar com o trabalho que o Mensário já realizava, acrescentando-se, porém, o objetivo de "dotar o Arquivo Nacional de um instrumento ágil na divulgação de suas reais atribuições", como recolher, preservar e dar acesso à documentação dos arquivos públicos, "além de atender aos pesquisadores na busca dos registros que reconstituem a história brasileira" (FRANCO, 1986). A edição de 1986 da *Acervo* trabalhou mais a questão da formação histórica dos arquivos nacionais, por essa razão será citada mais adiante no texto.

[145] **Acervo**, Rio de Janeiro, v. 2, n. 1, 1987, p. 1-106. **Acervo**, Rio de Janeiro, v. 2, n. 2, 1987, p. 1-197.

seria o tratamento de fontes históricas que estavam fazendo na época. Desse modo, os artigos discorrem sobre o tratamento de fontes na Bahia; arquivos cartorários e a fotografia como fonte histórica.

Além dos artigos que abordaram a questão das fontes, temos uma indicação bibliográfica para futuras pesquisas acadêmicas, sendo, em uma edição, bibliografia sobre História Oral e, na outra, sobre o acesso aos arquivos. Os editores afirmam que a bibliografia sobre o acesso aos arquivos inclui referências do acervo da Biblioteca do Arquivo Nacional, dos Catálogos do CPDOC-FGV e do Boletín de información, editado pelo Centro de Información Documental da Espanha[146].

Já no ano de 1988 um dos principais debates era sobre as fontes históricas e sobre a memória nacional, exposto pelas comemorações do centenário da abolição da escravatura. Soma-se a essa discussão a conjuntura de recente abertura política representada pelo fim do regime militar, em que o país se preparava para a promulgação da nova constituição federal.

Desse modo, a primeira edição de 1988[147] da revista se constitui de um dossiê sobre a questão racial no Brasil, apresentando artigos sobre a historiografia relacionada à temática da abolição da escravatura em diferentes regiões do país, como Amazonas, Rio Grande do Sul, Goiás, entre outros. A bibliografia desta edição trouxe teses e dissertações sobre o tema, o perfil institucional apresentou o Centro de Estudos Afro-Asiáticos do Conjunto Universitário Cândido Mendes, instituição criada em 1973 com o objetivo de estudar e difundir a realidade contemporânea dos países africanos e asiáticos junto à comunidade acadêmica e a sociedade brasileira em geral.

Já na segunda edição daquele ano a revista traz novamente artigos sobre a temática arquivística, pois também se comemoravam os 150 anos de fundação do AN pelo decreto de 1838, conforme citei anteriormente. Os artigos publicados nesta edição descrevem, basicamente, como foi o processo de criação e modernização do Arquivo Nacional, além da questão da gestão de documentos no país a que se assistia naquele período.

Para exemplificar esse debate, trago o artigo de Michel Duchein, "Passado, presente e futuro do Arquivo Nacional do Brasil"[148], assegurando que estava feliz e orgulhoso de ter sido chamado por diversas vezes nos últimos dez anos

---

[146] Perfil Institucional, 1987, p. 83. Perfil Institucional, 1987, p. 97.

[147] **Acervo**, Rio de Janeiro, v. 3, n. 1, 1988, p. 1-137; **Acervo**, Rio de Janeiro, v. 3, n. 2, 1988, p. 1-116.

[148] DUCHEIN, M. Passado, presente e futuro do Arquivo Nacional do Brasil. **Acervo**, Rio de Janeiro, v. 3, n. 2, p. 91-97, 1988.

pela diretoria do AN para fazer uma análise da situação dos arquivos públicos em nosso país e que constatou, no Rio de Janeiro e em Brasília,

> [...] o dinamismo do Arquivo Nacional e a rapidez de seu desenvolvimento. A comemoração de seus 150 anos é a ocasião para medir seu progresso. É, também, a de encarar com confiança seu futuro e desejar de uma juventude vigorosa a este venerável centenário[149].

Nesse mesmo ano, a revista *Arquivo & Administração*, em sua edição 31, também se dedicou a publicar sobre o "Guia brasileiro de fontes para a história da África, da escravidão negra e o negro na sociedade atual"[150], coordenado pelo Arquivo Nacional e considerado pelos profissionais da área, na época, como o "registro do nascimento e desenvolvimento do mais importante trabalho de levantamento de fontes realizados no país".

Ainda em 1988, já com a "área arquivística mais consolidada e valorizada em território nacional" – nas palavras do então presidente da AAB, Jaime Antunes da Silva –, o VII Congresso da AAB foi dedicado "aos novos arquivos, novos registros e suportes da informação, com os desafios que representam o seu controle intelectual, conservação e acesso" e teve como tema a "Nova Arquivística: administração de documentos, informática, acesso à informação"[151]. Antunes afirmou, ainda, que este congresso se dedicava, aos "novos arquivos"[152], e enfatizava

> [...] a discussão de uma política nacional de arquivos e a implementação de técnicas que viabilizem o domínio da produção documental, da administração de documentos, sua avaliação e controle, possibilitando, com rapidez, o acesso às informações neles contidas.

Desse modo, surgia "novos registros e suportes da informação, com os desafios que representam o seu controle intelectual, conservação e acesso para a área arquivística que considerava ser a mais consolidada e valorizada do país"[153]:

---

[149] DUCHEIN, 1988, p. 97.

[150] **Arquivo & Administração**, Rio de Janeiro: v. 1, n. 38, 1988. Após essa edição especial, a AAB só publicará seu próximo número da Revista no ano de 1994.

[151] Programação do VII CONGRESSO BRASILEIRO DE ARQUIVOLOGIA. *In*: CONGRESSO BRASILEIRO DE ARQUIVOLOGIA, 7., 1988, Brasília-DF. **Anais** [...] Brasília: AAB, 1988, p. 8.

[152] A menção aos "novos arquivos" presente na fala de Jaime Antunes refere-se aos arquivos privados e aos conjuntos documentais que ainda naquele momento se encontravam dispersos ou inacessíveis, mas também relaciona-se com a questão da tecnologia da informação dentro da área arquivística, como os arquivos digitais, por exemplo.

[153] Programação do VII CONGRESSO BRASILEIRO DE ARQUIVOLOGIA. *In*: CONGRESSO BRASILEIRO DE ARQUIVOLOGIA, 7., 1988, Brasília-DF. **Anais** [...] Brasília: AAB, 1988, p. 9.

> O nosso congresso está enfatizando a discussão de uma política nacional de arquivos e a implementação de técnicas que viabilizem o domínio da produção documental, da administração de documentos, sua avaliação e controle, possibilitando, com rapidez, o acesso às informações neles contidas[154].

Aqui as questões da informação e da gestão documental ganham destaque, indicando um deslocamento em relação aos debates dos anos anteriores nos quais a ênfase recaía na questão do patrimônio documental propondo um entrelaçamento maior entre os interesses de arquivistas e historiadores.

Alguns trabalhos apresentados no congresso demonstram essa questão. Os artigos "Acesso à informação nos arquivos brasileiros"[155], apresentado por Célia Costa e Priscila Fraiz; a "A função social dos arquivos e o direito à informação", de José Maria Jardim; e o "Acesso à informação científica e tecnológica dos arquivos", de Antonio Agenor Briquet, salientam a importância do acesso às informações contidas nos conjuntos documentais.

Na comunicação "Acesso à informação nos arquivos brasileiros", Costa e Fraiz discutem a regulamentação do acesso às informações dos arquivos no Brasil por meio de três vertentes: a presença do tema do acesso à informação nas constituições brasileiras e sua discussão na Constituinte de 1988; as condições gerais de acesso aos documentos nas principais instituições arquivísticas do país e, finalmente, a forma como o acesso à informação estava sendo discutido pelo Congresso Nacional no âmbito do projeto de lei que, posteriormente, deu origem a Lei n.º 8.159, de 1991, a chamada Lei de Arquivos[156].

Costa e Fraiz destacam também que, apesar da conquista do *habeas data*[157] por meio da Constituição de 1988, os problemas relacionados à preservação e o acesso aos conjuntos documentais ainda persistiam, afetando não só os "profissionais da área arquivística, senão todos aqueles que defendem a preservação e divulgação do patrimônio documental do país"[158].

---

[154] SILVA, 1988, p. 10.

[155] Este trabalho deu origem posteriormente ao artigo publicado na revista **Estudos Históricos**, do CPDOC-FGV. COSTA, C. M. L.; FRAIZ, P. M. V. Acesso à informação nos arquivos brasileiros. **Estudos Históricos**, Rio de Janeiro, v. 2, n. 3, p. 63-76, 1989.

[156] Programa do VII Congresso Brasileiro de Arquivologia. *In*: CONGRESSO BRASILEIRO DE ARQUIVOLOGIA, 7., 1988, Brasília-DF. **Anais** [...] Brasília: AAB, 1988. p. 13-14.

[157] Ação que assegura o livre acesso de qualquer cidadão a informações a ele próprio relativas, constantes de registros, fichários ou bancos de dados de entidades governamentais ou de caráter público.

[158] COSTA; FRAIZ, 1989, p. 74.

José Maria Jardim aventou em sua comunicação a democratização do acesso aos documentos de arquivo, apontando aspectos da evolução das instituições arquivísticas ao longo do séc. XX. Pontuou questões legais e técnicas referentes ao acesso aos documentos e o conceito de direito à informação desenvolvido a partir dos anos 1960, juntamente com as questões relacionadas aos usos e funções dos arquivos na administração pública na perspectiva de ampliação do uso social dos arquivos no Brasil[159].

Estas comunicações fizeram com que eu retomasse o texto de Bottino[160], que, ao descrever sobre os CBAs, assegura que a questão da informação é a que obteve maior destaque nesse congresso. De acordo com a autora, os participantes do VII CBA preocuparam-se em alertar e esclarecer as autoridades e os administradores em geral "sobre a natureza, valor e importância dos arquivos, como fonte primária de informação no processo de desenvolvimento nacional".

Não obstante essa parcial mudança de perspectiva nos debates que estavam ocorrendo naquele período, é notável que a primeira edição da revista *Acervo* de 1989[161] publique artigos comemorando o bicentenário da Inconfidência Mineira e da Revolução Francesa, com o diferencial de divulgarem os arquivos consultados para a elaboração dos textos.

Já a segunda edição de 1989 – que na realidade acaba sendo publicada no ano de 1990 – indica a conjuntura histórica do período, pois o título do dossiê é "Arquivo e Cidadania"[162]. Esse título chama a atenção porque no início dos anos 1990 temos uma atuação da sociedade e de entidades não governamentais lutando pelo direito do cidadão no que se refere ao acesso à documentação e a informação pública, exigida como direito de todos.

Assim, a bibliografia indicada na revista versa sobre o acesso aos arquivos, o perfil institucional é sobre o Arquivo Edgard Leuenroth – AEL/Unicamp[163], e a temática dos artigos discorre sobre estudos feitos na área

---

[159] JARDIM, J.M. Instituições arquivísticas: estrutura e organização; a situação dos arquivos estaduais. **Revista Do Patrimônio Histórico e Artístico Nacional – Rphan**. Rio de Janeiro, n. 21, p. 39-42, 1986.

[160] BOTTINO, 2014, p. 185.

[161] **Acervo**, Rio de Janeiro, v. 4, n. 2, 1989, p. 1-123.

[162] **Acervo**, Rio de Janeiro, v. 5, n. 1, 1990, p. 1-125.

[163] O Arquivo Edgard Leuenroth (AEL) iniciou suas atividades em 1974 com a chegada da coleção de documentos impressos reunidos por Edgard Leuenroth, pensador anarquista, militante das causas operárias, linotipista, arquivista e jornalista. Tais fontes foram adquiridas à época pela Universidade Estadual de Campinas (Unicamp) e pela Fundação de Amparo à Pesquisa do Estado de São Paulo (Fapesp) para constituir um centro de documentação que possibilitasse acesso às fontes primárias necessárias aos trabalhos do então recém-criado programa de pós-graduação do Instituto de Filosofia e Ciências Humanas (IFCH) da Unicamp. Disponível em: https://www.ael.ifch.unicamp.br/historico. Acesso em: 18 set. 2023.

da arquivologia. Destaco também o artigo de Regina Maria Martins Pereira Wanderley, intitulado "A popularização dos arquivos"[164], no qual a autora analisa a importância do acesso aos arquivos não só por acadêmicos, pesquisadores ou cartorários, mas sim por qualquer cidadão que tenha interesse em investigá-los ou acessá-los.

Wanderley afirma que cada vez mais a sociedade está exigindo a abertura dos arquivos, pois estes têm o "dever de mostrar seu potencial tanto ao leigo quanto ao cientista". Afirma também que o uso dos arquivos

> [...] não pode ficar circunscrito a um espaço previamente definido, duro e compacto: é necessário traçar um itinerário complexo que faça crescer ou aguçar os sentidos do conhecimento, e destruir a pretensa erudição para simplesmente falar a linguagem da História – um trabalho intelectual de esclarecimento, destinado a todas as camadas sociais. Urge que se faça logo; a ocasião é propícia, passível de ser aproveitada para consolidar o direito de todos sobre o imenso patrimônio documental do país[165].

Ainda em relação à democratização dos arquivos e a disponibilização pública de documentos, o artigo "Pesquisando a memória: o Arquivo Nacional entre a identidade e a história"[166], de Cláudia Heynemann, também defende que os arquivos não devem mais ser vistos como simples depositório de documentos. Para a pesquisadora, devemos encará-los como uma instituição que preserva e organiza conjuntos documentais e dissemina informações, indicando como fundamental a garantia do livre acesso aos documentos para o exercício de cidadania e o "resgate da memória".

Heynemann salienta também que o acesso aos arquivos contextualiza os sujeitos nos processos históricos por meio das pesquisas históricas que são realizadas a partir da documentação analisada nos arquivos. Para a autora,

> A pesquisa histórica forma opinião, desperta controvérsia e dá um contorno nítido, projetando o indivíduo e sua classe social em um tempo longo que preserva através do conhecimento o que talvez fosse tão efêmero, convergindo então com todas as demais faces do exercício da cidadania que é a luta contra

---

[164] WANDERLEY, R. M. M.P. A popularização dos arquivos. **Acervo**, Rio de Janeiro, v. 5, n. 1, p. 85-89, 1990.
[165] WANDERLEY, 1990, p. 89.
[166] HEYNEMANN, C. Pesquisando a memória: o Arquivo Nacional entre a identidade e a história. **Acervo**. Rio de Janeiro, v. 5, n. 1, 1990, p. 83. Também temos o artigo de COSTA, C. M. L; FRAIZ, P. M. V. Acesso à Informação nos Arquivos Brasileiros. **Acervo**, Rio de Janeiro, v. 2, n. 3, p. 69-83, 1989.

o esquecimento no que ele tem de mais terrível: a tentativa de tornar inútil e banal o que deu sentido aos cotidianos, obscurecer os conflitos, e assim matar a história[167].

Outro tema abordado na década de 1980 foi a formação dos arquivos nacionais e a legislação sobre arquivos. Novamente, na revista *Arquivos & Administração*[168], destaca-se o artigo "A ordem jurídica e os documentos de pesquisa no Brasil[169]", de Aurélio Wander Bastos, em que o autor faz uma análise sobre os problemas relativos à proteção legal de documentos históricos no Brasil. Segundo o autor:

> A ausência de uma legislação especifica, ou mais grave ainda, a superposição de leis diferentes sobre assuntos idênticos, tem facilitado a interferência arbitrária nas decisões sobre recolhimento e acesso, com evidentes prejuízos para o nosso desenvolvimento científico e cultural [...] A delimitação de uma política para a organização e utilização de documentos públicos e privados no país só seria possível se desenvolvesse um projeto de catalogação de atos legais que protejam documentos históricos, assim como, uma indexação dos referidos documentos[170].

Por meio desses artigos é que pude perceber as preocupações da comunidade dos profissionais da área de arquivos com a criação de uma legislação específica que regulasse a questão no Brasil, com a atualização das políticas ante a conjuntura internacional, como também para a sensibilização do governo e a sociedade para a importância dos arquivos e da preservação e gestão documental.

Na revista *Acervo* também encontrei artigos que discorreram sobre a legislação e arquivos. Os artigos "Os arquivos nacionais: estrutura e legislação", escrito por Celina do Amaral Peixoto e Aurélio Wander Bastos, e "Legislação sobre proteção do patrimônio documental e cultural", escrito por César A. Garcia Belsunce, demonstraram essa discussão em minhas pesquisas.

O artigo de Peixoto e Bastos[171], por exemplo, descreve como ocorreu a formação dos arquivos nacionais, delineando sobre os modelos de arquivos na França, Estados Unidos, Argentina, México, Peru e Brasil. Com relação

---

[167] HEYNEMANN, 1990, p. 83.
[168] **Arquivo & Administração**, Rio de Janeiro, AAB, v. 8, n. 1, abr. 1980.
[169] O artigo resulta de trabalho apresentado no IV Congresso Brasileiro de Arquivologia, realizado no Rio de Janeiro, de 14 a 19 de outubro de 1979.
[170] BASTOS, 1980, p. 13.
[171] FRANCO, C. A. P. M.; BASTOS, A. W. Os arquivos nacionais: estrutura e legislação. **Acervo**, Rio de Janeiro, v. 1, n. 1, p. 1-28, 1986.

à situação de nosso país, apresentam a dificuldade de preservar nossos arquivos, pois não havia ainda naquele momento uma política nacional de arquivos ou um investimento do governo federal em trabalhar essa questão, dificultando o trabalho dos profissionais da área. Afirmam que para trabalhar com a preservação dos arquivos

> [...] é imprescindível que a política de acervos documentais e a organização das instituições de arquivo se prestem, fundamentalmente, a um papel de apoio à administração pública e à pesquisa científica e também que a criação dos arquivos como centros de documentos historicamente significativos e a influência dos modelos administrativos modernizadores como forma de harmonizar em uma única organização os arquivos permanentes, intermediários e correntes[172].

Ao final do artigo, afirmam que então "cabe aos arquivos nacionais recolher e guardar a documentação pública nacional", ou seja, a questão da preservação dos conjuntos documentais é vista como prioridade para apoiar pesquisas científicas que utilizariam como fontes esses documentos que podem ser colocados como documentos históricos[173].

No que se refere ao artigo de Belsunce[174], o autor procura analisar a legislação internacional sobre patrimônio cultural para uma possível reflexão sobre uma legislação arquivística para o Brasil, apresentando, por exemplo, a Declaração Universal dos Direitos do Homem, de 1948; a Conferência Geral da Unesco de 1972 e 1975; declarações de Lima (1971), Quito (1973) e Bogotá (1978), indicando que essas recomendações não trabalham com o patrimônio documental da América Latina e que então deveríamos conjeturar sobre essa questão.

Com relação a uma legislação específica sobre patrimônio documental, Belsunce afirma que existe uma produção de leis e regulamentos nacionais e de convenções internacionais. Porém, mais do que fazer um inventário de tais disposições legais, o autor deseja "considerar sobre no que deve consistir em uma política de proteção ao patrimônio documental", destacando três objetivos: 1 – Conscientizar; 2 – Integrar; 3 – Institucionalizar[175]. Em ambos os artigos, mesmo que não de forma explícita, a questão da organização e preservação dos

---

[172] FRANCO; BASTOS; 1986, p. 9.
[173] FRANCO; BASTOS, 1986, p. 21.
[174] BELSUNCE, C. A. G. Legislação sobre proteção do patrimônio documental e cultural. **Acervo**, Rio de Janeiro, v. 1, n. 1, p. 29-39, 1986.
[175] BELSUNCE, 1986, p. 34.

conjuntos documentais aparece, principalmente com o intuito de difundir o patrimônio documental, como foi indicado por Belsunce no parágrafo anterior.

Também temos a valoração do patrimônio documental sendo discutida no artigo de Norma Góes Monteiro, "O desafio dos arquivos nos Estados Federalistas"[176]. Ao refletir sobre as dimensões técnicas e os assuntos político-administrativos do Arquivo Nacional, a autora aborda a importância de uma política descentralizadora para a preservação de arquivos dentro de um país federalista. "A concepção, além de flexível, é democrática, pois coloca os demais arquivos brasileiros em igualdade de condições com o Arquivo Nacional, ao qual compete irradiar políticas, diretrizes e normas"[177].

Outro tema discutido nesses periódicos é o da preocupação com a preservação dos arquivos estaduais e municipais. A edição de número 2 do volume 1 da revista *Acervo*, de 1986, também trouxe artigos sobre o cuidado e tratamento dos arquivos municipais. O artigo de Vera Moreira Figueira "A viabilização de arquivos municipais"[178] discute as contribuições oferecidas pelos arquivos estaduais para a implantação de arquivos públicos nos municípios. Nele, a autora afirma que as relações dos arquivos estaduais com os municípios devem ser, sobretudo, políticas de envolvimento e convencimento, e para que o arquivo municipal seja viabilizado são necessárias "a sobrevivência e a cristalização de qualquer projeto institucional [os quais] dependem, fundamentalmente, de legitimidade, apoio político e representatividade, os mais amplos possíveis", e os arquivos não escapam a essa regra[179].

Note-se então a presença de uma discussão de caráter técnico-descritivo dos arquivos municipais, apresentando dessa forma a demanda pelo conhecimento diagnóstico desses arquivos. Como exemplo, na revista *Arquivo & Administração*, o artigo de Ana Maria Penha Mena Pagnocca e Célia Baldissera de Barros, "Avaliação da produção documental do município de Rio Claro: proposta para a discussão", apresenta o processo de implantação do sistema de arquivos do município e a metodologia empregada para a organização da produção documental de Rio Claro[180].

---

[176] MONTEIRO, N. G. O desafio dos arquivos nos Estados Federalistas. **Acervo**, Rio de Janeiro, v. 1, n. 2, p. 159-164, 1986.
[177] MONTEIRO, 1986, p. 155.
[178] FIGUEIRA, V. M. A viabilização de arquivos municipais. **Acervo**, Rio de Janeiro, v. 1, n. 2, p. 159-164, 1986.
[179] FIGUEIRA, 1986, p. 159.
[180] PAGNOCCA, A. M. P. M; BARROS, C. B. Avaliação da produção documental do município de Rio Claro: proposta para a discussão. **Arquivo & Administração**, Rio de Janeiro, v. 10-14, n. 2, p. 24-46, 1986.

Esses artigos, portanto, indicam as preocupações dos profissionais da área na época em conseguir, de alguma maneira, a constituição de instituições arquivísticas locais para a melhor preservação dos conjuntos documentais, como os arquivos estaduais e municipais, demostrando a preocupação com uma política de preservação do patrimônio documental.

Pode-se notar, desse modo, que nos simpósios ocorridos nas décadas de 1970 e de 1980, as palestras, as apresentações de pesquisa em andamento, mesas-redondas ou seminários que abordassem temas como preservação dos conjuntos documentais ou mesmo o acesso a estes foram esparsos[181].

Diante do exposto, a análise dos anais de congressos e de artigos das revistas permite afirmar que, na década de 1970, existia uma preocupação em trabalhar a relação do arquivista com os pesquisadores, centrada principalmente na preservação dos conjuntos documentais para possibilitar o acesso às fontes históricas. Para tal, discutiram-se questões como a formação dos arquivos nacionais, a importância de uma legislação sobre arquivos e o olhar sobre o patrimônio documental, seja para preservação, seja para acesso. Isso em ambas as áreas, tanto na História como na Arquivologia.

No entanto, mais para o final da década de 1980, nas discussões e debates ocorridos nos seminários, congressos e artigos de revistas, premida pela conjuntura da constituinte e da reestruturação institucional do país, a área da arquivologia não só passa a priorizar a questão da gestão documental e do acesso à informação, como parece se distanciar de outras questões sobre memória, patrimônio e história propostas por historiadores e outros pesquisadores da área de Ciências Humanas. Assim, percebemos que no âmbito da discussão sobre as memórias, esse tema deixa de ser a ênfase para aqueles que lidam com os arquivos. Estes passam a priorizar a questão da gestão e do acesso à informação.

---

[181] Também devemos indicar que a falta de documentação sobre os simpósios dificultou as análises para nossa pesquisa, nos dando conclusões parciais sobre os eventos.

CAPÍTULO II

O PROGRAMA NACIONAL DE PRESERVAÇÃO DA DOCUMENTAÇÃO HISTÓRICA – PRÓ-DOCUMENTO

> *O Pró-documento foi celeiro de formação de vários profissionais que posteriormente migraram para o Arquivo Nacional, não eram poucos não, e formavam equipe bastante consistentes de especialistas.*
> (Jaime Antunes)

Neste capítulo apresento ao leitor como se deu o processo de criação do Pró-Documento no contexto de demandas e propostas do período delineadas no capítulo anterior, assim como discuto o histórico geral que levou à criação do Programa dentro do SPHAN/FNPM. Também avaliei o projeto, procurando descrever quais eram as ambições, amplitudes e concepções em torno de suas propostas de atuação com relação aos conjuntos documentais privados. Ponderei sobre como foram elaboradas as propostas gerais, a metodologia e organização do programa, centrando-se nos arquivos privados.

2.1 CONJUNTURAS E DEMANDAS QUE LEVARAM À CONCEPÇÃO DO PRÓ-DOCUMENTO

O Programa Nacional de Preservação da Documentação Histórica foi criado pela FNPM/SPHAN em uma conjuntura em que as políticas públicas de preservação do patrimônio histórico assistiam a uma reestruturação institucional, seguida de uma reorganização das políticas de preservação do patrimônio cultural conduzidas pelo órgão. Zoy Anastassakis, em seu artigo "A cultura como projeto: Aloísio Magalhães e suas ideias para o IPHAN"[182], afirma que o ano de 1979 foi um ano de rupturas, pois a nomeação de Aloísio Magalhães para a presidência do

---

[182] ANASTASSAKIS, Z. A cultura como projeto: Aloisio Magalhães e suas ideias para o Iphan. **Revista do Patrimônio Histórico e Artístico Nacional – RPHAN**, Rio de Janeiro, v. 1, n. 35, p. 65-77, 2017.

instituto leva à composição do IPHAN com o Programa das Cidades Históricas (PCH)[183] e o Centro Nacional de Referência Cultural (CNRC)[184].

Essa reconfiguração do Instituto inaugura o que a literatura sobre patrimônio cultural costuma chamar de "fase moderna", mais conhecida como a segunda fase das políticas públicas de preservação do patrimônio cultural e que se distingue da "fase heroica" – caracterizada pelo período compreendido entre 1937 e 1967, em que o Iphan é presidido por Rodrigo Melo Franco de Andrade. Nessa fase, a "política federal de preservação do patrimônio histórico e artístico se reduziu praticamente à política de preservação arquitetônica do monumento de pedra e cal", como afirma Joaquim de Arruda Falcão, em seu artigo "Política cultural e democracia: a preservação do patrimônio histórico e artístico nacional"[185].

Do mesmo modo, Anastassakis salienta que a chegada de Aloísio à presidência do Iphan no final da década de 1970 e se caracteriza como

> [...] marco de uma substantiva virada nas políticas públicas de patrimônio cultural no Brasil, que, orientada segundo um "paradigma antropológico", opera uma significativa ampliação semântica do conceito de patrimônio cultural, que a partir de então passa a incorporar, progressivamente, os bens culturais de natureza imaterial e, dentre esses, as manifestações de cultura popular[186].

Joaquim Arruda Falcão relaciona esse marco nas políticas públicas de patrimônio cultural no Brasil no início da década de setenta com a crise de legitimidade do regime político do país. Segundo o autor, além de termos uma crise de eficiência econômica, temos uma progressiva insatisfação dos grupos sociais – como empresários e a classe média urbana, que antes apoiavam o governo e agora estão insatisfeitos com "a restrita participação a que foram relegados no processo de formulação, implantação e repartição

---

[183] O Programa de Cidades Históricas (PCH) foi implementado no início da década de 1970 pelo Ministério do Planejamento e Coordenação Geral (Miniplan) com vistas à recuperação das cidades históricas da região Nordeste do Brasil. Além disso, buscava a descentralização da política de preservação cultural por meio de sua execução pelos estados, aplicando recursos significativos nessa área. Disponível em: http://portal.iphan.gov.br/dicionarioPatrimonioCultural/detalhes/33/programa-de-cidades-historicas-pch. Acesso em: 18 set. 2023.

[184] Sob a presidência de Aloísio Magalhães, em 1975, foi fundado o Centro Nacional de Referência Cultural (CNRC). O objetivo era traçar um sistema referencial básico a ser empregado na descrição e análise da dinâmica cultural brasileira. Disponível em: http://portal.iphan.gov.br/noticias/detalhes/3216. Acesso em: 18 set. 2023.

[185] FALCÃO, J. A. Política cultural e democracia: a preservação do patrimônio histórico e artístico nacional. *In*: MICELI, S. **Estado e cultura no Brasil**. São Paulo: Difel, 1984, p. 21-39.

[186] ANASTASSAKIS, 2017, p. 65.

dos benefícios das políticas públicas. De tudo resulta a progressiva mobilização social e a reorganização da sociedade civil"[187].

Assim, o autor afirma que uma das consequências dessa crise é o desgaste social e a queda de eficiência operacional das políticas públicas até então dominantes. A contrapartida para a melhora seria uma busca por políticas socialmente mais abrangentes e operacionalmente mais eficazes. Em outras palavras,

> Quer por pressão do voto, dos movimentos sociais e da reorganização da sociedade civil, quer pela necessidade de o regime se modernizar para se manter, o fato é que, a nível de Estado, criaram-se espaços para políticas públicas socialmente mais abrangentes, ideologicamente mais autônomas e operacionalmente mais eficazes[188].

Considerando essa conjuntura, temos a criação, no ano de 1975, do Centro Nacional de Referência Cultural (CNRC), "embrião da nova política de preservação cultural do Estado"[189]. O autor utiliza a palavra "embrião" porque a fusão CNRC/IPHAN indica que o conceito de patrimônio cultural foi repensado:

> O patrimônio cultural a preservar será sempre 'refeito' no presente. A preservação de hoje não é determinada por uma interpretação fixa do patrimônio passado. Preservar não é homenagear um passado imóvel. É tarefa mais complexa, dinâmica e abrangente[190].

Para o autor, preservar não pode ser "uma interpretação fixa do patrimônio passado" porque este não é fixo, é dinâmico, abrangente, como, por exemplo, nossa "cultura popular". Também salienta que essa nova forma de pensar o patrimônio é "crítica e corretiva do exclusivismo da restauração arquitetônica dos monumentos vitoriosos como único parâmetro de uma política de preservação".

---

[187] FALCÃO, 1984, p. 30.
[188] FALCÃO, 1984, p. 31.
[189] Joaquim de Arruda Falcão salienta que o "CNRC não era uma instituição. Era uma atividade apoiada por um convênio entre a Secretaria de Planejamento da Presidência da República, o Ministério da Educação e Cultura, o Ministério da Indústria e Comércio, o Ministério do Interior, o Ministério das Relações Exteriores, a Caixa Econômica Federal, a Fundação Universidade de Brasília e a Fundação Cultural do Distrito Federal. Em seus quadros trabalhavam *designers*, físicos, antropólogos, sociólogos, etc." (FALCÃO, 1984, p. 32).
[190] FALCÃO, 1984, p. 33.

Quero indicar que esse artigo de Joaquim Arruda Falcão[191] é resultado de discussões realizadas no seminário Estado e Cultura no Brasil: Anos 70, promovido em São Paulo, no ano de 1982, pelo Instituto de Estudos Econômicos, Sociais e Políticos de São Paulo (Idesp), em convênio com a Fundação Nacional de Arte (Funarte). Este evento expressa os primeiros resultados de programas criados pela gestão de Aloísio Magalhães e, do mesmo modo, faz uma reflexão sobre os movimentos futuros que os órgãos de preservação do patrimônio enfrentaram, pois, para o autor, "o futuro é questão em aberto".

> O país atravessa fase de transição política e econômica. Uma política federal de preservação patrimonial que seja ao mesmo tempo militantemente a favor da democracia passa necessariamente por três estágios concomitantes. Primeiro pela crítica e combate aos exclusivismos [...]. Em seguida pelo estímulo a uma maior participação social no processo de decisão, implementação e repartição dos benefícios das políticas oficiais de preservação. E, finalmente, pela mobilização social capaz de dar suporte à política proposta e de assegurar sua eficácia operacional[192].

Mais uma vez os autores citaram temas como a mobilização social e a participação da sociedade, que são questões de extrema relevância que aparecem constantemente nesses debates da década de 1980. Assim, podemos afirmar que a criação do Pró-Documento é também expressão desse "repensar" o patrimônio cultural, como podemos verificar no texto-base do programa que, a todo momento, indica que sua concepção deve, principalmente, trabalhar com conjuntos documentais privados que refletem as ações e atuações da sociedade civil em seus mais diversos campos (empresariais, sindicais, eclesiásticos, educacionais, entre outros).

Percebe-se, portanto, que a criação do Pró-Documento vem de um processo de afirmação da própria instituição responsável pela preservação e salvaguarda do patrimônio cultural brasileiro, que passa a considerar outros suportes da memória nacional para além da tradicional primazia dos bens edificados chamados de "pedra e cal", dando espaço assim para que outros processos de atribuição de valor pudessem vir à tona na prática preservacionista.

Seguindo as propostas de Aloísio Magalhães com relação ao significado do patrimônio cultural brasileiro, o Pró-Documento é criado com o intuito de desconstruir a definição que se tinha sobre o que seria o patrimônio cultural,

---

[191] Posteriormente, no ano de 1986, Joaquim de Arruda Falcão assume a presidência da FNPM.
[192] FALCÃO, 1984, p. 35.

ampliando o conceito dentro da própria instituição. Essa afirmação deve-se à análise que fiz do "texto-base" do Pró-Documento que foi apresentado à Secretaria de Cultura do MEC na época para aprovação do programa.

Gilson Antunes assevera a nova proposta que Aloísio Magalhães procurou implementar na SPHAN/FNPM, destacando o caráter antropológico de suas ideias para o patrimônio:

> Aloísio Magalhães tinha uma visão mais antropológica daquele processo, então ele pensava desde paisagem, a arqueologia e a documentação; criou um grupo chamado CNRC que tinha um enfoque mais amplo e no final da década de 1970 você tinha um embate direto entre o grupo do CNRC e o grupo mais tradicional de Pedra e Cal, mas quem dominava a área era o patrimônio arquitetônico[193].

Note-se que Antunes, em sua entrevista, sinaliza que a nova concepção de patrimônio se estabelece em meio a tensões com os grupos e concepções que defendiam as políticas públicas referentes à preservação do patrimônio histórico até então adotadas pelo órgão.

O ano de 1979 foi marcado então pela criação – no âmbito do então Ministério da Educação e Cultura (MEC) – da Secretaria do Patrimônio Histórico e Artístico Nacional (SPHAN) e da Fundação Nacional Pró-Memória (FNPM), sendo Aloísio Magalhães nomeado para gerenciar os dois órgãos governamentais. Com o início da gestão de Rubem Ludwig no MEC em 1980, é criada no ano seguinte a Secretaria de Cultura (SEC) do MEC e a SPHAN transforma-se em Subsecretaria.

Mesmo com a alteração do nome, a definição sobre a finalidade da SPHAN manteve-se de acordo com o Decreto n.º 84.198/79, o qual afirma ser ela "inventariar, classificar, tombar e restaurar monumentos, obras, documentos e demais bens de valor histórico, artístico e arqueológico existentes no país, bem como tombar e proteger o acervo paisagístico do país". Do mesmo modo, a FNPM é mantida e a Lei n.º 6.757/79, no artigo 1.º, afirma que a FNPM deve "contribuir para o inventário, a classificação, a conservação, a proteção, a restauração e revitalização dos bens de valor cultural e natural existentes no país"[194].

---

[193] Entrevista realizada em 13 de dezembro de 2011, concedida a Jean Bastardis, que gentilmente concedeu a entrevista na íntegra para a autora no ano de 2014.
[194] SPHAN/FNPM (Brasil). **Texto-base do Pró-Documento**. Rio de Janeiro: SPHAN/FNPM, 1984. p. 5.

Célia Camargo também salienta que a criação do CNRC, em 1975, e da FNPM, em 1979, são os exemplos mais contundentes da ampliação conceitual que envolvia a construção de uma memória da diversidade cultural. Segundo ela,

> Essa ideia colocava em segundo plano a categoria do monumento como o centro das ações políticas, invertendo o processo. O monumento tornava-se documento novamente, preservado em nome da memória, das memórias nacionais[195].

Camargo também salienta que essa ampliação da rede institucional pública destinada à tarefa de preservação das memórias nacionais foi demonstrada no envolvimento de um número muito maior de setores da sociedade e de campos do saber preocupados com a questão. O Pró-Documento é um exemplo desse envolvimento, pois seu objetivo é identificar e contribuir para a preservação de arquivos privados de interesse histórico, ou seja, com conjuntos documentais produzidos pela sociedade civil que deviam ser incorporados ao patrimônio histórico nacional.

Sobre o CNRC, temos também o artigo de Sérgio Miceli, "O processo de 'construção institucional' na área cultural federal (anos 70)"[196]. Nesse texto o autor elaborou uma cronologia da política cultural oficial na década de 1970, centrando foco na análise de duas vertentes existentes na área cultural: a patrimonial e a cultural. Para ele, iniciativas relevantes como a criação do CNRC e da FNPM, já mencionadas, e a criação da Secretaria do Patrimônio Histórico e Artístico Nacional em 1979 "alteraram significativamente o perfil da vertente patrimonial, refletindo ao mesmo tempo a emergência de novas lideranças e orientações doutrinárias"[197].

Com relação a essa questão da cronologia da política cultural, temos, mais uma vez, Célia Camargo apresentando uma rede institucional referente à proteção do patrimônio que temos no Brasil. Ela afirma que, para explicar possíveis continuidades ou rupturas das políticas patrimonialistas, é necessário apresentá-las em quatro períodos, quais sejam: 1) de 1808 a 1889, reconhecido "como *construção da nação*, caracteriza-se pela criação de instituições ligadas ao poder central do Império", a saber, o IHGB e o Arquivo Nacional; 2) considerado como o de "*construção da federação*, estendeu-se de

---

[195] CAMARGO, 1999, p. 52.
[196] O processo de 'construção institucional' na área cultural federal (anos 70). *In*: MICELI, S. (org.). **Estado e Cultura no Brasil**. São Paulo: Difel, 1984. p. 53-83.
[197] MICELI, 1984, p. 53.

1890 a 1937". Observou-se nas províncias um processo de reprodução do modelo institucional experimentado na esfera federal; 3) de 1937 a 1975: "registra-se a configuração do modelo político de proteção instituindo o patrimônio e a história como *questão de Estado*"; e 4) inicia-se em 1975 e é o período da "*construção da memória*, caracterizado por uma reformulação das concepções do SPHAN sobre sua ação patrimonial, ampliando novamente sua base conceitual, retomando as ideias fundadoras do grupo SPHAN", representadas pelas propostas e atuação de Mário de Andrade e de Rodrigo Mello Franco. Esse quarto período, para a autora, indica o início de uma nova formulação e prática de política cultural, pois foram inseridas novas noções de *memória, civilização material* e *bem cultural*. "Esta concepção inicia o movimento de descentralização da função de proteção do patrimônio, que ainda se encontra em processo, bem como de ampliação do universo de bens patrimoniais tradicionalmente objeto dessa política"[198].

Assim, é com essa nova concepção sobre o patrimônio cultural que Aloísio Magalhães assume a SPHAN e a FNPM. Com uma visão bem diferente da que existia dentro da secretaria, Lúcia L. Oliveira aponta que, até então, só haviam sido valorizados os bens móveis e imóveis impregnados de valor histórico, mas que representavam bens de criação individual.

> Daí terem ficado de fora o fazer popular, inserido no cotidiano e que expressava os bens culturais vivos. Sua proposta era voltar ao projeto original de Mário de Andrade de "tradições móveis". [...] Nos anos 1980 ele cunhou a expressão "patrimônio cultural não consagrado", para se referir a manifestações não reconhecidas até então como bens culturais[199].

De acordo com Oliveira, Aloísio Magalhães afirmava que a indiferença da população com relação à valorização do patrimônio cultural brasileiro decorria do fato de a política ignorar a diversidade da cultura brasileira. Existem diferentes passados e estes devem ser vistos como forma de construir a identidade cultural presente e futura[200]. É esse olhar diferenciado de Aloísio que influencia na elaboração e criação do Pró-Documento, pois esse programa iria atuar com um bem cultural que não era usualmente trabalhado pela equipe técnica da área patrimonial.

Em 1981 temos a elaboração do documento "Diretrizes para a operacionalização da política cultural do MEC". No texto-base do Pró-Documento,

---

[198] CAMARGO, 1999, p. 73-74.
[199] OLIVEIRA, L. L. **Cultura é patrimônio:** um guia. Rio de Janeiro: FGV, 2008. p. 129.
[200] OLIVEIRA, 2008, p. 130.

salienta-se uma ação permanente para a preservação da documentação privada e, para tal, o Programa seguirá essas diretrizes gerais da SEC-MEC. Este documento afirma que a participação da população na produção, usufruto e gerência dos bens culturais tem papel primordial. Desse modo, o Pró-Documento define como uma de suas diretrizes promover uma ação descentralizadora e orientada pelo princípio da participação da sociedade civil na construção da política.

> [...] quem está próximo do bem cultural ou o produziu é, verdadeiramente, quem deve cultivá-lo. É preciso, nesse sentido, criar canais adequados e formas que assegurem a efetiva participação da comunidade nas decisões e no trato dos problemas afetos à produção e preservação cultural, de forma a favorecer a preconizada distribuição de responsabilidades entre todos os envolvidos (organismos do poder público, entidades privadas e, sobretudo, a população)[201].

Importante indicar aqui que o Texto-Base do Pró-Documento foi elaborado no ano de 1984, e as "Diretrizes para a operacionalização da política cultural do MEC" em 1981. O destaque para essa questão ocorre porque, no ano de 1982, Aloísio Magalhães morre em Veneza e Marcus Vinicius Vilaça assume a SEC e a presidência da FNPM[202]. Gilson Antunes reitera em sua entrevista que mesmo com o falecimento de Aloísio, "Vilaça manteve o grupo do Aloísio, manteve a ideia da Fundação Pró-Memória".

Dessa forma, no ano seguinte Irapoã Cavalcanti Lyra assume a presidência da FNPM[203], mas Vilaça – como secretário do SPHAN – se propõe a manter as propostas e os projetos iniciados por Aloísio no SPHAN/FNPM.

Podemos perceber nessa discussão sobre a (re)conceituação do patrimônio cultural que a década de 1980 foi marcada por diversas mudanças de gestores dentro do órgão, o que vai influenciar bastante na concepção e permanência do Pró-Documento. Para melhor compreensão do leitor, elaborei uma tabela na qual indico o nome dos órgãos governamentais com os respectivos gestores para termos uma dimensão das mudanças que ocorriam a curto prazo nessas esferas governamentais, sendo provavelmente "reflexo da instabilidade política pela qual nosso país passava":

---

[201] BRASIL. Diretrizes para operacionalização da política cultural do MEC. Brasília: MEC, 1983. p. 11.
[202] Neste mesmo ano também alteram o gestor do MEC, assumindo Esther de Figueiredo Ferraz.
[203] Este período é marcado por muitas mudanças de gestores na área cultural devido ao processo de redemocratização por que estávamos passando, conforme foi indicado na Tabela 1.

Tabela 1 – Instituições e gestores na década de 1980

ANO	Ministério da Educação e Cultura (MEC)[204]	IPHAN	FNPM
1979	Ministério da Educação e Cultura (MEC) Eduardo Portella	- Secretaria do Patrimônio Histórico e Artístico Nacional (SPHAN) - Aloísio Magalhães	Fundação Nacional Pró-Memória (FNPM) Aloísio Magalhães
1980	Rubem Ludwig		
1981	- Criação da Secretaria da Cultura (SEC) do MEC	- SPHAN transforma-se em subsecretaria - Aloísio Magalhães	
1982	Marcus Vinícius Vilaça assume a SEC Esther de Figueiredo Ferraz no MEC		- Irapoã Cavalcanti Lyra
1985	Extinção da SEC e criação do Ministério da Cultura (MinC) José Aparecido de Oliveira Aluísio Pimenta		
1985	- Celso Furtado – MinC	Angelo Oswaldo de Araújo Santos – SPHAN	Ricardo Cioglia –FNPM
1986			- Joaquim A. Falcão – FNPM
1987			- Oswaldo José de Campos Melo – SPHAN+FNPM
1988	- José Aparecido de Oliveira – MinC		- Augusto Carlos da Silva Telles – FNPM
1989		- Augusto Carlos da Silva Telles – SPHAN	- Ítalo Campofiorito – SPHAN e FNPM
1990	- Extinção do MinC e criação da Secretaria da Cultura	- Extinção da SPHAN e da FNPM e criação do Instituto Brasileiro de Patrimônio Cultural (IBPC)	

Fonte: a autora

---

[204] Informações baseadas em Fonseca (2005, p. 281-283).

De acordo com a tabela, podemos ver, com relação ao Ministério da Cultura, que em 1985 temos alterações de ministros ao longo do ano. Já na FNPM assistimos a mudanças de presidências em três anos consecutivos – 1986, 1987, 1988 –, justamente no período de existência do Pró-Documento – 1984 a 1988 –, nos indicando, por exemplo, que provavelmente o fim do programa está relacionado com a instabilidade de gestores da própria FNPM.

Em relação ao tema central desta pesquisa, o texto-base do Pró-Documento foi apresentado no ano de 1984, na gestão de Irapoã C. Lyra como presidente da FNPM. Nesse documento, alega-se que a criação do programa se deve, principalmente,

> [...] à importância dos acervos documentais privados para a recuperação da memória e identidade nacionais e para a pesquisa e a cultura no País e também ao fato de grande parte dessa documentação encontrar-se em estado extremamente precário de conservação e inacessível [grifo nosso] aos pesquisadores e interessados [...][205].

Para tal, afirmam que existem duas maneiras de conduzir uma política de preservação dos conjuntos documentais privados, no que se refere às relações entre o Estado e as instituições da sociedade, sendo elas: 1) o Estado deve ampliar seu controle por meio de legislação específica e de uma política de estímulo à doação ou depósito; ou 2) se "reconhece às instituições civis o *direito e o dever* de conservar seus arquivos permanentes, com o apoio do Estado, garantindo-se, em contrapartida, o *acesso para a consulta*"[206].

Ressalte-se que essa diretriz, em termos das políticas de preservação do patrimônio documental, inova quando não só reconhece a relevância dos arquivos privados, como propõe o reconhecimento da custódia desses bens por entidades privadas como direito e dever de memória, indicando a necessidade de apoio do Estado a essas entidades para que assumam suas responsabilidades e os tratem e disponibilizem ao público.

Como coordenador do Programa, Gilson Antunes, em sua entrevista, assevera que a SPHAN tinha conhecimento da enorme lacuna existente em relação à preservação dos conjuntos documentais privados. Havia, nesse sentido, muitas dúvidas em relação a quais instituições deveriam assumir a responsabilidade sobre a preservação desses acervos, se a SPHAN/FNPM ou

---

[205] SPHAN/FNPM (Brasil), 1984, p. 1.
[206] SPHAN/FNPM (Brasil), 1984, p. 2.

o Arquivo Nacional. Já que este último é tradicionalmente responsável pelos conjuntos documentais de caráter público, a tutela dos arquivos privados poderia ser gerida pela FNPM[207]. Para Antunes, o que temos é "uma lacuna enorme que eles não dão conta, que são os arquivos privados de interesse público que estavam desprotegidos, então valia a pena fazer um programa que conseguisse dar conta dessa lacuna".

Também afirmam no mesmo texto que, apesar de naquela época já existir uma legislação sobre patrimônio histórico – o Decreto-Lei n.º 25/1937 –, o Estado e a sociedade civil, até aquele momento, não haviam oferecido uma proteção efetiva à documentação privada de valor permanente nem um

> [...] cadastramento sistemático dos arquivos, nem há uma ação eficiente contra à alienação da documentação de valor histórico – em muitos casos, sua exportação –, malgrado as inúmeras denúncias e protestos consignados por instituições, pesquisadores e outras pessoas preocupadas com a questão[208].

Mais uma vez temos aqui a indicação da ausência de políticas preservacionistas dos conjuntos documentais privados. Por isso, a importância da execução desse projeto, que se deve aos fatos que estavam ocorrendo na época, que indicavam novas demandas vindas da sociedade civil brasileira, principalmente nas áreas cultural e científica, que estavam ansiosas por uma participação mais ativa das instituições e de profissionais nas promoções e decisões do seu interesse, afirmando que "essas demandas, dadas a legitimidade e o potencial criativo de que se revestem, não podem ser ignoradas, sobretudo num Programa cujo objeto básico – a documentação privada – origina-se da própria sociedade"[209].

O texto afirma, então, que o projeto existe no sentido de ajustar a sociedade brasileira a uma ação do Estado cujo principal sentido será o de coordenar os esforços das instituições públicas e privadas no que se refere à organização e preservação do patrimônio documental, além de apoiar "as múltiplas e crescentes iniciativas da sociedade civil"[210].

Importante salientar que o Pró-Documento tinha como principal diretriz tornar acessível os acervos privados de valor permanente, mas também objetivava estimular o seu uso social, indicando a prioridade do

---
[207] Essa problemática fica mais visível ao analisarmos os projetos executados pelo Pró-Documento, assunto que será abordado nos capítulos III e IV.
[208] SPHAN/FNPM (Brasil), 1984, p. 3.
[209] SPHAN/FNPM (Brasil), 1984, p. 4.
[210] SPHAN/FNPM (Brasil), 1984, p. 5.

programa na questão do acesso à informação contida nesses documentos, ou seja, estavam respondendo a reivindicações memoriais para as quais este tipo de documentação ganhava importância.

Zulmira Pope acrescenta em sua entrevista que a maior preocupação do programa estava nos conjuntos documentais privados definidos como "histórico", ou seja, os arquivos permanentes. A questão da gestão de documentos não era vista como prioritária:

> [...] eu sinceramente vejo que a preocupação estava naquele conjunto que já era definido como "histórico", a questão da gestão não era prioritária. Nós trabalhávamos realmente com conjuntos já de documentação histórica ou eram titulares que já haviam falecido, ou eram instituições que estavam com seus arquivos inativos, abandonados e havia uma demanda de pesquisa em cima desses arquivos. Então, como havia a demanda de pesquisa e nem sempre eles estavam organizados, o Pró-Documento era procurado para que a gente fizesse um projeto de organização desses arquivos[211].

A fala de Zulmira nos indica como os conjuntos documentais privados eram vistos por alguns profissionais na época, que priorizavam o que, para eles, era de interesse histórico – arquivos muito procurados, por exemplo. Por esse critério, o tipo de arquivo que mereceria reconhecimento seria, por exemplo, o arquivo pessoal de Oscar Niemeyer[212].

Podemos afirmar então que o Pró-Documento se colocou na responsabilidade de recuperar e divulgar informações vindas de arquivos privados como um papel que tinham de desempenhar no contexto social e cultural daquela época, defendendo que "a documentação histórica não se preserva se não forem valorizados e efetivamente utilizados pela sociedade"[213].

Conforme já citado na Introdução, a principal referência bibliográfica sobre esse processo é de autoria de Jean Bastardis. Em sua dissertação de mestrado, intitulada *O Programa Nacional de Preservação da Documentação Histórica e seu significado para a preservação de arquivos no IPHAN*[214], o autor analisou as ações e a atuação do órgão de salvaguarda e preservação do patrimônio cultural operadas durante a década de 1980, principalmente no que se refere ao processo de preservação documental dos arquivos privados que seriam desempenhados pelo Pró-Documento.

---

[211] BASTARDIS, 2012, p. 42.
[212] Com relação ao Arquivo Pessoal de Oscar Niemeyer, será analisado no Capítulo IV desta obra.
[213] SPHAN/FNPM (Brasil), 1984, p. 1.
[214] BASTARDIS, 2012.

O autor analisa o desenvolvimento desse Programa sob o ponto de vista de suas implicações para a construção da memória institucional referente à Fundação Nacional Pró-Memória. Assim, a partir do objetivo que o autor teve para esse estudo, detectei alguns indícios de como o Pró-Documento se desenvolveu e quais as consequências dele para a preservação do patrimônio documental, além de identificar a luta pelo direito à memória e à informação, já que o programa surgiu no momento de luta pela redemocratização e direito à cidadania reivindicada por diversos setores da sociedade civil.

De acordo com Bastardis, as solicitações de assistência recebidas pelo Programa eram analisadas pela gerência de projetos, para que se pudesse definir a forma com que se daria a assistência. Existia, então, uma equipe técnica que se encarregava do acompanhamento e preparação do projeto, constituindo um grupo de trabalho que envolvia técnicos de diferentes setores. Na documentação analisada no ACI/RJ, os profissionais mais citados nos projetos eram Sydney Solis, Marcus Venício Toledo Ribeiro, Paulo Gadelha, Zulmira Pope e Gilson Antunes[215] – este último coordenava o Pró-Documento[216].

A bibliotecária Zulmira Pope[217] afirma que, antes de ser membro da equipe do Pró-Documento, havia trabalhado no Centro de Memória Social Brasileira (CMSB), que posteriormente tornar-se-ia o Instituto de História Social do Brasil (IHSOB). Ambos foram institutos de pesquisas que tinham por objeto de estudo acervos empresariais, sindicais, eclesiásticos ou pessoais.

Desse modo, o processo de criação do Pró-Documento também se relaciona com o CMSB. Para que se compreenda melhor como se deu o processo de concepção do Pró-Documento em 1984, temos que abarcar também a história do CMSB. No ano de 1983, o pesquisador Gilson Antunes expôs um "Breve histórico do Centro de Memória Social Brasileira", órgão pertencente ao Conjunto Universitário Cândido Mendes e criado nesse mesmo ano para "fins de Documentação, Ensino e Pesquisa em História Contemporânea do Brasil". Originado a partir das pesquisas do

---

[215] Gilson Antunes – cientista social e coordenador do Pró-Documento; Sydney Sérgio Fernandes Solis – cientista social e pesquisador do Pró-Documento; Marcus Venício Toledo Ribeiro; Paulo Ernani Gadelha Vieira – médico e pesquisador do Pró-Documento; Zulmira C. Pope – bibliotecária e pesquisadora do Pró-Documento.

[216] BASTARDIS, 2012, p. 20.

[217] Zulmira C. Pope, como técnica da área de arquivos do IPHAN, participou, no ano de 1990, do "Censo de Arquivos do IPHAN" no qual trabalharam com a proposta de gestão e organização dos arquivos internos do IPHAN. BARBOSA, Francisca Helena; POPE, Zulmira Canario (org.). **Programa de Gestão Documental do IPHAN.** Rio de Janeiro: IPHAN/Copedoc. 2008. Entrevista realizada por Jean Bastardis em 20 de dezembro de 2011 e a transcrição da entrevista foi concedida a autora deste livro.

historiador Helio Silva[218], os primeiros anos do CMSB ficaram restritos "a atividade de documentação, tendo como função básica a localização, organização e preservação de arquivos particulares". De acordo com Gilson Antunes, a preocupação do CMSB estava em

> [...] facilitar a consulta e preservar fisicamente os documentos [...] além de criar facilidades para o trabalho de pesquisa histórica com a centralização e organização de arquivos particulares. Assim, o CMSB garantia a preservação de documentos de valor inestimável[219].

O CMSB reunia pesquisadores como historiadores, cientistas sociais e bibliotecários, com o objetivo de investigar a História do Brasil recente por meio dos acervos documentais de instituições civis do estado (fábricas, sindicatos, associações, igrejas e suas irmandades, entre outros), promovendo sua organização e divulgação para pesquisa. Também temos que o Centro de Memória atuava do mesmo modo que outros centros de memória e/ou documentação já citados anteriormente, no entanto essa especial atenção que estamos dando a ele deve-se a relação desse centro com a criação do Pró-Documento[220].

Pope salienta que o trabalho realizado pelo IHSOB chama a atenção da então FNPM porque, na época, esse "tipo de bem cultural" despertava o interesse da Fundação pela sua proposta inicial, que era de "repensar" o patrimônio cultural. Então, a equipe do IHSOB "migra" para a FNPM para trabalhar no Pró-Documento. A função de Pope nas análises desses projetos era considerada de extrema relevância porque:

> O trabalho da bibliotecária no caso, era porque sempre havia, junto aos acervos arquivísticos, um acervo bibliográfico, extremamente ligado do ponto de vista de conteúdo, [...], quando a equipe foi convidada a fazer parte da FNPM, praticamente, a grande parte dos pesquisadores do IHSOB entrou para a FNPM em dezembro de 1985. A partir dali iniciamos um estudo intenso com toda a bibliografia técnica sobre a questão de acervos privados, sobre documentação histórica [...][221].

---

[218] Hélio Ribeiro da Silva (1904-1995) formou-se em Medicina, mas também trabalhou como jornalista e historiador. Seus principais estudos referem-se ao período Vargas. O CMSB, "em seus primeiros anos, atuou no tratamento de alguns acervos e na realização de entrevistas relacionados aos trabalhos do historiador Hélio Silva sobre o período republicano" (BASTARDIS, 2012, p. 51).

[219] SILVA, G. A. Breve histórico do Centro de Memória Social Brasileira. **Revista Brasileira de História**, v. 3, n. 5, p. 23-30, 1983. p. 23.

[220] BASTARDIS, 2012, p. 51.

[221] BASTARDIS, J. **Práticas Supervisionadas II**: Entrevistas (Transcrição). Rio de Janeiro: IPHAN, 2012. p. 18.

Bastardis, mais uma vez, afirma que aproximadamente até 1982 os projetos realizados pelo centro foram financiados pela Financiadora de Estudos e Projetos (Finep), trabalhos esses que visavam principalmente aos estudos sobre "a história da sociedade civil". No entanto, Antunes afirma que o Centro tinha muitas dificuldades "no que diz respeito às fontes de informações. Pode-se constatar hoje o abandono, a dispersão e a inevitável ameaça de destruição que pairam sobre uma quantidade enorme de documentos referentes à História Social de nosso país"[222]. Bastardis ainda acrescenta que:

> Os arquivos eclesiásticos, sindicais, de partidos e outros, envelheciam e se deterioravam face ao descaso de autoridades competentes ou impossibilidade financeira e técnica de lidar com os papéis resultantes das ações destas instituições. Segundo relatam, a documentação proveniente de órgãos públicos enfrentava situação de abandono, o que era ainda mais perceptível e grave no caso da documentação particular[223].

Como podemos ver, a problemática com relação à preservação dos conjuntos documentais privados já era discutida antes mesmo da criação do programa. Mesmo com a proposta do CMSB em atuar na questão da preservação, Bastardis afirma que a equipe do Centro entrou em desentendimento e no ano de 1983 criou o IHSOB, também no Conjunto Universitário Cândido Mendes. O Instituto procurou dar continuidade ao trabalho do Centro, permanecendo com a mesma equipe, que, representando o IHSOB, buscou novos financiamentos e nesse mesmo ano iniciou contatos com a Fundação Nacional Pró-Memória por meio de seu Presidente, Irapoã Cavalcanti Lyra. A proposta de Lyra consistia em estudar a possibilidade de se montar um programa de tratamento arquivístico em âmbito federal.

> No ano seguinte, em 1984, foi constituído o Programa Nacional de Preservação da Documentação Histórica, através de convênio entre a Subsecretaria do Patrimônio Histórico e Artístico Nacional-SPHAN, a Fundação Nacional Pró-Memória-FNPM e a Sociedade Brasileira de Instrução-SBI, que abrigava o IHSOB[224].

Em entrevista concedida a Jean Bastardis, Gilson Antunes destaca tal parceria relatando as viagens que foram realizadas pela equipe do IHSOB no intuito de melhor conhecer as condições dos acervos privados brasileiros[225].

---

[222] SILVA, 1983, p. 27.
[223] BASTARDIS, 2012, p. 52.
[224] BASTARDIS, 2012, p. 52.
[225] Entrevista realizada em 13 de dezembro de 2011 por Jean Bastardis, cuja transcrição foi repassada para esta autora no ano de 2014.

Destarte, podemos afirmar que o processo de criação do Programa está relacionado às demandas de profissionais e pesquisadores da época, que ansiavam pelo acesso a esses conjuntos documentais, pois estes também pertenciam a nossa identidade e memória no que se relaciona com o patrimônio histórico.

Conforme apresentei no Capítulo I, temos que o patrimônio histórico tem a função de representar simbolicamente a identidade e a memória de uma nação. Portanto, a criação do Pró-Documento veio ao encontro dessa função, que propunha trabalhar com conjuntos documentais privados, que também devem ser vistos como patrimônio histórico, pois representam a identidade social e cultural de nosso povo. No projeto apresentado à Secretaria de Cultura do MEC em 1984, afirma-se que a criação do programa se deve ao desejo de

> [...] ver preservada a identidade social e cultural de nosso povo, registrada em seu cotidiano pelos arquivos privados, [...], através da Subsecretaria do Patrimônio Histórico e Artístico Nacional e da Fundação Nacional Pró-Memória, a apresentar a comunidade acadêmica e cultural este Programa de Preservação da Documentação Histórica – Pró-Documento[226].

Conforme descrito nesse trecho do documento, a FNPM mostrava-se, na época, preocupada com a preservação de nossa identidade social e cultural, assim, apresenta o Pró-Documento com o intuito de conduzir uma política de preservação documental referente aos arquivos privados, dado que o programa estava inserido numa "movimentação geral rumo à divulgação e, principalmente, democratização da informação, sobretudo referente aos assuntos políticos"[227].

Desse modo, não posso deixar de citar novamente que, neste trabalho, estou lidando com o patrimônio histórico e cultural. Conforme afirma Oliveira:

> Os chamados patrimônios históricos e artísticos têm, nas modernas sociedades ocidentais, a função de representar simbolicamente a identidade e a memória de uma nação. O pertencimento a uma comunidade nacional é produzido a partir da ideia de propriedade sobre um conjunto de bens: relíquias, monumentos, cidades históricas, entre outros. Daí o termo "patrimônio"[228].

---

[226] SPHAN/FNPM (Brasil), 1984, p. 41.
[227] BASTARDIS, 2012, p. 47-48.
[228] OLIVEIRA, 2008, p. 114.

Para finalizar, acredito ser importante frisar que, nos estudos que realizei com relação à documentação sobre o Pró-Documento, notei que a equipe do programa sugere uma divisão do trabalho com o Arquivo Nacional, pois indica no texto-base que os conjuntos documentais públicos são de responsabilidade do governo, no caso, o Arquivo Nacional, arquivos estaduais ou municipais, entre outros. O Pró-Documento assumiria, por sua vez, iniciativas voltadas para a preservação da documentação privada, conforme indiquei nessa análise inicial sobre o programa, e que continuará sendo mostrada a seguir, ponderando as concepções do projeto inicial aprovado.

2.2 O PROJETO INICIAL APROVADO – AMBIÇÕES, AMPLITUDE E CONCEPÇÕES

O documento consultado no Arquivo Central do IPHAN (ACI/RJ) nos mostra um projeto sintético, composto por 47 páginas, dividido em oito "tópicos" mais dois anexos. Em linhas gerais, o projeto foi elaborado de maneira que pudesse alinhar justificativas e diretrizes gerais para uma possível definição de políticas nacionais em relação à documentação privada, a qual seria avaliada e trabalhada como de interesse para a área patrimonial[229].

O projeto tinha a seguinte estrutura: 1) Introdução; 2) Diretrizes do Programa Nacional de Preservação da Documentação Histórica (PRÓ-DOCUMENTO); 3) Objetivos; 4) Significado do Programa; 5) Estrutura do PRÓ-DOCUMENTO; 6) Metodologia; 7) Avaliação de Projetos; 8) Conclusão[230].

Na introdução apresenta-se a justificativa e a importância da criação do programa, citando decretos e diretrizes referentes à proteção do patrimônio histórico, bem como se indica a relação entre o Estado e a proteção da documentação privada e a responsabilidade do programa em executar essa questão. No segundo tópico são apresentadas duas diretrizes básicas do Pró-Documento e as diretrizes gerais da então Secretaria da Cultura do MEC.

Posteriormente, apresentam-se os objetivos gerais e específicos do programa, o qual se centraliza, principalmente, em "estimular e apoiar iniciativas voltadas à organização e preservação de acervos documentais privados de valor permanente". Já no quarto tópico o texto versa sobre a relevância do programa, asseverando que o "Pró-Documento deverá suprir a grave lacuna existente na política preservacionista para este setor"[231].

---

[229] Arquivo Noronha Santos – ACI/RJ – IPHAN. **Fundo Arquivo Intermediário.** Fundo Sphan/Pró-Memória (1969-1992): composto por aproximadamente 40 caixas arquivos. Pasta 01: Texto Base do Pró-Documento.

[230] No anexo deste livro encontra-se o texto-base do Pró-Documento na íntegra.

[231] SPHAN/FNPM (Brasil), 1984, p. 14.

A partir do quinto tópico, o texto passa a expor a parte estrutural do programa, descrevendo como iria ser desenvolvido por meio de uma Coordenação Nacional; Coordenações e Subcoordenações Regionais. No sexto tópico é apresentada a metodologia do programa e no sétimo tópico como seria feita a avaliação de projetos.

Por fim, no último tópico, conclui-se a apresentação do programa e afirma-se que o Pró-Documento marca a atuação da SEC do MEC por meio de "um conjunto de ações destinadas à preservação de uma imensa parcela de nosso patrimônio documental: os arquivos privados"[232]. Os anexos trazem os endereços das diretorias regionais da SPHAN/PRÓ-MEMÓRIA e também dos escritórios técnicos da FNPM, pois colocam essas diretorias e escritórios como locais de apoio e suporte ao programa, já que a proposta era de ser um programa de âmbito nacional.

A forma como foi elaborado o projeto do Pró-Documento pode ser compreendida melhor por meio da entrevista de Gilson Antunes, o qual nos ajuda a entender as articulações anteriores imediatas entre as demandas da conjuntura, as mudanças nas concepções sobre patrimônio cultural no país e a organização concreta do Pró-Documento como programa de governo. Ao explicar as circunstâncias da criação, Antunes destaca o contexto profícuo ao surgimento de uma consciência do setor público em relação à situação dos arquivos privados, que até aquele momento não tinham sido contemplados pela política cultural de nenhuma das instituições responsáveis pela preservação e salvaguarda do patrimônio cultural brasileiro, ao contrário de países como Alemanha e França. Conforme podemos reiterar em sua fala:

> Dentro dessas contradições eles [Irapoã Cavalcanti e Marcos Vilaça] conversaram com a gente [Gilson A., Sidnei S. e Marcos V.] e disseram - o que fazer diante disso? - eu disse: olha, eu acho que a competência dos arquivos públicos embora em termos de um país federativado é do Arquivo Nacional. Dentro de um sistema federativo de arquivos e essa política tem que ser reforçada efetivamente por que há mesmo [desafios] com a documentação pública, há uma desproteção, mas tem uma lacuna enorme ai que eles não dão conta que a Alemanha conseguiu equacionar desde o início do século XX, que a França, só na década de 1980, com os governos socialistas, criam, dentro da estrutura do setor público, uma sessão de arquivos privados que é como a área cultural pode vir a contribuir para a preservação dos arquivos privados.

---

[232] SPHAN/FNPM (Brasil), 1984, p. 40.

> Arquivos esses que eram arquivos de populações, cientistas, academia de ciências, os corporativos, sindicatos, as ações das organizações culturais, da sociedade civil em geral, os arquivos eclesiásticos, empresariais, sanitários, etc. Eram documentos que estavam desprotegidos, então, valeria a pena criar um programa nacional que viesse a trabalhar de forma descentralizada, através de assistência técnica, diagnosticando tal tal.

Então, Antunes afirma que ele, Sidnei S. e Marcos V. – na época ainda eram pesquisadores do IHSOB – formataram a primeira proposta do programa e apresentaram-na a Irapoã Cavalcanti Lyra, conforme indica na entrevista:

> A gente formatou a primeira proposta e o Irapoã na época fez um convênio com a Candido Mendes e falou: "é fundamental que vocês venham a conhecer a realidade do país", então foi no ano de 1983, que ele financiou já com uma ideia de lançar um programa nacional para a documentação privada, uma viagem do nosso grupo de pesquisa.

Percebi, portanto, que a formulação concreta do projeto e os entendimentos entre os pesquisadores da Cândido Mendes e a direção da FNPM já vinham se desenvolvendo desde 1983. Aliás, os frutos do diagnóstico sobre a situação dos conjuntos documentais privados aparecem logo na introdução do projeto, que apresenta uma breve análise sobre a responsabilidade da ação do estado na implementação de uma política de preservação do patrimônio documental brasileiro:

> Sua propositura deve-se a importância dos acervos documentais privados para a recuperação da memória e da identidade nacionais e para a pesquisa e a cultura do país e também ao fato dessa documentação encontrar-se em estado extremamente precário de conservação e inacessível aos pesquisadores e interessados[233].

Salienta ainda o texto que a ênfase dada aos arquivos privados se dá pelo desamparo em que se encontram muitos acervos dessa natureza, "carentes de uma política integrada de proteção" em todo o país e que, embora os arquivos públicos também careçam de cuidados emergenciais, estes ainda possuem maior amparo do estado se comparados à situação dos arquivos privados[234].

---
[233] SPHAN/FNPM (Brasil), 1984, p. 1.
[234] SPHAN/FNPM (Brasil), 1984, p. 3.

A legislação brasileira de patrimônio histórico é mobilizada no projeto para fundamentar a legibilidade dos objetivos propostos. Nesse sentido, o texto aborda o Decreto-Lei n.º 25/37, que institui a figura jurídica do tombamento, destacando em seu artigo 1.º que:

> [...] constitui o patrimônio histórico e artístico nacional o conjunto de bens móveis e imóveis existentes no país e cuja conservação seja de interesse público, quer por sua vinculação a fatos memoráveis da História do Brasil, quer por seu excepcional valor arqueológico e etnográfico, bibliográfico ou artístico[235].

Tendo como quadro de referência o cumprimento dessa legislação, o projeto visava dedicar-se estritamente aos arquivos privados de valor permanente a partir de diretrizes tais como "o cadastramento dos arquivos privados, a criação de suportes para a criação de estudos acerca dos aspectos socioeconômicos regionais e de valores compreendidos nos respectivos patrimônios histórico e artístico"[236].

O texto-base do projeto indica que o Programa se propunha a ser de alcance nacional, o que decorria da sua própria vinculação a um órgão da administração federal, mas que também indica o caráter ambicioso do projeto, principalmente ao se considerar a conjuntura política do nosso país naquele momento. Conforme já discuti, naquele momento, a própria SPHAN/FNPM passava por grandes instabilidades políticas e de gestão, conforme se vê pelas diversas mudanças de presidentes nesse período, isso pode ser verificado na tabela citada no início do Capítulo II, em que expus as diferentes presidências ocorridas em tão curto período na SPHAN/FNPM.

Assim, para além de marcar a atuação do estado brasileiro na preservação dos arquivos privados, o projeto salienta que se pretende atender às expectativas e interesses de uma gama variada de segmentos da sociedade, como:

> [...] as universidades e demais cursos de nível superior, as instituições de pesquisa e documentação, os órgãos públicos e privados preocupados com a defesa e a preservação do patrimônio nacional, as empresas e outras organizações da sociedade civil, que terão seus acervos organizados e conservados, enfim a comunidade nacional que ganhará com a preservação de uma parcela significativa do seu patrimônio histórico, cultural e científico[237].

---

[235] SPHAN/FNPM (Brasil), 1984, p. 4.
[236] SPHAN/FNPM (Brasil), 1984, p. 5.
[237] SPHAN/FNPM (Brasil), 1984, p. 6.

O texto do projeto salienta que não se pretendia naquele momento incentivar a doação de grandes conjuntos de documentação privada para instituições públicas[238], como o Arquivo Nacional, já que isso geraria a sobrecarga dessas instituições que já carecem de infraestrutura para o tratamento dos documentos públicos. A intenção era desenvolver

> [...] uma política de amplo incentivo à doação ou depósito de documentação privada nos arquivos públicos agravaria a sua situação. A maioria deles dificilmente iria assegurar uma recuperação documental ágil, além de correr o risco de ver inviabilizado até mesmo o tratamento da documentação proveniente da administração pública[239].

O projeto também critica a centralização das ações de preservação dos arquivos privados, alinhando-se com a tendência de construção de políticas descentralizadoras para o campo da preservação documental:

> [...] no caso do Brasil, dado alguns fatores como suas dimensões continentais, as profundas diversidades regionais e a escassez de recursos, a adoção de uma via centralizadora seria particularmente problemática. [...] Deve-se acrescentar a estes fatores a atualidade das novas demandas provenientes da sociedade civil brasileira. Na área cultural e científica, amplia-se a cada dia o desejo de participação ativa das instituições e profissionais nas promoções de decisões de seu interesse[240].

No Projeto também é avaliado que a ação do estado com relação a documentação privada é notória, pois ajustara-se melhor a realidade brasileira da época. Então, o principal sentido do Programa está em "coordenar os esforços das instituições públicas e privadas e estimular e apoiar as múltiplas e crescentes iniciativas da sociedade civil"[241].

Em entrevista concedida ao pesquisador Jean Bastardis, Gilson Antunes reforça a natureza das intenções iniciais da proposta do Programa referente à preservação da documentação privada voltada mais para os acervos privados de entidades e coletivos da sociedade civil. Afirma então que a FNPM criou o Pró-Documento

---

[238] Devemos lembrar que a proposta do programa é descentralizar as políticas públicas relacionadas à preservação do patrimônio histórico. Todavia, não havia a intenção de receber os conjuntos documentais privados preservados por instituições privadas, por exemplo, mas sim prestar assistência técnica para que pudessem preservar, organizar e dar acesso aos conjuntos documentais privados tratados por elas.

[239] SPHAN/FNPM (Brasil), 1984, p. 7.

[240] SPHAN/FNPM (Brasil), 1984, p. 9.

[241] SPHAN/FNPM (Brasil), 1984, p. 9.

> [...] para instituir uma política de preservação dos acervos privados, já que os arquivos públicos estavam já sob a responsabilidade do Arquivo Nacional. Como o CPDOC se dedicava a preservação de acervos privados das elites políticas pós 30, o Pró-Documento deveria dedicar-se a preservação dos diferentes acervos não ligados à elite política, mas os acervos eclesiásticos, escolares, institucionais, dos trabalhadores[242].

Temos aqui então que se sobressaía uma das iniciativas para a preservação de documentação privada, que foi o CPDOC, em 1972. No entanto, sua proposta não estava articulada com a definição de normas mais gerais para o tipo de conjuntos documentais que o programa estava se propondo a dar assistência. A proposta inicial do CPDOC era trabalhar com a preservação de conjuntos documentais privados da elite política nacional, como Getúlio Vargas, Gustavo Capanema, Café Filho, Filinto Muller, entre outros[243].

Com relação às diretrizes do Pró-Documento, mais uma vez, colocam como principal direcionamento do programa a questão da preservação e do acesso à documentação. Assim, afirmavam que iriam atuar de maneira descentralizada,

> [...] respeitando o princípio federativo e buscando a participação ativa e integrada, em seu planejamento e execução, das instituições públicas e privadas relacionadas com a preservação e utilização da documentação privada de valor permanente; Orientar sua ação no sentido de tornar acessível a documentação privada de valor permanente, e de estimular o seu uso social[244].

Gilson Antunes em sua fala destaca a questão de se seguir o princípio federativo, e de respeitar a função das instituições públicas responsáveis pela preservação e salvaguarda dos conjuntos documentais públicos, salientando então que a função do Pró-Documento estaria em dar assistência técnica para as instituições responsáveis pelos documentos privados, estimulando o uso social destes por meio do acesso a essa documentação.

---

[242] BASTARDIS, J. **Práticas Supervisionadas II**: Entrevistas (Transcrição). Rio de Janeiro: IPHAN, 2012. p.11.

[243] O Centro de Pesquisa e Documentação de História Contemporânea do Brasil (CPDOC) é a Escola de Ciências Sociais da Fundação Getúlio Vargas (FGV). Criado em 1973, tem o objetivo de abrigar conjuntos documentais relevantes para a história recente do país, desenvolver pesquisas em sua área de atuação e promover cursos de graduação e pós-graduação. Os conjuntos documentais doados ao CPDOC, que podem ser conhecidos no Guia dos Arquivos, constituem, atualmente, o mais importante acervo de arquivos pessoais de homens públicos do país, integrado por aproximadamente 200 fundos, totalizando cerca de 1,8 milhão de documentos. Para saber mais sobre o CPDOC, consultar: http://cpdoc.fgv.br/sobre. Acesso em: 27 dez. 2017.

[244] Texto-base Pró-Documento, 1984, Diretrizes do Programa, p. 10.

Dessa forma, pensando o conceito de bem cultural que se matizava naquele período como sendo a expressão mais atual da relação entre estado e sociedade, o Pró-Documento assumiu como premissa a ideia de que a documentação histórica só se preserva se for "valorizada e utilizada efetivamente pela sociedade", isto é, o projeto associa a preservação do bem cultural ao seu uso, no caso pela preservação dos conjuntos documentais privados, pois assim o direito à informação seria viabilizado: sua valorização e uso social, condições básicas de preservação, implicam, portanto, a formação de uma ampla consciência social sobre a significação e a utilização dos acervos documentais privados e sobre a necessidade de sua preservação e disponibilidade para a consulta geral[245].

Note-se que ainda não estavam claros os critérios de identificação dos acervos privados de interesse público nacional. O processo de redemocratização também traz novos personagens que a sociedade civil passa a valorizar além dos personagens públicos já conhecidos, como documentação de operários, sindicatos, agremiações estudantis, entre outros.

Os mecanismos para a implementação dessa política cultural voltada aos arquivos privados, segundo o projeto, fundamentam-se na relação das instituições de guarda desses acervos com a sociedade, no sentido de contribuir para a formação de uma consciência social sobre a importância deles, bem como promover o direito ao acesso à informação, o que se entendia ser um pressuposto da cidadania plena, pois nos objetivos do Pró-Documento a documentação privada é colocada como de valor histórico e é um patrimônio que interessa a toda a coletividade. Para tanto, ainda segundo o texto do projeto, o Programa deveria atuar no sentido de valorizar esse quadro, associando "iniciativas de apoio aos arquivos privados e a campanha de esclarecimentos sobre a necessidade de abertura dos mesmos à consulta em geral"[246].

Assim "o papel do estado através da SEC/MEC deve pautar-se pelo seu papel de estímulo, apoio e coordenação dos esforços que a sociedade dirige para resgatar a documentação que é testemunha de sua história". Da mesma forma, o projeto estabelece que a SEC/MEC

> [...] estimulará a integração do Pró-documento com outras iniciativas afins desenvolvidas no âmbito do Ministério da Educação e Cultura e buscará formas de cooperação com as demais instituições públicas e privadas que dirigem seus esforços para a tarefa de preservação documental[247].

---

[245] SPHAN/FNPM (Brasil), 1984, p. 12.
[246] SPHAN/FNPM (Brasil), 1984, p. 15.
[247] SPHAN/FNPM (Brasil), 1984, p. 12-13.

O projeto também descreve qual a importância na criação do programa com relação à documentação privada, salientando que essa documentação constitui o patrimônio cultural do país. Assim, o Pró-Documento

> [...] deverá suprir a grave lacuna existente na política preservacionista para este setor. [...] tendo sido produzidos, na maioria dos casos, sem pretensão de se tornarem registros históricos, esses documentos contém os "rastros" relevantes deixados pela prática social dessas organizações que fizeram, e fazem, nossa história social e econômica[248].

Em suma, podemos afirmar, a partir da análise do texto-base do projeto, que a equipe participante do Programa estava focada em auxiliar as questões políticas e técnicas com relação à preservação e conservação dos conjuntos documentais privados, pois estes são parte da nossa memória nacional por se constituírem como conjuntos documentais que expressam o cotidiano da sociedade civil – como, por exemplo, a documentação de sindicatos, empresas, acervos eclesiásticos, entre outros. Para a concretização dessa proposta expressa no texto-base, a equipe do Programa propôs uma metodologia e uma organização para a execução dos trabalhos, as quais serão apresentadas no próximo tópico.

2.3 METODOLOGIA E ORGANIZAÇÃO DO PRÓ-DOCUMENTO

Com relação à metodologia e organização do Pró-Documento, o texto-base nos mostra que as condições em que os conjuntos documentais privados se encontravam eram uma de suas maiores preocupações. Assim, afirmam que o programa será implementado de forma gradativa, "de acordo com a maior ou menor necessidade ditada pelas condições dos arquivos privados e a importância e representatividade dos acervos"[249].

Com relação aos objetivos do programa, mais uma vez, a questão da preservação, do acesso e do uso social dos acervos documentais privados de valor permanente é citada, propondo-se o programa a contribuir com suportes necessários ao trabalho de conservação e preservação dos acervos para que isso ocorra.

Assim, o projeto afirma nos objetivos que pretende:

> 3.1.1 - Criar os meios que assegurem o amplo acesso e uso social dos acervos documentais privados de valor permanente;

---

[248] SPHAN/FNPM (Brasil), 1984, p. 18.
[249] SPHAN/FNPM (Brasil), 1984, p. 30.

> 3.1.2 - Contribuir para a criação dos suportes necessários ao trabalho de conservação física e estabilização dos acervos documentais privados de valor permanente;
> 3.1.3 - Estimular e apoiar iniciativas voltadas para a organização e preservação de acervos documentais de valor permanente[250].

Tais objetivos se relacionam com a fala de Gilson Antunes, que afirma que a intenção da equipe do programa era

> [...] diagnosticar quais eram os principais riscos que esses acervos corriam e víamos que havia a questão ambiental da exposição a fungos e bactérias, a questão do acondicionamento e do processamento técnico no sentido de pensar a construção de instrumentos de pesquisa e pesquisa histórica sobre a constituição desses acervos.

Antunes continua, salientando que nesses acervos existiam muito problemas com relação à conservação dos documentos:

> Nesses acervos existiam problemas ambientais, problemas de infestação, problemas químicos, infestação por insetos, decomposição por microrganismos [...]. Também tínhamos a questão do acondicionamento, alguns [documentos] careciam de intervenção mesmo. Assim, a falta de instrumentos para entender o processamento técnico a partir da história daquela organização que gerou a documentação [a proposta do programa].
> Então, a pesquisa histórica, os sistemas de processamento técnico daquela informação, a forma de arranjos, distribuição por fundos e etc., que se definiu que o projeto tinha de ser de âmbito nacional para entender a essas necessidades, e a forma de fazer seria de uma forma descentralizada então, se constitui vários escritórios - escritório de organização de arquivística, de processamento técnico, de pesquisa histórica e pesquisa bibliográfica[251].

Conforme indiquei anteriormente, no anexo do texto-base do projeto se encontra o endereço das diretorias regionais, da SPHAN e dos escritórios técnicos da FNPM, o que, provavelmente, são os escritórios citados nessa fala.

Além da questão do acondicionamento e do processamento técnico, temos de tecer considerações sobre a metodologia, segundo a qual a seleção dos acervos se dará por critérios operacionais e pela relevância histórica da

---
[250] SPHAN/FNPM (Brasil), 1984, p. 15.
[251] BASTARDIS, J. **Práticas Supervisionadas II**: Entrevistas (Transcrição). Rio de Janeiro: IPHAN, 2012, p. 12.

documentação. De acordo com o texto-base, o Pró-Documento apoiaria projetos de cadastramento, inventário, organização e higienização dos conjuntos documentais privados, além de dar apoio técnico aos projetos destinados "à criação da infraestrutura de arquivos e equipagem de centros de documentação na área da documentação privada"[252].

Assim, os projetos seriam apresentados às coordenações regionais, que, por sua vez, se encarregariam da seleção destes, e à coordenação nacional caberia emitir parecer sobre a sua aprovação, podendo ser financiados com recursos da Pró-Memória ou extraordinários sob a chancela do Pró-Documento – que ficaria a cargo da atuação conjunta da Administração Central da Pró-Memória e coordenação nacional do Pró-Documento[253]. Desse modo, a seleção dos acervos obedeceria aos seguintes critérios:

> a. relevância histórica, científica e cultural do acervo;
> b. grau de urgência da ação preservacionista;
> c. adequação técnica do projeto;
> d. disponibilidade de recursos[254].

Dito isso, o programa define "grupos documentais" considerados prioritários para a questão da preservação e organização de acervos:

> a) documentação eclesiástica;
> b) documentação empresarial;
> c) documentação corporativa;
> d) documentação sanitária
> e) documentação científica;
> f) documentação educacional[255]

Segundo o texto-base do programa, a concepção dos grupos de documentos citados anteriormente se deve a um caráter apenas funcional e cada grupo corresponderia a uma equipe de trabalho específica, pois:

> [...] as atividades previstas especialmente as que envolvem organização e transferência de acervos deverão obedecer ao princípio da proveniência que orienta a arquivística moderna. Caso seja de interesse do Pró-Documento, outros grupos documentais poderão ser criados, em escala nacional ou regional. Serão também objeto do Pró Documento os arquivos de titulares e famílias considerados relevantes para fins de preservação[256].

---

[252] SPHAN/FNPM (Brasil), 1984, p. 37.
[253] SPHAN/FNPM (Brasil), 1984, p. 38.
[254] SPHAN/FNPM (Brasil), 1984, p. 38.
[255] SPHAN/FNPM (Brasil), 1984, p. 19.
[256] SPHAN/FNPM (Brasil), 1984, p. 19.

Mais uma vez é importante frisar que o Programa estava atuando sobre a documentação de caráter permanente "de valor informativo e interesse exclusivo da cultura e da ciência", excluindo-se assim os documentos correntes e intermediários das instituições atendidas[257]. Lembrando que a documentação de caráter permanente é vista como "conjunto de documentos preservados em caráter definitivo em função de seu valor" e, portanto, segundo Knauss, passa a ser registro do passado e se afirmar como patrimônio cultural, conforme também é colocado no texto-base do programa.

Como definido pelo programa, o grupo "documentação eclesiástica"[258] abrangeria os acervos das paroquias, cúrias, ordens e confrarias religiosas e associações católicas, entre outras. Trata-se de documentação de primeira importância não só para a história da Igreja Católica, mas para a recuperação de informações fundamentais de caráter demográfico, cultural, étnico e político. Ressalte-se que "até a colocação em prática do Código Civil de 1891, a documentação paroquial reúne o registro civil mais rico existente no país, o que a situa como uma fonte indispensável para o conhecimento da formação social brasileira"[259].

Com relação ao grupo "documentação empresarial", compreende, em síntese, "os arquivos e coleções de fábricas, fazendas, empresas comerciais e de serviços". Esses acervos fornecem

> [...] informações sobre a organização econômica (comercial, industrial e agrária) do país, a inovação técnica e a difusão tecnológica na produção e na prestação de serviços, a

---

[257] SPHAN/FNPM (Brasil), 1984, p. 19.

[258] Devemos lembrar que, com relação à documentação eclesiástica, tivemos, até 1891, o regime de padroado. Padroado foi uma designação dada aos conjuntos de privilégios concedidos pela Santa Sé aos reis de Portugal e de Espanha. Eles também foram estendidos aos imperadores do Brasil. Tratava-se de um instrumento jurídico tipicamente medieval que possibilitava um domínio direto da Coroa nos negócios religiosos, especialmente nos aspectos administrativos, jurídicos e financeiros. Na realidade, no regime do padroado as práticas civis confundiam-se com as religiosas e em muitos momentos era difícil separar religião e política, o que significa que boa parte dos conjuntos documentais referentes a costumes da sociedade estavam inseridos na "documentação eclesiástica". Isso só mudou com a Proclamação da República, em 1889 e com a Constituição de 1891, que acabou definitivamente com o padroado, tendo, inclusive, estabelecido o casamento civil. Informações retiradas do site: http://www.histedbr.fe.unicamp.br/navegando/glossario/verb_c_padroado2.htm. Acesso em: 19 set. 2023. Importante indicar também o Decreto n.º 4.073, de 3 de janeiro de 2002, no qual se afirma que são automaticamente considerados documentos privados de interesse público e social os seguintes conjuntos documentais: **A.** Arquivos de instituições esportivas, que tenham conquistado títulos de relevância para o país; **B.** Registros civis de arquivos de autoridades religiosas produzidos anteriormente à vigência do Código Civil; **C.** Arquivos produzidos por personalidades envolvidas com a cultura, com a arte e com o desenvolvimento nacional; **D.** Arquivos de entidades de classe sindicais; Arquivos de empresas que prestam serviços às entidades públicas.

[259] SPHAN/FNPM (Brasil), 1984, p. 20.

organização e as condições de trabalho, as relações entre empregados e destes com o Estado, etc.[260]

Com relação a "documentação corporativa", define-se como "repositória de informações sobre a vida associativa de nosso povo" e de algumas de suas atividades mais significativas, tais como os seus movimentos reivindicatórios, a participação política, as comemorações e festas cívicas etc. "Trata-se de material de relevo para o desenvolvimento da ciência da história, da ciência política, da sociologia e da antropologia"[261].

Já a "documentação sanitária" compreende os acervos documentais de inúmeras instituições médicas privadas, tais como as organizações hospitalares, as farmácias, as sociedades filantrópicas e as beneficentes, as escolas médicas, os institutos de pesquisas sanitárias etc., além de arquivos particulares relacionados com a história da assistência médico-sanitária em nosso país. "Seu valor informativo é relevante tanto do ponto de vista acadêmico e científico, quanto do ponto de vista da elaboração de políticas sociais"[262].

No que se refere à "documentação científica", esta "reúne informações sobre a história da produção científica e tecnológica nacional, abrangendo a produção das universidades e institutos de pesquisa, arquivos e coleções de cientistas e de associações civis de indiscutível relevância nacional", como a Sociedade Brasileira para o Progresso da Ciência (SBPC) e a Sociedade Brasileira de Pesquisa Física (SBPF) e parte do acervo tecnológico de algumas empresas ligadas às origens da indústria brasileira, em especial os ramos têxtil, químico-farmacêutico e alimentício. Este grupo documental constitui-se, portanto, num acervo de inestimável importância para as ciências exatas, a tecnologia e as ciências humanas no Brasil[263].

Por fim, quanto ao grupo "documentação educacional", este abrange os arquivos de colégios e escolas, os arquivos das escolas normais, técnicas e profissionais, dos cursos supletivos, dos asilos de órfãos e os arquivos e coleções particulares de educadores, entre outros.

> O principal mérito dessa documentação é fornecer informações essenciais à compreensão da organização escolar no Brasil, de um ângulo raramente explorado pelos estudiosos

---

[260] SPHAN/FNPM (Brasil), 1984, p. 20.
[261] SPHAN/FNPM (Brasil), 1984, p. 21.
[262] SPHAN/FNPM (Brasil), 1984, p. 21.
[263] SPHAN/FNPM (Brasil), 1984, p. 23.

e que enriquecem substancialmente todas as tentativas de reconstituição das iniciativas voltadas para o ensino no país. Além disso, essa documentação fornece dados valiosos para os estudos demográficos, para as pesquisas sobre migrações, sobre a vida cultural nos locais onde se situam as escolas, sobre a constituição e qualificação de força de trabalho. Nesse último caso, por exemplo, destaca-se a documentação das escolas técnicas e profissionais[264].

Ao apresentarmos a característica de cada grupo documental, podemos afirmar que o programa vinha com uma proposta de trabalhar os conjuntos documentais privados que, de alguma forma, representassem a identidade de nossa sociedade civil, pois, ao analisarmos os conjuntos documentais de entidades religiosas, organizações sindicais, empresas ou documentação escolar, por exemplo, estamos trabalhando diretamente com a preservação da memória nacional.

Do mesmo modo, quando se tem um programa institucional na década de 1980 se propondo a trabalhar com conjuntos documentais produzidos pela sociedade civil no geral, devemos destacá-lo como um programa pioneiro para a memória nacional. Vale lembrar que, até então, esses objetos não tinham merecido a devida atenção das políticas de preservação do patrimônio documental no país, seja por parte das instituições arquivísticas nacionais, seja pelo órgão de preservação e salvaguarda de nosso patrimônio cultural. Indique-se também que no Programa se propõe uma tipologia ampla e sistemática que busca abarcar a diversidade e complexidade da massa documental entendida como arquivos privados.

Assim, após descrever minuciosamente as potencialidades e valores de cada grupo de documentos selecionados para a atuação do Programa, o projeto destaca que "a atuação do Pró-Documento responderá, portanto, a uma necessidade urgente de identificação e preservação dos corpos de fontes abrangidos pelos grupos documentais" considerados e terá efeito multiplicador sobre a qualidade e o volume de pesquisas em torno desses temas[265].

Repare-se que, mais uma vez, vemos a preocupação com a preservação desses documentos para futuras pesquisas acadêmicas, com o intuito de diversificar os estudos que tínhamos sobre nosso país ou nosso povo. Conforme já indicado anteriormente, o período de existência do programa

---

[264] SPHAN/FNPM (Brasil), 1984, p. 25.
[265] SPHAN/FNPM (Brasil), 1984, p. 25.

coincide com o período em que, na academia, assistiu-se a uma renovação da Historiografia e das Ciências Sociais, com grandes reflexos na estruturação e reestruturação da maioria dos programas de pós-graduação na área em nosso país.

No que se refere à estrutura ou organização do Pró-Documento, segundo o projeto, se constituiria de uma Coordenação Nacional e de Coordenações e Subcoordenações regionais, contando também com um Conselho Nacional Consultivo composto por figuras eminentes do mundo científico e cultural e conselhos regionais de apoio à preservação de Arquivos Privados.

> Caberá a Coordenação Nacional a implantação e coordenação do Pró Documento a nível nacional, assim como acompanhamento das atividades desenvolvidas regionalmente, seguindo prioridades e critérios que configurem uma unidade de objetivos e métodos de ação[266].

Com relação à Coordenação Regional, esta atuaria junto às Diretorias Regionais da SPHAN/Pró-Memória. Na área abrangida por cada Coordenação Regional funcionaria um Conselho Regional de Apoio à Preservação dos Arquivos Privados, constituído por instituições de documentação e/ou pesquisa, além de profissionais de reconhecido saber na área de interesse do Pró-Documento[267]. Desse modo, vemos que a equipe do programa vinha com uma proposta de trabalhar com outras instituições também responsáveis pela preservação de conjuntos documentais, como, por exemplo, o Arquivo Nacional ou centros de documentação universitários, propondo-se também a atuar na mobilização e aglutinação dos esforços das diversas instituições e grupos que então se voltavam para a questão da preservação documental em cada região do país.

Por fim, as subcoordenações foram pensadas para abranger os "outros Estados e territórios compreendidos em suas jurisdições ou regiões de um mesmo Estado, onde isto se faça necessário"[268], e o Conselho Nacional Consultivo se constituiu de "profissionais de notório saber nas áreas de ciências sociais e arquivologia". Desse modo, atendeu-se "às necessidades de conhecimento especializado a respeito dos grupos documentais e dos diversos aspectos da prática arquivística relacionados às atividades e projetos do Programa"[269].

---

[266] SPHAN/FNPM (Brasil), p. 26.
[267] SPHAN/FNPM (Brasil), p. 27.
[268] SPHAN/FNPM (Brasil), 1984, p. 27.
[269] SPHAN/FNPM (Brasil), 1984, p. 28.

O projeto também previa a criação de Conselhos Consultivos Regionais, os quais seriam constituídos pelo Diretor Regional da SPHAN/Pró-Memória, pelo Coordenador Regional do Programa e por representantes das instituições civis e órgãos públicos, além de profissionais de reconhecido saber com atuação no campo de interesse do Pró-Documento[270].

Para compreender melhor a estrutura do programa, apresentamos a seguir um organograma consultado entre a documentação disponível no Arquivo Central do IPHAN-RJ, cujo esquema aponta a existência de três grandes áreas: técnica, projetos e administração geral. Todavia, pese-se que este documento não contém carimbo ou assinatura identificando-o como um documento oficial do Pró-Documento.

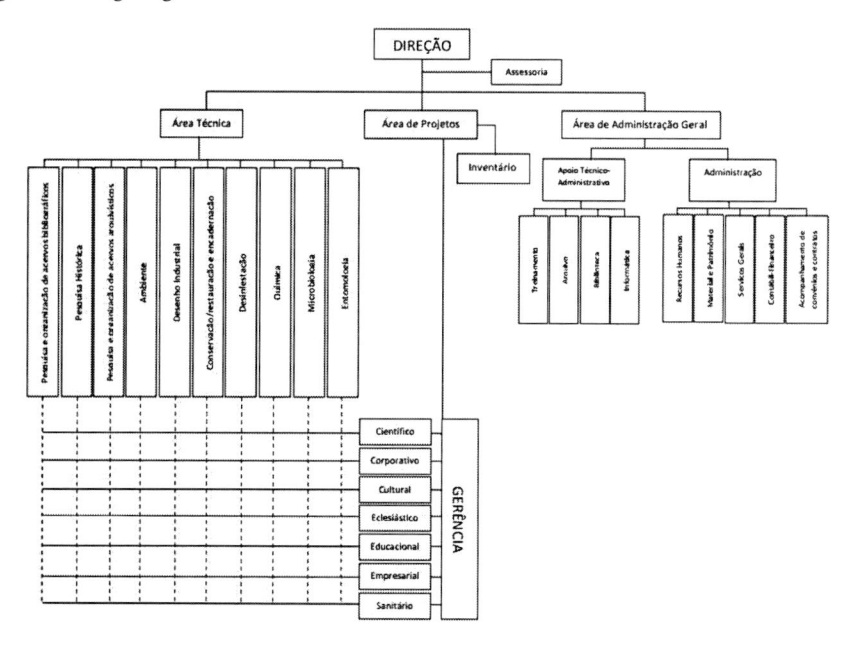

Figura 1 – Organograma de Trabalho do Pró-Documento

Fonte: Bastardis (2012)

Assim, o que podemos afirmar com grande grau de certeza é que existiam duas áreas, quais sejam: a de "atendimento técnico", responsável por dar assessoria técnica para organização, preservação e tratamento de conjuntos

---
[270] SPHAN/FNPM (Brasil), 1984, p. 29.

documentais privados; e a de "atendimentos a projetos", responsável pela elaboração de propostas por meio de pesquisas e visitas técnicas. Gilson Antunes afirma o seguinte em entrevista sobre a questão do tratamento e conservação dos documentos:

> [...] para a execução do projeto era necessário ver a questão do ambiente, a atenção para o acondicionamento, a questão de microclima, climática e tal, conservação e restauração, desinfestação. Para cada área dessas tinham quatro funcionários, a gente conseguiu quatro especialistas e que trabalhavam numa linha de desenvolvimento técnico, em princípio para fazer a pesquisa, conhecer, métodos, etc., que trabalhavam por demandas de solicitações com gerência de projetos. Assim, funcionava a ala do desenvolvimento técnico e a ala de atendimento a projetos e assim a gente teve duzentos, quase trezentos projetos atendidos além de outros suportes, tinha informática, na época nem se falava tanto em informática, mas já se tinha o setor de informática.

Jean Bastardis afirma que, analisando a documentação do ACI-RJ, existe uma dificuldade de se estabelecer com segurança como funcionava a estrutura dos setores responsáveis pela preservação documental e patrimonial durante a década de 1980, o que nos parece indicar uma atuação do programa com frágil institucionalização, não só por não conseguirmos estabelecer a estrutura institucional do programa, mas também pelo seu curto período de existência – quatro anos – e a própria instabilidade institucional, com mudanças de presidência do FNPM três vezes nos quatro anos de existência do programa, sendo uma das prováveis causas do encerramento do Pró-Documento. "Diversas versões de organogramas e Regimentos podem ser encontradas nos arquivos, sem que haja material legal autorizado (portarias, ordens de serviço ou determinações) capazes de estabelecer a estrutura institucional"[271].

Assim, com relação aos métodos que seriam utilizados para as ações do projeto, salientam que seria baseado em duas ações prioritárias: a identificação e cadastramento de diversos acervos privados, pensando assim a avaliação e diagnóstico das condições de conservação da documentação; e a elaboração de instrumentos de pesquisa como guias, inventários etc., "para facultar acesso aos documentos"[272]. Propõe-se assim seguintes etapas de trabalho.

---

[271] BASTARDIS, 2012, p. 59.
[272] SPHAN/FNPM (Brasil), 1984, p. 30.

A primeira era o "Cadastramento de Arquivos", que permitiria o diagnóstico do estado geral dos arquivos e de sua relevância, condições para a definição das prioridades nas ações de preservação e tratamento arquivístico. Trata-se, ademais, de um primeiro passo a ser completado pela preparação dos outros instrumentos de pesquisa, no sentido de divulgar as informações e facilitar o acesso às fontes documentais privadas. Este cadastramento pressupunha a realização de pesquisa prévia feita com base em levantamentos bibliográficos e informações sobre a história regional relativa aos diferentes agrupamentos documentais, permitindo a avaliação prévia das instituições de maior relevância para o Pró-Documento[273].

No texto-base, afirma-se que após o cadastramento deveriam ser elaborados guias de acervo, os quais se destinariam a orientar os consulentes na identificação e utilização das fontes disponíveis em cada acervo.

> Eles representam o principal instrumento de pesquisa em arquivos, constituindo-se no primeiro ponto de referência para o pesquisador, e respondem a duas necessidades básicas: 1) Obtenção de informações gerais sobre o acervo do repositório e 2) acesso a documentos específicos sobre cada arquivo ou coleção existente no repositório[274].

Esses guias, por seu turno, deveriam ser elaborados a partir de um roteiro específico, qual seja, a "produção de um texto sumário sobre a história da instituição da qual provem a massa documental em questão; e elaboração de uma síntese informativa sobre a massa documental da instituição analisada"[275].

Os guias também deveriam prestar informações

> [...] genéricas sobre a totalidade dos fundos que integram os arquivos e coleções privadas, fornecendo os dados que permitam a identificação de cada fundo isoladamente e informações sobre a história dos órgãos e instituições privadas cujos acervos tenham sido objeto do Pró-Documento[276].

No que tange à avaliação de projetos, no texto-base é indicado que os critérios para aprovação eram: "Relevância histórica, cientifica e cultural do

---

[273] SPHAN/FNPM (Brasil), 1984, p. 30-31.
[274] Para elaboração dos guias de acervo, o projeto determina as seguintes etapas de trabalho: - Arranjo; - Descrição; - Indexação e listagem; - Preparação dos Guias de Arquivos; "os caracteres essenciais da descrição referem-se tanto à estrutura física quanto à substância do documento". SPHAN/FNPM (Brasil), 1984, p. 33.
[275] SPHAN/FNPM (Brasil), 1984, p. 35.
[276] SPHAN/FNPM (Brasil), 1984, p. 36.

acervo; Grau de urgência da ação preservacionista; Adequação técnica do projeto; Disponibilidade de recursos"[277].

Ainda no que se refere à metodologia, segundo o texto-base, os recursos para possíveis financiamentos de projetos seriam oriundos do orçamento ordinário da Pró-Memória, por meio de seus planos anuais de ação e com recursos extraordinários oriundos de fomento à pesquisa e à cultura.

> Entre os recursos extraordinários estão também aqueles proveniente de doações de pessoas físicas e instituições civis que poderão ser computadas para fins de dedução do imposto de renda, conforme prevê o Artigo 242 da Consolidação das leis do imposto de renda[278].

Podemos afirmar então que o Pró-Documento, por meio desse projeto, estaria marcando a atuação da então Secretaria de Cultura do MEC, pois propunha ações com relação aos arquivos, mais especificamente os arquivos privados de valor permanente, na tentativa de garantir a preservação, organização e acesso a esse tipo de documento. Destarte, podemos corroborar a conclusão do próprio texto-base sobre o Pró-Documento:

> Seu objetivo maior é dar respostas às necessidades de preservação da documentação privada através do envolvimento da comunidade interessada. Dessa forma, pretende-se garantir a principal condição para a eficácia de qualquer política preservacionista: seu uso social.
> Reveste-se, portanto de um caráter essencialmente civilizatório, no qual a participação da sociedade civil, a descentralização das ações e a harmonia técnica e metodologia desempenham papel fundamental para a execução de tão magna tarefa[279].

Dessa forma, concluo este capítulo compreendendo que a questão prioritária do programa era garantir a preservação, conservação, organização e acesso, além do uso social dos arquivos privados, pois considerava este o papel fundamental da instituição a que pertencia. A seguir, irei trabalhar como os projetos propostos e/ou executados pela equipe do Pró-Documento para garantir esse acesso.

---

[277] SPHAN/FNPM (Brasil), 1984, p. 38.
[278] SPHAN/FNPM (Brasil), 1984, p. 39.
[279] SPHAN/FNPM (Brasil), 1984, p. 40.

CAPÍTULO III

ATUAÇÃO E AÇÃO DO PRÓ-DOCUMENTO

Centrada na análise da documentação do Arquivo Central do IPHAN (ACI/RJ), neste capítulo avalio a ação e atuação do Pró-Documento por meio dos projetos elaborados pela equipe, destacando os tipos de demandas, as parcerias, desafios e soluções neles indicados.

Com relação à atuação do Programa, identifiquei a equipe operando por meio de viagens, assessorias técnicas, consultorias e pesquisas, sendo realizadas com o apoio de instituições que financiavam pesquisas, como a Finep[280] e a própria FNPM.

De acordo com Bastardis, o Programa foi financiado pela presidência da FNPM. Porém, encontramos uma minuta que apresenta um termo de cooperação técnica entre a FNPM e o Banco Nacional de Desenvolvimento Econômico e Social (BNDES)[281], para a manutenção do Programa Nacional de Preservação da Documentação Histórica, cujo objetivo seria o de tratar de conjuntos documentais privados da área empresarial, ressaltando que uma das demandas da coordenação do programa era procurar por apoio financeiro para a execução dos projetos elaborados pelo Pró-Documento.

Na minuta, não temos nenhuma assinatura, carimbo ou visto que nos indique que esse convênio realmente existiu, mas acreditamos ser importante fazer algumas observações sobre este possível convênio. Na cláusula primeira da minuta, afirma-se que o

> [...] presente termo tem por objeto dar continuidade ao Pró-Documento [lembrando que essa proposta de convênio é de

---

[280] Promover o desenvolvimento econômico e social do Brasil por meio do fomento público à Ciência, Tecnologia e Inovação em empresas, universidades, institutos tecnológicos e outras instituições públicas ou privadas. Disponível em: http://www.finep.gov.br/. Acesso em: 18 set. 2023.

[281] Fundado em 1952, o Banco Nacional de Desenvolvimento Econômico e Social (BNDES) é um dos maiores bancos de desenvolvimento do mundo e, hoje, o principal instrumento do Governo Federal para o financiamento de longo prazo e investimento em todos os segmentos da economia brasileira. Para isso, apoia empreendedores de todos os portes, inclusive pessoas físicas, na realização de seus planos de modernização, de expansão e na concretização de novos negócios, tendo sempre em vista o potencial de geração de empregos, renda e de inclusão social para o país. Disponível em: https://www.bndes.gov.br/. Acesso em: 18 set. 2023.

dezembro de 1987], através da ação conjunta da Pró-Memória e do BNDES na manutenção do Programa, para a preservação da documentação histórica empresarial[282].

Sendo obrigação da Pró-Memória – representado pelo Pró-Documento – "prestar assistência técnica e consultoria a projetos relativos a recuperação da documentação histórica". Já a obrigação do BNDES seria a de "apoiar o Pró-Memória alocando recursos técnicos e administrativos em projetos e/ou atividades permanentes, do Pró-Documento, de interesse das partes".

Interessante notar que o convênio iria trabalhar com "documentação histórica empresarial", um tipo de documentação privada que o BNDES teria interesse em apoiar, pois sua função se remete a apoiar investimentos em áreas privadas com o intuito de beneficiar a circulação da economia do país, daí também entendermos a motivação da FNPM em procurá-los para essa questão. Também nos indica o empenho da coordenação do Programa no que se refere a obter recursos para a continuidade de seus trabalhos.

Do mesmo modo, deparamos com um "Protocolo de Intenções" firmado entre as seguintes instituições públicas: Ministério da Ciência e Tecnologia (MCT), Ministério da Cultura (MinC), Conselho Nacional de Desenvolvimento Científico e Tecnológico (CNPq) e FNPM, visando "à prestação de caráter técnico-científico-financeiro, na área de preservação da documentação histórica, em apoio às atividades previstas no Programa Nacional de Preservação de Documentação Histórica", no qual essa assistência mútua compreenderia análise, acompanhamento e avaliação de programas feitos pela FNPM – como o Pró-Documento, por exemplo. Mais uma vez, é um documento de 1987, porém sem assinatura, carimbo ou visto de que esse protocolo foi executado.

Com relação à Finep, o que temos são minutas de convênio entre a Sociedade Brasileira de Instrução (SBI), representada pelo IHSOB, no qual Gilson Antunes é indicado como responsável pelo recebimento das verbas concedidas pela Financiadora, além da coordenação dos projetos. Desse modo, como Gilson Antunes era o coordenador do Pró-Documento e, conforme discutido no capítulo II, boa parte da equipe do programa eram, inicialmente, pesquisadores do IHSOB, podemos afirmar que os financiamentos dos projetos do Pró-Documento eram feitos por meio das verbas que eram destinadas ao IHSOB.

---

[282] Arquivo Noronha Santos – ACI/RJ – IPHAN. **Fundo Arquivo Intermediário.** Fundo Sphan/Pró-Memória (1969-1992). Pasta 09: Cooperação Institucional.

Assim, os recursos financeiros que eram concedidos para trabalharem com diagnóstico e elaboração de um projeto referente a conjuntos documentais privados derivavam da própria FNPM ou de instituições públicas financiadoras de projetos que incentivam trabalhos científicos.

No que diz respeito à atuação do Pró-Documento junto aos conjuntos documentais privados, é importante indicar que mesmo antes de realizar qualquer intervenção ou diagnóstico em relação aos arquivos privados, a primeira ação proposta à equipe foi a de que fosse realizado um diagnóstico para se

> [...] conhecer a situação de acervos espalhados pelo país. Diversas visitas foram realizadas a arquivos das regiões norte, sul e sudeste, com especial atenção aos acervos cariocas, considerando que a sede do Programa se localizava na cidade do Rio de Janeiro[283].

Gilson Antunes[284] salienta a importância dessas visitas, pensadas em 1983 e executadas no ano de 1984. Antunes afirma que Irapoã Cavalcante – na época presidente da FNPM, fez um convênio com a Universidade Cândido Mendes [o IHSOB] porque era "fundamental que vocês venham a conhecer a realidade do país". Sobre as viagens, Antunes afirma que então foi aprovado o financiamento para que a equipe pudesse fazer esse diagnóstico dos arquivos, destacando espaços visitados e grupos contatados.

> [A] ideia era a de lançar um programa nacional para a documentação privada com uma viagem do grupo de pesquisa que era o Sidney, o Vinicius, Gadera [inaudível] por todo o país então para conhecer os arquivos, aí conhecemos os arquivos da inconfidência mineira, os arquivos do Dieese São Paulo, da Cúria Metropolitana, vários outros arquivos, no Mato Grosso...

Também afirma que nestas viagens conseguiram fazer

> [...] vários contatos com universidades e com alguns arquivos, no Rio Grande do Norte, lá o Câmara Cascudo, vários arquivos pelo Brasil à fora e foi formando uma massa crítica de reflexão do que seria um programa de preservação e com isso foi se pensando o desenho de uma política [de arquivos privados].

---

[283] BASTARDIS, 2012, p. 56.
[284] Entrevista realizada em 13 de dezembro de 2011 por Jean Bastardis. Transcrição da entrevista concedida à autora deste livro. BASTARDIS, J. **Práticas Supervisionadas II**: Entrevistas (Transcrição). Rio de Janeiro: IPHAN, 2012, p. 10.

Na pesquisa logrou-se identificar registros de algumas destas viagens na forma de relatórios de trabalho da equipe que eram entregues à coordenação do programa. Apesar de analisarmos alguns desses registros, devido à documentação no ACI/RJ não estar completamente organizada, provavelmente deve haver mais desses documentos. Assim, o que temos são alguns "relatórios de viagens" que nos indicaram as primeiras demandas das quais participou a equipe do Pró-Documento. Os relatórios que analisamos são de 1984 a 1986 e, para melhor compreensão do leitor, elaboramos uma tabela indicando local, instituição e ano em que foram realizadas as visitas.

Tabela 2 – Viagens realizadas pela equipe do Pró-Documento (1984-1986)

Qtd.	CIDADE/ESTADO	INSTITUIÇÃO	DATA
1	BRASÍLIA-DF	Fundação Projeto Rondon	14/3/1984
2	BRASÍLIA-DF	Conselho Nacional de Desenvolvimento Científico e Tecnológico (CNPq)	14/3/1984
3	BRASÍLIA-DF	Centro de Desenvolvimento e Apoio Técnico à Educação (Cedate)	2/4/1984
4	BELÉM-PA	Universidade Federal do Pará (UFPA) (Reitoria; Departamentos de Antropologia e História)	14/5/1984
5	SÃO LUÍS-MA	Secretaria do Estado da Cultura (SECMA)	16/5/1984
6	SÃO LUÍS-MA	Universidade Federal do Maranhão (UFMA)	17/5/1984
7	FORTALEZA-CE	Universidade Federal do Ceará (UFCE)	18/5/1984
8	RECIFE-PE	Arquidiocese de Olinda e Recife	11/6/1984
9	RECIFE-PE	Secretaria do Estado de Turismo, Cultura e Esportes de PE	11/6/1984
10	RECIFE-PE	Universidade Federal de Pernambuco (UFPE)	12/6/1984
11	RECIFE-PE	Arquivo Estadual de Pernambuco (AEPE)	12/6/1984
12	SALVADOR-BA	Secretaria do Estado de Educação e Cultura da BA	13/6/1984
13	SALVADOR-BA	Universidade Federal da Bahia (UFBA) (Pró-Reitoria e Departamento de História)	13/6/1984
14	SALVADOR-BA	Comissão Arquidiocesana de Arte Sacra e Instituto do Patrimônio Artístico e Cultural (IPAC)	14/6/1984
15	SALVADOR-BA	Arquivo Público do Estado da Bahia (APEB)	14/6/1984
16	BELO HORIZONTE-MG	Universidade Federal de Minas Gerais (UFMG) (Reitoria e Departamento de História)	15/6/1984

Qtd.	CIDADE/ESTADO	INSTITUIÇÃO	DATA
17	BELO HORIZONTE-MG	Arquivo Público Mineiro	16/6/1984
18	BELO HORIZONTE-MG	Instituto Estadual do Patrimônio Histórico e Artístico (IEPHA)	17/6/1984
19	BELO HORIZONTE-MG	Fundação João Pinheiro	18/6/1984
20	BELO HORIZONTE-MG	Secretaria do Estado da Cultura de Minas Gerais	19/6/1984
21	CAMPOS-RJ	Liceu de Humanidades de Campos	3/7/1985
22	CAMPOS-RJ	Centro de Estudos de Pesquisas do curso de Ciências Econômicas da Faculdade Cândido Mendes	4/7/1985
23	JUIZ DE FORA-MG	Universidade Federal de Juiz de Fora (UFJF) (Seminário sobre a organização de arquivos permanentes)	29 e 31/10/1985
24	CUIABÁ-MT	Seminário sobre Preservação de Acervos Documentais Privados no Escritório Técnico da SPHAN/FNPM	6 a 9/11/1985
25	RIO DE JANEIRO-RJ	Universidade Federal do Rio de Janeiro (UFRJ)	3/6/1986
26	RESENDE-RJ	Arquivo Municipal de Resende - RJ	12/8/1986

Fonte: a autora

A análise desses documentos, ainda que formem um *corpus* incompleto, permite perceber um padrão para a descrição das atividades que o pesquisador realizou, destacando os principais pontos como: objetivo do contato; resultado; e medidas necessárias.

Em todas as instituições visitadas no ano de 1984, o objetivo da visita era o mesmo, qual seja, obter a cooperação entre a instituição e a FNPM para "o desenvolvimento do Programa Nacional de Preservação da Documentação Histórica"[285]. Nos resultados afirmam que a instituição se mostrou interessada em cooperar com o desenvolvimento do programa, seja com apoio

---

[285] Arquivo Noronha Santos – ACI/RJ – IPHAN. **Fundo Arquivo Intermediário**. Fundo Sphan/Pró-Memória (1969-1992). Caixa 265: Documentos administrativos do Pró-Documento. Pasta 10: Relatórios de Viagem do Pró-Documento.

financeiro ou com infraestrutura. Referente às medidas necessárias, indicam que deviam enviar o "texto-base do Programa Nacional de Preservação da Documentação Histórica"; aprofundar as discussões sobre a participação das instituições nos projetos do Pró-Documento; e enviar minuta de Texto de Protocolo de Intenções.

Por meio da Tabela 2 também posso assegurar que a equipe do Pró-Documento visitou ao menos duas cidades na região Centro-Oeste – Brasília e Cuiabá – no entanto, na capital federal eles não visitaram nenhuma universidade local, ao contrário do ocorrido em todos os outros locais, como por exemplo nas cidades do interior do Estado do RJ e de MG. Contudo, entraram em contato com o CNPq[286], instituição fundamental para o financiamento de pesquisas acadêmicas.

Sendo assim, pude deduzir que a equipe definiu algumas instituições estratégicas no que se refere ao desenvolvimento de um programa de preservação de conjuntos documentais privados, para que assim pudesse executar a proposta do programa, que era tratar ou dar assistência técnica aos conjuntos documentais privados em âmbito nacional. Desse modo, temos que as universidades e outras instituições eram estratégicas para o programa.

No caso das universidades, por exemplo, a equipe participou de reuniões com professores da Pró-Reitoria e do Departamento de História, Antropologia ou Ciências Sociais e afirma, ao final do relatório, que os professores demonstraram conhecimento sobre a situação precária em que se encontravam os conjuntos documentais privados e, por essa razão, eram favoráveis ao convênio entre a instituição e o Pró-Documento. Nestes relatórios não encontramos indicações específicas sobre conjuntos documentais privados identificados em cada região, e o interesse maior, naquele momento, estava em conseguir apoio na execução do Pró-Documento. Importante indicar que embora a pesquisa não tenha logrado localizar muitos dos relatórios dessas viagens, os trabalhos com os documentos identificados parecem indicar a natureza e os tipos de contatos, demandas e iniciativas levadas a cabo pelo programa nessas atividades.

---

[286] O Conselho Nacional de Desenvolvimento Científico e Tecnológico (CNPq), agência do Ministério da Ciência, Tecnologia e Inovações (MCTI), tem como principais atribuições fomentar a pesquisa científica e tecnológica e incentivar a formação de pesquisadores brasileiros. Criado em 1951, desempenha papel primordial na formulação e condução das políticas de ciência, tecnologia e inovação. Sua atuação contribui para o desenvolvimento nacional e o reconhecimento das instituições de pesquisa e pesquisadores brasileiros pela comunidade científica internacional. Disponível em: http://cnpq.br/. Acesso em: 18 set. 2023.

Não obstante, não se pode ignorar que o destaque nos contatos dado às universidades e aos Departamentos de História, assim como a institutos de pesquisa, deve-se, sem dúvida, à existência de um movimento nesses espaços que se volta para a preservação documental. Esse movimento se expressa na criação de vários centros de memória e documentação, sendo parte dessas instituições ligadas a universidades, como, por exemplo: o próprio CMSB, órgão pertencente ao Conjunto Universitário Cândido Mendes; CPDOC/FGV; Núcleo de Documentação e Informação Histórica Regional da Fundação Universidade de Mato Grosso (NDIHR/FUFM); Cedem/Unesp; Cedic/PUC; AEL/Unicamp; Centro de Documentação e Pesquisa Helena Antipoff (CDPHA/UFMG); Centro de Documentação e Memória da Empresa de Assistência Técnica e Extensão Rural do Estado de Minas Gerais (Emater-MG); Centro de Documentação e Memória (Cedom) do Instituto do Patrimônio Artístico e Cultural da Bahia (Ipac); o Centro de Documentação e Informação e Memória Zahidê Machado (CDIM/UFBA); o Centro de Documentação e Memória da Economia Criativa na Região Metropolitana de Natal-RN (CEDMEC RMN/UFRN), entre outros, todos preocupados com a preservação dos conjuntos documentais privados.

Desse modo, o ano de 1984 foi característico para o Programa no que se refere à consolidação de sua permanência, pois as viagens para diversos estados do Brasil buscando apoio para o Programa cumpriam, ao mesmo tempo, o papel de divulgar o Pró-Documento e demonstrar nos locais que visitaram que estavam procurando legitimar sua proposição inicial, que era a de lutar pela preservação dos arquivos privados.

Já nos anos de 1985 e 1986 as visitas técnicas aparecem mais como assessoria ou como participação em seminários sobre o cuidado e preservação dos conjuntos documentais privados. Temos, por exemplo, o Seminário[287] sobre Preservação de Acervos Documentais Privados no Escritório Técnico de Cuiabá-MT, do SPHAN/FNPM, no qual os pesquisadores que foram representando o Pró-Documento são: Gilson Antunes; Marcus Venício Toledo Ribeiro; Maria Luiza Barreto; Mônica Medrado; e Paulo César Azevedo Ribeiro. Os objetivos da equipe em participar do seminário eram: a divulgação do Pró-Documento; divulgação dos resultados preliminares do Levantamento da Situação Atual dos Arquivos Privados no RJ; discussão com responsáveis das instituições civis e órgãos públicos detentores de

---

[287] Este seminário contou com o apoio da Associação Comercial de Cuiabá, Casa da Cultura – Prefeitura Municipal de Cuiabá, Federação das Indústrias do Estado de Mato Grosso, Fundação Universidade Federal de Mato Grosso e do IAPAS.

arquivos privados sobre problemas relacionados a seu uso e preservação; e orientação de pesquisadores e arquivistas na elaboração de projetos de organização e preservação de arquivos. Também participaram do Seminário representantes do Arquivo Histórico da Eletropaulo, do Arquivo Público do Estado de Mato Grosso, da Biblioteca Central da UFMT, as Centrais Elétricas de Mato Grosso, a Fundação Cultural de Mato Grosso – SEC, o Instituto Histórico de Mato Grosso, o Arquivo Edgard Leuenroth da Unicamp, além de diversas instituições públicas e privadas. Essas participações sugerem a abrangência e as articulações que existiam com relação à preservação do patrimônio documental[288].

Ao mesmo tempo que participavam do seminário, os pesquisadores também participaram de reuniões com membros do Núcleo de Documentação e Informação Histórica Regional da Fundação Universidade de Mato Grosso (NDIHR-FUFM) e com o vice-reitor da UFMT. Como resultado da participação nas reuniões e no seminário, afirmam que a UFMT se mostrou interessada em trabalhar com o Pró-Documento, assim como as instituições públicas e privadas – cujos nomes não foram citados no relatório.

Apesar de não descreverem de maneira mais detalhada suas apresentações, concluem que a participação do Pró-Documento no seminário foi positiva, pois, além de conseguirem o apoio da universidade e de outras instituições para a realização do programa na região de Mato Grosso, acrescentam que a participação deles foi

> [...] decisiva para que se formasse uma Comissão de Apoio a Preservação de Arquivos Privados que deverá se reunir em breve para encaminhar sugestões à Presidência da FNPM, através de seu escritório técnico local, de ações preservacionistas para os arquivos da região.

O fato de participarem da formação dessa comissão – apesar de não encontrarmos relatos de que ela realmente existiu, assevera o quanto a equipe estava disposta a prestar assessorias técnicas, conforme consta no texto-base do Pró-Documento.

No seminário sobre organização dos arquivos permanentes, realizado em Juiz de Fora-MG, a equipe tinha como intuito apresentar o Pró-Documento e também prestar orientações à equipe de funcionários e pesquisadores

---

[288] Arquivo Noronha Santos – ACI/RJ – IPHAN. **Fundo Arquivo Intermediário**. Fundo Sphan/Pró-Memória (1969-1992). Pasta 10: Relatórios de Viagem do Pró-Documento.

da Fundação Cultural Alfredo Ferreira Lage (Funalfa)[289] em seus trabalhos de preservação e organização de documentos privados, como, por exemplo, "orientar a equipe na elaboração de um projeto de diagnóstico dos arquivos privados de Juiz de Fora a ser enviado a FINEP [...] e de um protocolo de intenções entre a FUNALFA e a Pró-Memória para orientação técnica"[290].

Temos também a visita feita ao Liceu de Humanidades de Campos[291], por exemplo, que foi realizada atendendo à solicitação da Diretora-Geral da instituição na época, Magdala F. Viana Henriques, na qual prestaram "informações técnicas com vistas a orientar a organização da sua documentação permanente". No relatório, afirmam que orientaram o responsável pelo arquivo a buscar assessoria técnica do Arquivo Estadual, pois a documentação do Liceu não se inseria "na área de atuação do Pró-Documento – as instituições civis". Sugeriram também que a Direção do Liceu mantivesse contato com "o Conselho Estadual e o Conselho Federal de Educação com o intuito de conhecer a legislação vigente sobre a guarda e o descarte de documentos escolares".

No entanto, a direção da instituição insiste em manter o contato com a equipe do Pró-Documento, no caso de não ser possível dispor de uma assessoria técnica por parte do Arquivo Estadual. Interessante notar que, apesar de o Liceu estar incluído no que o

Pró-Documento chamava de "documentos educacionais", afirmaram que não fazia parte de sua área de atuação, pois o Liceu é uma instituição pública, portanto a responsabilidade por dar assessoria quanto à questão dos arquivos do colégio seria do Arquivo Público do Rio de Janeiro. A fala da direção do educandário também nos chama a atenção, visto que ela aceita a sugestão, mas pede que permaneçam em contato, advertindo então que poderia acontecer de o Arquivo do Estado não prestar essa assessoria.

---

[289] A Fundação Cultural Alfredo Ferreira Lage (Funalfa) é responsável pela política cultural do município. Instituída pela Lei n.º 5.471, em 14 de setembro de 1978, passou a ser a primeira fundação municipal responsável por cultura a ser criada no estado de Minas Gerais. Regulamentada em 14 de dezembro de 1978, efetivamente começou a atuar em 1.º de janeiro de 1979. Hoje, além de responder pela política cultural do município, a Funalfa administra espaços de grande importância: a Biblioteca Municipal Murilo Mendes, o Centro Cultural Bernardo Mascarenhas (CCBM), o Museu Ferroviário de Juiz de Fora, o Anfiteatro João Carriço, o Centro Cultural Dnar Rocha e o Centro de Artes e Esportes Unificados (CEU/Zona Norte). Também cabe à Funalfa gerenciar a Lei Municipal de Incentivo à Cultura (Lei Murilo Mendes) e secretariar as atividades do Conselho Municipal de Cultura (Concult) e do Conselho Municipal de Preservação do Patrimônio Cultural (Comppac). Disponível em: https://www.pjf.mg.gov.br/administracao_indireta/funalfa/. Acesso em: 18 set. 2023.

[290] Atualmente a Funalfa tem sob sua responsabilidade diversos conjuntos documentais privados, como de arquivos eclesiásticos e arquivos pessoais. Para saber mais, acessar: https://www.pjf.mg.gov.br/administracao_indireta/funalfa/index.php. Acesso em: 18 set. 2023.

[291] O Liceu de Humanidades de Campos é uma instituição de ensino secundário, sediada na cidade de Campos dos Goytacazes, estado do Rio de Janeiro. Foi inaugurado em 1894 e funciona até os dias atuais como colégio estadual.

É provável que a origem desse pedido ao Pró-Documento tenha relação com o pedido de tombamento da instituição realizado em 1980, por ocasião do Centenário do Liceu, o qual veio a ocorrer em 19/1/1988, por meio da Resolução n.º 40[292]. O prédio original do colégio foi tombado tendo permanecido, porém, com sua função de escola. No entanto, é somente na década de 1990 que o governo do estado do Rio de Janeiro decidiu por ocupar o Solar como um Centro Cultural ligado à Secretaria Estadual de Cultura, local que hoje abriga o Arquivo Histórico do Liceu de Humanidade de Campos (AHLHC)[293].

Do mesmo modo, temos também que as visitas realizadas nas universidades provavelmente têm relação com a criação dos programas de pós-graduação na área de Ciências Humanas. Outro fator pode ser a ampliação do uso de fontes históricas devido à renovação da historiografia, cuja abordagem criou maior demanda de consulta a documentos para a prática de pesquisas. Aqui, a maioria das universidades também são públicas, mas devido à atuação das áreas na pesquisa e na constituição de acervos com documentação privada, o diálogo com as universidades se tornava estratégico – eram alguns dos poucos lugares que poderiam custodiar e tratar parte desta documentação privada considerada de valor histórico.

Outro exemplo que também nos chamou a atenção foi a visita realizada no Arquivo Municipal de Resende-RJ, em 12 de agosto de 1986. Esta visita foi efetivada atendendo à solicitação do então prefeito desse município, Noel de Oliveira, que, em ofício de 9 de junho de 1986, solicita "apoio técnico da FNPM na recuperação de parte do acervo do Arquivo Municipal" por meio de um técnico, "a fim de realizar um estudo visando o tratamento a ser dispensado à documentação municipal". No relatório afirmam que o acervo não se encontrava em local adequado de conservação, além de provável contaminação de microrganismos. Afirmam que o trabalho será executado pelo pessoal da prefeitura sob "orientação e acompanhamento na sua fase inicial por técnicos do Pró-Documento", finalizam o relatório afirmando que:

---

[292] Transcrição de parte da Resolução, publicada no *D. O.* de 27/1/1988, p. 14: "O Secretário de Estado de Cultura resolve determinar, nos termos do Artigo 52, inciso V, da letra a e seu parágrafo 2º do Decreto nº 5.808, de 13/07/1982, e na conformidade do parecer do Conselho Estadual de Tombamento, autorizado pelo Excelentíssimo Sr. Governador do Estado, um Ato de 16/12/1987, o Tombamento definitivo do bem cultural denominado Liceu de Humanidades, situado na rua Praça Barão do Rio Branco nº 15, no município de Campos". Assina o documento Eduardo Mattos Portela, Secretário de Estado de Cultura. Disponível em: MARTINEZ, S.; BOYNARD, M. A. A.P.; GANTOS, M C. Campos e o Liceu de Humanidades: Símbolos e Representações. *In*: CONGRESSO DE EDUCAÇÃO DA UNIVERSIDADE FEDERAL DE UBERLÂNDIA, 6., 2006, Uberlândia. **Anais** [...] Uberlândia: Universidade Federal de Uberlândia, 2006. p. 391-403.

[293] MARTINEZ, S. A.; FAGUNDES, P. E. As memórias liceistas: o Arquivo do Liceu de Humanidades de Campos (Rio de Janeiro). **Cadernos de História da Educação**, Minas Gerais, v. 9, n. 1, p. 239-249, 2010.

> A responsável pelo Arquivo, preocupada com o patrimônio histórico da cidade, solicitou sugestões à equipe do Pró--Documento com a finalidade de organizar um seminário sobre a preservação de arquivos, bibliotecas, museus e bens imóveis. Ficando combinado que seria remetida uma lista de unidades da Pró-Memória que poderiam participar desse seminário[294].

Apesar de ser um arquivo municipal, o Pró-Documento, provavelmente por ser um programa de uma instituição pública, é que foi solicitado para consultoria e assistência técnica para o Arquivo Municipal de Resende. Identificamos aqui então o desafio que provavelmente a equipe do Pró-Documento passava diariamente, que era definir sua área de atuação. Apesar de no texto-base do programa afirmarem que só iriam trabalhar com conjuntos documentais privados, acabam por prestar assessoria aos órgãos públicos, nos indicando o quão complexo era – podemos dizer que ainda é –, definir o que são "arquivos privados" e "arquivos públicos".

Queremos sinalizar aqui que, embora de forma abstrata os membros do Programa tivessem as definições do que eram os arquivos públicos e os privados – que eram definidos principalmente pelas instituições produtoras, mas também muitas vezes pela custódia dos arquivos, na prática –, no atendimento de cada solicitação a questão se mostrava mais complexa, o que justifica a solicitação do Arquivo ao programa.

Referente ao diagnóstico que Jean Bastardis afirma que a equipe do Pró-Documento realizou, podemos afirmar que a execução do "Censo de Arquivos Privados do Município do Rio de Janeiro" também estava relacionada com uma preocupação muito discutida pelos profissionais da área arquivística naquela época, que era a criação de uma "política nacional de arquivos". O Pró-Documento, no caso, estaria preocupado com a questão de criar diretrizes políticas para os conjuntos documentais privados.

Essa falta de política nos indica que existia um desafio dentro da área da Arquivologia, e o Pró-Documento se diferencia nessa questão quando realiza esse Censo sobre Arquivos Privados. No entanto, no ACI-RJ não encontramos documentação que pudesse nos apresentar como a equipe do programa executou esse Censo. O que conseguimos identificar sobre esse

---

[294] Arquivo Noronha Santos – ACI/RJ – IPHAN. **Fundo Arquivo Intermediário**. Fundo Sphan/Pró-Memória (1969-1992). Caixa 265: Documentos administrativos do Pró-Documento; Pasta 10: Relatórios de Viagem do Pró-Documento.

trabalho está na fala de Gilson Antunes e de Zulmira C. Pope e também na mesa-redonda realizada pela FNPM em 1986[295] – já citada na Introdução.

Um dos participantes da mesa cita que a equipe do Programa produziu um "Censo de Arquivos Privados" para detectar a situação desses acervos[296]. Nesta mesa-redonda tínhamos profissionais que atuavam na área de Arquivos, porém em instituições diferentes. José Maria Jardim, na época, era coordenador do Sistema Nacional de Arquivos e dos Arquivos Intermediários do Arquivo Nacional; Gilson Antunes, coordenador geral da área de Acervos Bibliográficos e Arquivísticos da Pró-Memória e coordenador do Pró-Documento; e Jaelson Bitran Trindade, pesquisador da 9.ª Diretoria Regional do SPHAN/Pró-Memória, sendo esta localizada na cidade de São Paulo.

Naquela ocasião, fazendo um breve diagnóstico da situação dos arquivos privados, Gilson Antunes relata que, "no tocante a acesso, investigação, arranjo e produção de instrumentos de pesquisa", os arquivos privados encontravam-se em condições bastante precárias, dispersos e desorganizados, sendo impossível analisá-los tanto no valor primário (administrativamente) quanto no secundário (fonte histórica, preservação da memória). Daí, segundo Antunes, a proposta de intervenção na área pensada com a criação do Pró-Documento. Essa análise do autor é baseada em dados colhidos pelo já citado Censo de Arquivos Privados no Rio de Janeiro, promovido pela equipe do Pró-Documento para detectar a situação desses acervos.

O que Gilson Antunes nos indica é que o censo começou com documentação sindical e de associações profissionais, abordando cerca de 1.500 instituições em que se detectou uma total "ausência dos princípios da arquivística moderna". Afirma também que as idades documentais, o arquivo corrente, o intermediário e o permanente não estão implantados nessas instituições e que estas denominam os conjuntos documentais produzidos como "arquivo morto", assim:

> Denominam arquivos mortos os seus acervos que não são mais de uso corrente. São arquivos de fato mortos, na medida em que não tem nenhum instrumento de pesquisa, os documentos não estão identificados nem arranjados de forma adequada. [...]

---

[295] As discussões feitas nessa mesa-redonda foram publicadas no ano de 1987 na edição de número 22 da RPHAN, devemos destacar que este evento nos trouxe, principalmente, discussões referentes à situação dos arquivos privados na década de 1980.

[296] Infelizmente não foi possível apresentar mais sobre o Censo porque não encontramos no ACI/RJ documentação que indicasse sobre esse trabalho. O que temos sobre o Censo é o que foi citado no artigo da RPHAN, nas entrevistas de Gilson Antunes e Zulmira C. Pope. No entanto, quero deixar aqui indicado que seria importante continuar a procura dessa documentação para futuro aprofundamento das questões.

> E é fundamental essa documentação porque complementa a documentação pública em todos os âmbitos, fornecendo grupos documentais, como os arquivos eclesiásticos. A situação é muito precária nos arquivos empresariais também, nos corporativos, nos educacionais e em outros arquivos[297].

Também temos a equipe do Pró-Documento, composta pelo já citado Gilson Antunes, Marcus Vinicius Toledo Ribeiro e Sydnei Solis, apresentando nesta mesa-redonda a principal atividade na qual estavam debruçados na época, qual seja, "um levantamento da Situação dos Arquivos Privados" no Rio de Janeiro, indicado como "experiência-piloto para um trabalho censitário e de cadastramento a ser realizado em outras cidades e estados". Eles afirmam que:

> Fez-se uma amostragem significativa do universo de associações profissionais, empresas, escolas, hospitais, instituições científicas e religiosas. Seu objetivo: identificar as necessidades mais urgentes dos acervos documentais aí localizados e produzir metodologias que possam vir a ser adaptadas a outras regiões, no trabalho de cadastramento e elaboração de guia de fontes[298].

Para a realização dessa análise dos conjuntos documentais privados, a equipe, formada por pesquisadores e estagiários, visitou cerca de 160 instituições no Rio de Janeiro e aplicou "questionários técnicos para que se obtivessem informações sobre os acervos documentais". Também foi realizada "uma verificação direta de suas condições de conservação e acondicionamento de seus conteúdos"[299].

Assim, a equipe do programa apresenta um resultado preliminar desse diagnóstico, salientando a quase total inexistência de instrumentos de pesquisa que pudessem facilitar o "trabalho de pesquisadores, estudiosos e demais usuários", tornando o trabalho destes "extremamente difícil, demorado e oneroso". Além disso,

> A comunidade científica e os cidadãos de alguma forma ligados a essas instituições desconhecem o valor histórico de seus acervos, que em geral se encontram em condições precárias de conservação, necessitando de urgente desinfestação e acondicionamento e organização adequados[300].

---

[297] **Mesa-Redonda: Acervos Arquivísticos.** REVISTA DO PATRIMÔNIO HISTÓRICO E ARTÍSTICO NACIONAL – RPHAN. Rio de Janeiro, n. 22, p. 172, 1987. Edição em comemoração ao cinquentenário do SPHAN.
[298] **Tema 1: Por uma política brasileira de arquivos.** REVISTA DO PATRIMÔNIO HISTÓRICO E ARTÍSTICO NACIONAL – RPHAN. Rio de Janeiro, n. 21, p. 47, 1986.
[299] RPHAN, 1986, p. 47.
[300] RPHAN, 1986, p. 47.

Também asseveram que esse diagnóstico mostra que os arquivos dessas "instituições da sociedade civil são realmente ricos em informações e permitirão uma revisão profunda em vários setores do conhecimento de nossa formação histórica"[301].

Do mesmo modo, Jaelson B. Trindade avalia que até então, em relação ao patrimônio documental, as políticas públicas de preservação avançaram pouco, fato que explica a precarização dos arquivos privados, atribuída, principalmente, à falta de uma legislação precisa e eficaz para os documentos arquivísticos e de definição do que é esse patrimônio documental do qual se fala. O autor também realiza uma breve intervenção analisando a situação dos arquivos públicos – do legislativo e judiciário, que, no período, também estavam em situação precária. Com relação aos impactos das propostas de tombamento de acervos privados, temos que, na época, este era o único dispositivo legal então existente para a patrimonialização documental de natureza privada e que, somente no ano de 1991, com a Lei de Arquivos, é que temos um instrumento de preservação de conjuntos documentais privados, qual seja, a "declaração de interesse público e social".

Trindade faz um alerta para o fato de que, muitas vezes, quando se fala de tombamento, a documentação sujeita corre o risco de ser imediatamente rasgada:

> [...] tomba-se uma fábrica, mas a documentação é toda rasgada nos anos subsequentes ao tombamento. O mesmo pode acontecer com uma igreja em que os arquivos, estando na mesma igreja, são sistematicamente destruídos, porque não estão embutidos não só na figura do tombamento, mas também nas preocupações da instituição[302].

Importante ressaltar que a fala é de um historiador que trabalhou na extinta FNPM[303], revelando como a política de preservação com os arquivos privados era quase que inexistente. Lembramos aqui também que está reflexão nos faz perceber que o programa enfrentava tensões não só externas com a área do Arquivo Nacional, mas também internas, no que diz respeito aos efeitos das políticas de tombamento do IPHAN em relação aos acervos documentais.

Com relação ao argumento do pesquisador sobre o IPHAN, temos, em trabalho anterior, uma reflexão sobre os processos de tombamento de

---

[301] RPHAN, 1986, p. 47.
[302] RPHAN, 1986, p. 48.
[303] Atualmente Jaelson Bitran Trindade trabalha na 9.ª Superintendência do IPHAN – São Paulo – como pesquisador. Informações dadas pelo próprio autor em dia que fui pesquisar sobre os processos do Iphan nesta instituição.

conjuntos documentais privados realizados pelo IPHAN, qual seja, o tombamento da Igreja **Vizinha da Ordem Primeira do Carmo de Santos** (1962) – atualmente sob a guarda do Arquivo Nacional. Esse acervo foi colocado sob a proteção do IPHAN em 16/9/1964, sendo incluído ao processo de tombamento da **Igreja da Ordem Terceira de Nossa Senhora do Monte do Carmo (Santos-SP)**, que também teve seu acervo de documentos incluídos[304].

Ao analisarmos as razões que levaram ao tombamento desse conjunto documental, Trindade afirma que esse acervo é um dos raros casos tombamento e que essa medida foi tomada de forma urgente por causa do incêndio que sofreu na década de 1940 e que "primeiro ele foi transferido, por falta de condições de conservação, para o arquivo central da ordem aqui no Rio de Janeiro e, depois, foi doado ao Arquivo Nacional[305]. Está em cacarecos; quer dizer, perderam-se muitas peças"[306].

Ainda com relação ao censo de arquivos privados realizado no Rio de Janeiro, Jean Bastardis cita em seu trabalho um relatório de Zulmira Pope[307] no qual descreve que desde 1984, gestado como experiência-piloto, a presidência da FNPM financiou "o Programa como forma de conhecer a situação de acervos espalhados pelo país". Pope afirma que foram realizadas diversas visitas a arquivos das regiões Norte, Sul e Sudeste, "com especial atenção aos acervos cariocas, considerando que a sede do Programa se localizava na cidade do Rio de Janeiro e que a equipe do Programa queria mesmo era deixar um panorama bastante completo sobre esses acervos"[308].

Novamente, Gilson Antunes na mesa-redonda nos indica também outros tipos de ações que foram feitas para a possível preservação dos conjuntos documentais privados. Quando estão discutindo sobre a situação em que os arquivos se encontravam e salientando que os arquivos "sofreram ao longo do tempo uma ausência de legislação mais eficaz", citam um movimento que estava sendo realizado em São Paulo na tentativa de amenizar essa questão, que era a "Associação de Arquivos Privados, que agrega várias instituições – no sentido da preservação dessas massas documentais"[309].

---

[304] Tombamento registrado com o n.º de processo 0216-T-39. Este processo relativo à igreja remonta ao ano de 1941, sendo inscrito no Livro de Belas Artes e no Livro Histórico, respectivamente, com a inscrição de nº 299 e 162.
[305] MOLINA, p. 85-86.
[306] RPHAN, p. 173.
[307] Zulmira Pope é bibliotecária e integrou a equipe do Pró-Documento a partir de 1985, participando ativamente dos projetos desenvolvidos e apoiados pelo Programa (BASTARDIS, 2012, p. 56).
[308] BASTARDIS, 2012, p. 56.
[309] RPHAN, 1986, p. 174.

Na mesa-redonda os pesquisadores também apresentam uma informação interessante sobre a articulação da Associação dos Arquivos Privados. Segundo Jaelson B. Trindade, a sociedade civil, diante desse visível processo de precarização dos arquivos privados, criou a Associação dos Arquivos Privados que agregava diversas instituições, revelando que, apesar das dificuldades, "há uma consciência política e social do problema pela sociedade civil"[310].

Naquele momento, as propostas da mesa direcionavam que a possível solução desses problemas necessitaria de iniciativas não só da sociedade civil, mas também do próprio Estado. Para vários dos participantes, implementar o Pró-Documento, propondo linhas conjuntas de intervenção com o Arquivo Nacional, significaria um avanço no encaminhamento de soluções para os problemas de preservação e organização dos arquivos públicos e privados, procurando garantir que a função social dos arquivos – a questão do acesso, da cidadania e da produção do conhecimento – fosse finalmente acessível a todos[311].

Não obstante, a própria existência do documento ArqPri indica a ebulição do tema naquela conjuntura. No entanto, a única documentação que encontramos sobre a Associação Brasileira de Arquivos Privados – abreviado como ArqPri – foi o Estatuto da própria associação, que se encontrava sem nenhum tipo de carimbo, assinatura ou data que indicasse sua efetiva existência. Porém, queremos indicar aqui o conteúdo desse estatuto com relação a propostas de preservação dos conjuntos documentais privados.

A ArqPri, declarada como entidade jurídica e sem fins lucrativos, teria sua sede e fórum na cidade de Brasília-DF, sendo uma de suas principais finalidades "postular pelos direitos e interesses das instituições filiadas, além de promover estudos e propor soluções para os problemas relativos ao desenvolvimento dos arquivos privados"[312]. Também colocam como finalidade da ArqPri:

> Colaborar com os poderes públicos, visando ao aprimoramento da política arquivística nacional [...];
> Incentivar a organização jurídica dos acervos arquivísticos privados existentes no Brasil;
> Defender a iniciativa privada na organização dos acervos arquivísticos privados;

---

[310] RPHAN, 1987, p. 173.
[311] RPHAN, 1987, p. 180.
[312] Arquivo Noronha Santos – ACI/RJ – IPHAN. **Fundo Arquivo Intermediário.** Fundo Sphan/Pró-Memória (1969-1992). Caixa 262, pasta 06.

De algum modo, nota-se que a equipe do Programa procurava dialogar com outras instituições que também tratavam da preservação dos conjuntos documentais privados, pois, quando analisamos os projetos inseridos na documentação, temos a indicação de instituições que, a exemplo do Arquivo Nacional, de alguma forma, estavam participando da execução do projeto. Assim, encontrar o Estatuto do ArqPri nos demonstra que a equipe do programa estava interessada em dialogar com todas as instituições responsáveis pela preservação dos conjuntos documentais privados para que, assim, conseguisse alcançar o objetivo de "preservar e dar acesso a conjuntos documentais históricos e de excepcional valor".

Com relação aos projetos que o Pró-Documento trabalhou, Gilson Antunes, em entrevista, afirma que atenderam diversos projetos ao longo dos quatro anos de existência do programa. Assegura que

> Foram cerca de quase 300 acervos em quatro anos de existência (8488). [...]. Para cada área do programa havia 4 funcionários e assim tivemos quase duzentos, trezentos projetos atendidos. [...] Se montava o grupo e atendíamos em média, por mês, quatro projetos, o que implicava em ter a parceria e socializar ao máximo os custos[313].

A fala de Gilson nos chama a atenção em relação à quantidade de projetos que o programa pode ter elaborado durante seus quatro anos de existência – aproximadamente 300 projetos. Contudo, registre-se que ao consultar a documentação no ACI/RJ, embora se encontrem diversos documentos sobre projetos realizados, o número de registros identificados é bastante inferior ao mencionado pelo coordenador do Programa. Conforme citado anteriormente, o trabalho técnico do IPHAN, realizado em momento posterior, nos fornece pistas sobre a ausência desses documentos no fundo pesquisado.

No ano de 2008 foi organizado pelas técnicas do IPHAN Francisca Helena Barbosa e Zulmira Canario Pope o caderno *Programa de Gestão Documental do IPHAN*, o qual aborda resultados parciais alcançados pelo "Programa de Gestão Documental da Instituição, desenvolvido sob a coordenação da equipe da Gerência de Documentação Arquivística e bibliográfica da Copedoc (Gedab)"[314]. Nesse caderno temos a apresentação de um "censo" realizado pela equipe sobre a situação do acervo arquivístico da instituição desde o período de sua criação.

---

[313] BASTARDIS, J. **Práticas Supervisionadas II**: Entrevistas (Transcrição). Rio de Janeiro: IPHAN, 2012, p.13.
[314] BARBOSA; POPE, 2008.

Nele, informa-se um inventário produzido no início dos anos 1990 sobre o Acervo Arquivístico da extinta FNPM[315]. No entanto, afirmam que constataram diversos problemas com relação à preservação desse conjunto documental e retratam um "panorama sombrio quanto ao precário estado de conservação, às condições inadequadas para a preservação do acervo"[316].

Após a realização desse Inventário nos anos 1990, o IPHAN realizou um novo censo entre 2004 e 2006, sendo sua referência um parecer que uma equipe contratada pelo Arquivo Nacional realizou no ano de 2001. Nesse parecer, o AN afirma que foram feitos diagnósticos na década de 1980 pelos técnicos da extinta Pró-Memória. Todavia, o Inventário dos anos 1990 e o Censo realizado aproximadamente após 14 anos demonstram outra realidade. Mesmo com a preocupação que a extinta FNPM teve em implantar um Programa de Gestão Documental, as falhas na organização e conservação do acervo ocorrem porque, "por falta de um tratamento arquivístico adequado, a recuperação e a disseminação da informação ficaram comprometidas"[317].

Podemos concluir então que essa dificuldade no tratamento dos documentos pode ter comprometido informações que poderíamos obter com relação à quantidade de projetos que Gilson Antunes afirma, em entrevista, ter o Pró-Documento desenvolvido. Com relação à elaboração dos projetos, Pope afirma que era feito por uma equipe multidisciplinar e com grande quantidade de pesquisadores.

> O projeto, em geral, ele era feito com uma equipe multidisciplinar, havia bibliotecários, arquivistas, historiadores, cientistas sociais, designers, entomologista e químico porque grande parte dos acervos estavam inativos e abandonados há muito tempo, então, com certeza, estavam sofrendo ataques de insetos e, antes de ser tratado, era preciso que fosse cuidado essa parte de infestação e, então, era uma equipe muito grande [...], chegou num momento que a equipe do Pró-Documento tinha mais de 100 membros e a gente começou até a trabalhar com instituições de grande vulto, como a Light [Rio de Janeiro],

---

[315] Asseveram que a produção desse inventário pode auxiliar na questão de apresentar "informações diversificadas sobre o patrimônio documental existente nas suas diversas unidades e subunidades", transformando-se em um amplo diagnóstico do objeto deste Inventário. "Neste sentido, é possível uma análise consistente da política até então implementada e, principalmente, dos recursos institucionais existentes voltados para a organização e conservação de parcela tão representativa do patrimônio cultural do país" (BARBOSA; POPE; 2008, p. 31).
[316] BARBOSA; POPE; 2008, p. 32.
[317] BARBOSA; POPE; 2008, p. 44.

que tinha um arquivo monstruoso, algumas instituições do próprio Ministério da Cultura, como o Centro Nacional de Artes Cênicas – CENACEN[318].

Não podemos deixar de indicar aqui os desafios diários que a equipe do programa encontrava em seu trabalho. Na Tabela 3 temos, por exemplo, o projeto "Modernização e reorganização do acervo arquivístico da SPHAN/FNPM", que justifica a afirmação de Zulmira de que a equipe do programa tinha grande dificuldade em fazer a equipe interna da FNPM compreender que eles trabalhavam com acervos externos, e não os acervos internos. Prova disso está na elaboração desse projeto, porque mesmo com a equipe reiterando que o objetivo deles não era trabalhar com os acervos internos, acabou executando-o. Conforme afirma Pope[319]:

> Tínhamos grande dificuldade com a equipe interna da FNPM entender que estávamos trabalhando com acervos externos e, por outro lado, havia uma percepção de que os acervos internos da FNPM e SPHAN estavam com sérios problemas de organização. [...] Eu e o Gilson Antunes fomos designados como membros da Comissão de Inventários de Acervos Arquivísticos e Bibliográficos da FNPM, coordenado por Maria Inês Turazi, Francisca Helena Barbosa Lima, Maria de Lourdes Parreiras Horta, trabalho considerado sério e modelar para outras equipes [...] pois, o que queríamos mesmo, era deixar um panorama completo sobre esses acervos [acervo interno da FNPM e da SPHAN].

A bibliotecária também afirma que a grande frustração da equipe estava em não participar da execução dos projetos elaborados pelo Programa. A equipe prestava auxílio para elaboração e aprovação de financiamento, mas quem executava era a própria instituição que solicitava, normalmente realizando o trabalho com equipe indicada pelo programa. Zulmira Pope afirma que:

> Nós tínhamos uma atividade muito intensa, havia época que a gente participava de 4 a 5 projetos ao mesmo tempo, cada projeto tinha um coordenador, que era o gerente de projeto, então a gente fazia reuniões diárias com toda a equipe, se precisava a gente ia de novo [local onde os conjuntos documentais de encontravam] no local para coletar mais dados [...].[320]

---
[318] BASTARDIS, J. **Práticas Supervisionadas II**: Entrevistas (Transcrição). Rio de Janeiro: IPHAN, 2012, p.14.
[319] No entanto, esse projeto foi realizado somente na década de 1990, conforme podemos ver na publicação: BARBOSA; POPE, 2008, p. 33.
[320] BASTARDIS, 2012, p. 15.

Com relação ao trabalho que era executado pela equipe referente aos projetos, Pope afirma:

> O trabalho era um pouco difícil pelo seguinte: ele era na verdade bastante frustrante, porque nós fazíamos o projeto, mas a gente não fazia a execução, porque a gente entregava o projeto para a instituição e ela que ficava responsável pela busca dos recursos. Isso era uma coisa. A gente até ajudava na seleção de equipe e tudo. Então isso já dava uma certa frustração e tal. [...] Agora... dentro da Pró-Memória o problema maior é que não havia realmente um corpo técnico, principalmente, nas pontas.... nos setores, na administração, nos departamentos, você tinha arquitetos, historiadores da arte, tinha até secretárias, mas agora, nenhuma, zero política de arquivo[321].

A afirmação contundente de Pope com relação a uma política de arquivo nos remete ao texto de José M. Jardim[322], no qual o autor discorre sobre a ausência de uma política nacional de arquivos públicos e privados não só no Brasil como na América Latina em geral. Afirma, ainda, que existe uma precariedade organizacional dos arquivos públicos. Nas palavras dele:

> De maneira geral, as instituições arquivísticas públicas brasileiras apresentam características comuns no que se refere à sua atuação. Tratam-se de organizações voltadas quase exclusivamente para a guarda e acesso de documentos considerados, sem parâmetros científicos, como de "valor histórico" (presumivelmente documentos permanentes), ignorando a gestão dos documentos correntes e intermediários produzidos pela administração pública[323].

Desse modo, se o autor afirma que existe uma precariedade organizacional com relação aos arquivos públicos, sendo o Estado responsável pela preservação e organização desses acervos, temos então que os arquivos privados se encontram em situação ainda mais precária, e a criação dos Centros de Documentação, por exemplo, aparece como uma proposta de amenizar esse descaso com a preservação dos conjuntos documentais privados.

Assim, para melhor compreensão com relação aos pedidos de projetos analisados pelo programa, foi montada uma tabela na qual descrevemos nome, instituição responsável pelo acervo que está inserido no projeto, Estado em que se encontra o acervo e o ano que a equipe do programa recebeu e analisou o projeto.

---

[321] BASTARDIS, 2012, p.16.
[322] JARDIM, 2008, p. 8.
[323] JARDIM, 2008, p.9.

Quando nos debruçamos sobre a documentação que descreve as atuações do Pró-Documento, percebemos que havia uma proposta ampla de angariar as diversas sugestões de preservação dos conjuntos documentais privados vindos de todas as regiões do Brasil, sendo a maioria do Rio de Janeiro – provavelmente porque a sede do Programa era nesse estado e as outras propostas vieram de outros estados e municípios, como Mato Grosso do Sul, Pernambuco, Recife, entre outros.

No entanto, devo salientar que nessa documentação não foi encontrada descrições detalhadas de todos os projetos que estão listados, provavelmente porque, como nos informam as entrevistas da equipe, a execução dos projetos ficava a cargo das instituições solicitantes e detentoras dos acervos. Aqui, portanto, trabalhamos mais detalhadamente somente os projetos citados no acervo pesquisado, mesmo que em quantidade bem menor do que a citada por Gilson Antunes e Zulmira Pope. Mesmo assim, o que foi analisado pode nos dar uma dimensão de como o programa atuava com relação às solicitações feitas para o Pró-Documento.

Tabela 3 – Lista de projetos citados no acervo do Pró-Documento

Qtd.	NOME DO PROJETO	INSTITUIÇÃO	LOCAL	ANO
1	Acervo da Light	Light	Rio de Janeiro	1984/86
2	Documentação cartorária do Rio de Janeiro	Cartório RJ	Rio de Janeiro	1986/87
3	Acervos Presidenciais do Museu da República	FNPM/Pró-Documento	Rio de Janeiro	1986/88
4	Acervo do IBGE	IBGE	Rio de Janeiro	1986/87
5	Acervo do Solar do Cosme Velho	FNPM/Pró-Documento	Rio de Janeiro	1986/87
6	Modernização e reorganização do acervo arquivístico da SPHAN/FNPM	FNPM/Pró-Documento	Rio de Janeiro	1988
7	Implantação do Núcleo de Memória Histórica e Cultural da PUC	PUC/Rio	Rio de Janeiro	1986/87
8	Organização do arquivo da Ordem Terceira dos Mínimos de São Francisco de Paula	Igreja São Francisco de Paula	Rio de Janeiro	1985
9	Videoteca da FEA/UFRJ	FEA-UFRJ	Rio de Janeiro	1986/87
10	Núcleo de Pesquisa de trabalhadores industriais	Depto. Ciências Sociais/IFCS/UFRJ	Rio de Janeiro	1987
11	Centro de documentação para estudos regionais – UFMS	UFMS	Mato Grosso do Sul	1987/88
12	Biblioteca Central da UnB	UnB	Brasília-DF	1987
13	Organização do Acervo do Superior Tribunal Militar – STM	STM	Rio de Janeiro	1987/88
14	Memória Sindical	Centro de Memória Sindical	Rio de Janeiro	1984/88
15	Projeto FEB: Memória Oral da FEB	Casa da FEB	Rio de Janeiro	1987
16	Arquivo da Irmandade da Santa Cruz dos Militares	Irmandade Santa Cruz dos Militares	Rio de Janeiro	1986

Qtd.	NOME DO PROJETO	INSTITUIÇÃO	LOCAL	ANO
17	Microfilmagem de acervo documental da Usina Cupim	Cia Açucareira Usina Cupim	Campo dos Goytacazes - RJ	1986
18	Organização de acervo do Instituto Nacional de Previdência Social (INPS)	INPS/FNPM	Rio de Janeiro	1987
19	Memória da constituinte	Pró-Documento/FNPM	Rio de Janeiro	1987
20	Organização do acervo pessoal dos presidentes: José Sarney	Fundação José Sarney	Rio de Janeiro	1987/88
21	Organização do acervo pessoal dos presidentes: Tancredo Neves	Fundação Tancredo Neves	Rio de Janeiro	1986/88
22	Centro de referência de acervos privados dos presidentes	Presidência da República / FNPM	Rio de Janeiro	1987
23	Memória do Trabalho	FIRJAN	Rio de Janeiro	1983
24	Projeto Memória de Quissamã	Convênios entre FNPM/PMMacaé	Rio de Janeiro	1980
25	Projeto Memória do Paço	Pró-Documento/FNPM	Rio de Janeiro	1987
26	Oscar Niemeyer	Fundação Oscar Niemeyer	Rio de Janeiro	1987
27	Centro de Documentação do Brejo da Paraíba e do município de Guarabira	Pró-Documento/FNPM	Rio de Janeiro	1987
28	Projeto Memória do Trabalho Industrial no Rio de Janeiro	Convênio IHSOB – UCM / FNPM	Rio de Janeiro	1984/85
29	Preservação do acervo documental da ABERJ	ABERJ	Rio de Janeiro	1987
30	Preservação do acervo documental da Dieese	Dieese	Rio de Janeiro	1987
31	Preservação do acervo documental do Arquivo da Escola Técnica Federal de Campos	ETEFCampos	Campos-RJ	1987
32	Preservação do acervo da Casa de Alberto Torres	Casa de Alberto Torres	Itaboraí-RJ	1987
33	Implantação do centro de documentação Teatral de Recife	Teatro de Recife	Recife	1987

Qtd.	NOME DO PROJETO	INSTITUIÇÃO	LOCAL	ANO
34	Institutos dos Advogados do Brasil	IABR	Rio de Janeiro	1987
35	Instituto dos Arquitetos do Brasil	IARBR	Rio de Janeiro	1986/87
36	Instituto Histórico e Geográfico de Vitória de Santo Antão-PE	IHG Santo Antão-PE	Santo Antão-PE	1988

Fonte: a autora

A elaboração dessa tabela nos trouxe diversos questionamentos com relação à atuação do programa. Pudemos refletir, por exemplo, sobre as instituições que solicitaram o projeto e os tipos de arquivos que estavam sendo propostos para serem preservados (eclesiásticos, empresariais, educacionais, entre outros).

A leitura dos 36 projetos indicados na Tabela 3 nos possibilitou o mapeamento do perfil de elaboração e execução dos projetos atendidos pelo Programa em termos de suas características comuns e de suas singularidades, evidenciando a historicidade das ações em prol do patrimônio documental arquivístico de natureza privada, assim como da própria política federal de preservação, que, por meio do Pró-Documento, encontrava caminhos institucionais renovados para a sua atuação, tendo a sociedade civil como participante desse processo.

Nesse sentido, o instrumento preponderante utilizado pelo Pró-Documento para viabilizar sua ação com relação aos projetos foi o *convênio* – termo de cooperação em que uma ou mais entidades firmam acordo para a realização de um projeto. Essa prática de atuação pode ser considerada uma relevante singularidade dentre as ações de salvaguarda do patrimônio cultural, que, historicamente, agiu por meio do instrumento do tombamento, por sua vez estabelecido por meio da tramitação de processo administrativo.

Do mesmo modo, notamos que, ao descentralizar a política de patrimônio, a assinatura de convênios para a preservação dos acervos documentais das instituições atendidas demonstra que o Programa procurou democratizar o relacionamento entre sociedade civil e Estado por meio do direito de acesso à informação. Assim, no universo dos projetos analisados citados na Tabela 3, apenas sete foram propostos pela FNPM, sendo os outros vinte e nove propostos pelas entidades detentoras dos acervos.

Ainda referente à tabela, se analisarmos por meio dos "grupos documentais" que o programa caracteriza como prioritários para a questão da preservação e organização dos conjuntos documentais privados, temos entre os projetos[324] que:

- 2 são eclesiásticos;
- 7 são empresariais;
- 15 são corporativos;
- 4 são científicos;

---
[324] O Capítulo IV deste livro irá trabalhar de maneira mais detalhada alguns dos projetos citados na tabela.

- 2 são educacionais.

No primeiro ano do programa, os primeiros projetos tinham como temas o mundo do trabalho e empresarial. Entre 1985 e 1986 houve solicitações de arquivos eclesiásticos. Entre 1986, 1987 e 1988, provavelmente por já estarem com uma maior repercussão de seus trabalhos na área do Patrimônio Cultural, há uma maior variedade de arquivos, como universitários, empresariais, associações, institutos e até arquivos pessoais. Indicando, portanto, a diversidade de tipos documentais que o programa procurou atender.

Também notamos que, dos 36 projetos, somente quatro são de outros estados, sendo 32 do Rio de Janeiro, o que se justifica provavelmente devido à sede do programa ser nesse Estado. Esta alta incidência de informações sobre projetos realizados no Rio de Janeiro também pode indicar que as informações sobre os projetos solicitados em outros Estados podem estar guardadas nos acervos das próprias instituições, e não no acervo central do IPHAN. Com relação às instituições que apresentaram o projeto, dentre os 36 temos sete que foram elaborados pelo próprio programa, sendo os outros 29 solicitados então por fundações, associações ou instituições que estavam interessadas em preservar seu acervo.

Na realidade, podemos afirmar que essas instituições, ao propor a preservação e organização de seu arquivo, estavam procurando dar visibilidade a ações, atores ou processos que seus documentos poderiam revelar, sem deixar de destacar que a memória dessas instituições também estaria sendo preservada.

A documentação analisada nos indicou também que outras instituições também participavam dos projetos realizados pelo Pró-Documento. Uma notícia publicada no *Jornal do Brasil*, em 12 de agosto de 1986, intitulada "Pró-Memória e SPHAN vão selecionar e preservar memória jurídica do Rio", destaca que:

> [...] milhares de processos cíveis e criminais, ações comerciais, registros de compra e venda de escravos, inventários e todo o material produzido em cartórios do Estado do Rio de Janeiro até o final do século passado serão vasculhados e analisados durante os próximos dois anos para que seja feita uma seleção e preservação das mais importantes para a memória jurídica do país[325].

---

[325] Arquivo Noronha Santos – ACI/RJ – IPHAN. **Fundo Arquivo Intermediário.** Fundo Sphan/Pró-Memória (1969-1992). Pasta 07: Recortes de jornal do Pró-Documento.

A reportagem também anunciava que o trabalho seria realizado por meio de convênio entre a FNPM, OAB-RJ e a SPHAN, pois faz parte do Programa Nacional de Preservação e Documentação Histórica, e que este convênio é um dentre tantos outros "semelhantes que a FNPM tem firmado com diferentes entidades em todo o país". Por fim, assevera que a relevância de tratar essa documentação está, principalmente, em documentos que relatam processos referentes a escravidão, como, por exemplo, um processo datado de 1838 que prova a existência do quilombo de Manoel Congo em Pati de Alferes-RJ, "fato que até então só era conhecido por relatos orais"[326]. A partir desta notícia, portanto, percebemos quão importante era o apoio que a FNPM dava ao Pró-Documento, anunciando o apoio financeiro da Finep para a execução desse projeto no período de dois anos, de 1986 a 1988.

Todavia, devemos pensar que todas as ações feitas pelo Pró-Documento também estão relacionadas com a conjuntura já explicitada no Capítulo I, que é a criação dos Programas de Pós-Graduação na área das Ciências Humanas e o crescimento dos centros de documentação para possibilitar acesso às fontes históricas diferenciadas para a realização de pesquisas acadêmicas. Desse modo, as parcerias/convênios que o Pró-Documento realizou indicam a tentativa de aplicar uma política de arquivos para os conjuntos documentais privados, assim como suprir a questão de acesso aos conjuntos documentais para realização de pesquisas acadêmicas.

Novamente, é preciso sublinhar que a emergência e visibilidade de novos conjuntos documentais a cada momento histórico não remetem a questões meramente técnicas, mas indicam os movimentos de memória ativos a cada presente. As instituições que solicitam apoio do Pró-Documento para a elaboração dos projetos para a preservação e organização de conjuntos documentais privados nos indicam duas características: a primeira é que esses projetos valorizam os documentos como patrimônio da sociedade; a segunda é que as solicitações dessas instituições demonstram a inexistência de uma política de arquivos e de legislação naquela época.

Na verdade, o que temos são ações diversificadas das instituições, que se articulam com as demandas na área da Memória Social e colocam em destaque a democratização da informação, identificando registros que não somente os das elites, destacando, assim, o universo popular e dos trabalhadores.

Podemos afirmar, então, que muitos desses projetos tiveram seus resultados publicados pelo Programa ao longo de sua existência, principal-

---

[326] Este projeto está citado na Tabela 3.

mente a partir de 1986, como pudemos consultar no ACI/RJ. As publicações permitem afirmar que os projetos foram realizados em diferentes etapas e não eram constituídos das mesmas ações. Projetos como o realizado sobre o acervo da Light ou o da Fundação Tancredo Neves demonstram que as etapas se distinguiam de caso a caso, considerando as demandas dos diferentes acervos e a possibilidade de trabalho da equipe.

O Programa realizou projetos para a Biblioteca do Museu Nacional (Diagnóstico e projeto para transferência do acervo para a nova sede), para a Light (Projeto Light: criação de um sistema integrado de arquivos para o Grupo Light-Rio; Higienização e identificação dos acervos destinados à centralização), para a Casa da FEB (Recuperação da memória oral e iconográfica, 1986), para o Instituto dos Arquitetos do Brasil (Informações preliminares para a conservação do acervo do IAB/RJ) e para o Centro Alceu Amoroso Lima para a Liberdade (Diagnóstico e projeto indicativo de higienização e acondicionamento), para citar alguns[327].

Desse modo, podemos dizer que a atuação do Pró-Documento promoveu, em diferentes estágios, o tratamento de dezenas de acervos brasileiros. Alguns, como o da Light, tiveram sua documentação cadastrada, organizada, tratada e higienizada com a assistência do Programa; outros, por não demandarem ações mais intervencionistas, ou pela falta de recursos ou de continuidade do Programa, "tiveram seus documentos cadastrados e passaram a integrar o circuito acadêmico de pesquisa, segundo diziam os idealizadores do Programa"[328].

Dessa maneira, cabe indicar alguns acervos que contaram com a atuação do Pró-Documento no que tange à preservação de sua documentação. Em 1986, eram assistidos pelo Programa os acervos da Light-Rio, da Venerável Ordem Terceira dos Mínimos de São Francisco de Paula, da Irmandade da Santa Cruz dos Militares, do Instituto dos Arquitetos do Brasil e da Associação dos Bancos do Estado do Rio de Janeiro[329].

Essas características são assim nossos vetores de análise principal para o entendimento das ações do Programa e de sua historicidade no âmbito das políticas de preservação do patrimônio histórico brasileiro.

---

[327] BASTARDIS, 2012, p. 58.
[328] BASTARDIS *apud* BRASIL, 1988.
[329] BASTARDIS, 2012, p. 59.

CAPÍTULO IV

OS PROJETOS DO PRÓ-DOCUMENTO

Ao longo deste livro, argumentamos que o Pró-Documento desenvolveu um trabalho pioneiro na preservação dos conjuntos documentais privados durante a década de 1980. Assim, os projetos desenvolvidos pelo Programa mostraram a busca pela construção de políticas públicas de preservação para os arquivos privados.

Aqui também se torna importante destacar que as ações do programa, no curto espaço de tempo de sua existência, embora tenham resultado em poucas intervenções efetivas em vários acervos, parecem ter tido, como sua maior característica, uma proposta de definição de novos caminhos para a construção de políticas públicas com o intuito de garantir a preservação e acesso a esses arquivos.

Dessa forma, algumas ações que antecederam a criação do programa nos auxiliam na compreensão da conjuntura institucional relacionada à política federal de preservação do patrimônio histórico, considerando a atuação da FNPM na descentralização das ações de salvaguarda de nossos bens culturais – assunto já abordado nos capítulos anteriores.

Um exemplo que nos indica a descentralização que a FNPM procurava desenvolver desde sua criação pode ser observado no "Projeto Memória de Quissamã"[330]. Nesse projeto, a FNPM realizou, com o apoio da Petrobras e da Prefeitura Municipal de Macaé, um levantamento e diagnóstico do acervo documental do distrito de Quissamã[331], preocupando-se com os bens culturais que não eram usualmente valorados pela SPHAN, como, por exemplo, os "arquivos".

O texto desse projeto traça o objetivo de "preservação da memória de Quissamã"[332] como testemunho do cotidiano colonial no Rio de Janeiro, destacando a herança cultural afro-brasileira dessa região por meio do

---

[330] Arquivo Noronha Santos – ACI/RJ – IPHAN. **Fundo Arquivo Intermediário**. Fundo Sphan/Pró-Memória (1969-1992). Caixa 261. Pasta 06: Projeto Memória de Quissamã.

[331] Distrito de Macaé, que então preservava remanescentes da exploração canavieira do período colonial e região de comunidades de ex-escravizados.

[332] Não é possível precisar o ano correto em que o projeto foi elaborado. A documentação analisada menciona o ano de 1980 seguido de um ponto de interrogação, de modo que entendemos tratar-se de um projeto elaborado em data anterior à atuação do Pró-Documento.

levantamento de referências bibliográficas, documentais, arquitetônicas e territoriais do distrito. A existência desse projeto materializava a nova concepção de salvaguarda dos bens culturais que a instituição procurava implementar, na qual foi atribuído valor histórico-cultural a diversos suportes de memória que não só o arquitetônico, criando um espaço institucional favorável à construção de políticas públicas de preservação dos arquivos privados.

Desse modo, o caso de Quissamã[333] expressa a mudança de concepção na política federal de preservação e, conforme afirma Anastassakis, é no âmbito das políticas públicas de patrimônio cultural que se constitui um domínio a partir do qual se torna possível ensaiar uma intervenção no "mundo real"[334]. E é essa intervenção no "mundo real" que faz o Pró-Documento se destacar para nós a partir dos projetos que iremos analisar a seguir[335].

Assim, tendo como um dos seus principais instrumentos termos de cooperação entre a FNPM e as entidades detentoras dos acervos, foram realizadas diversas propostas de assessoria com o intuito de diagnosticar, preservar e difundir os arquivos privados considerados de excepcional valor histórico e cultural para a sociedade civil.

Os projetos que analisamos, normalmente, eram elaborados com o seguinte roteiro: Apresentação; Justificativa; Objetivos; Etapas; Execução (Recursos Humanos e Operacionalização); Acompanhamento; Cronograma. No entanto, alguns projetos que encontramos foram estudados a partir de outro tipo de documento, como Termo de Cooperação ou Relatório de Visita Técnica, que fazem uma apresentação do projeto, descrevendo os objetivos e como seria a proposta de execução do trabalho de maneira bem resumida.

---

[333] No ano de 1976 foi solicitado ao SPHAN o processo de tombamento de três edificações de Quissamã/RJ: Edificações Fazenda Machadinha (casa); Fazenda Mandiqueira; Fazenda Mato de Pipa. Para saber mais, consultar "Lista dos Bens Tombados e Processos em Andamento (1938-2018)". Disponível em: http://portal.iphan.gov.br/uploads/ckfinder/arquivos/Tabela%20de%20processos%20de%20tombamento %20-%20JAN%202018.pdf. O processo foi indeferido, mas a Fazenda Machadinha foi tombada pelo Instituto Estadual do Patrimônio Cultural (Inepac) em 1979. O Complexo da Fazenda Machadinha é formado pelas antigas Casa Grande, hoje em ruínas, cavalariça, capela de Nossa Senhora do Patrocínio e pelas senzalas. A comunidade da Machadinha é formada pela oitava geração de descendentes dos escravos que pertenciam ao Visconde de Ururai e que, após a Abolição, ali permaneceram. Em 2009, as famílias dos antigos escravos que ainda viviam na Comunidade da Machadinha tiveram reconhecida a propriedade definitiva das terras e dos imóveis, sendo certificada comunidade quilombola pelo Ministério da Cultura, por meio da Fundação Cultural Palmares. Disponível em: http://www.museusdorio.com.br/joomla/index.php?option=com_k2&view=item&id=72:complexocultural-fazenda-machadinha&Itemid=219. Acesso em: 18 set. 2023

[334] ANASTASSAKIS, 2017, p. 72.

[335] Os projetos que iremos analisar a seguir estão citados na Tabela 3 do capítulo anterior.

Também temos que alguns dos projetos elaborados pelo Pró-Documento foram documentados ou por meio de carta de solicitação ou relatório descritivo contendo o diagnóstico e as recomendações para adaptação do projeto. Devido a essa questão, em alguns projetos, tivemos que lidar com algumas lacunas quando da análise documental no que se refere às especificidades em termos de objetivos, execuções e metodologias utilizadas.

Nesse sentido, os projetos que analisamos a seguir demonstram a preocupação corrente que já existia com relação à preservação e acesso aos conjuntos documentais privados. Para a melhor compreensão do leitor, o capítulo está estruturado de acordo com os projetos indicados na Tabela 3, conforme temáticas semelhantes identificadas na análise, quais sejam: o Mundo do Trabalho e os Arquivos Empresariais; as parcerias com Instituições Universitárias e Escolas; Arquivos de Associações Diversas e de Entidades Religiosas; Documentos que eram percebidos ora como públicos ora como privados; e Documentos Pessoais.

4.1 O MUNDO DO TRABALHO E OS ARQUIVOS EMPRESARIAIS

Conforme citado anteriormente, por meio da Tabela 3, percebemos semelhanças de assuntos entre os projetos elaborados pelo programa, descrevendo as ações do Pró-Documento a partir dessa definição. Neste tópico analisaremos os conjuntos documentais privados relacionados ao mundo do trabalho ou de natureza empresarial[336].

De acordo com Marcia Pazin Vitoriano, os "arquivos de organizações" podem ser identificados como arquivos de "associações de classe, entidades educacionais e beneficentes, culturais [...]. Também os sindicatos e ordens religiosas estão incluídos nesta categoria". E os arquivos empresariais "incluem documentos produzidos por qualquer tipo de empresa, definida como uma organização de caráter econômico com finalidade lucrativa"[337].

---

[336] Os projetos citados na tabela que serão trabalhados neste tópico são: Memória Sindical; Memória do trabalho; Memória do trabalho industrial no Rio de Janeiro; Projeto Light: Recuperação da memória institucional do grupo Light – Rio; e Microfilmagem do acervo documental da Usina Cupim. Arquivo Noronha Santos – ACI/RJ – IPHAN. **Fundo Arquivo Intermediário.** Fundo Sphan/Pró-Memória (1969-1992). Caixa 253, Pasta 02: Memória Sindical; Caixa 261: Pasta 03: Memória do Trabalho; Caixa 263, Pasta 04: Projeto Memória do Trabalho Industrial no Rio de Janeiro; Caixa 250, Pasta 02 e 03: Tratamento arquivístico do acervo da LIGHT; Caixa 264: Pasta 01: Projeto Light.

[337] VITORIANO, M. C. C. P. **Obrigação, controle e memória**: aspectos legais, técnicos e culturais da produção documental de organizações privadas. 2011. Tese (Doutorado em História) – Universidade de São Paulo, São Paulo, 2011, p. 33.

Por meio dessa definição, iniciamos com o projeto Memória do Trabalho, elaborado em 1982 pelo CMSB e que parece dar origem ao "espírito do Pró-Documento". Desenvolvido por meio de um convênio entre o IHSOB e a Finep[338], foi absorvido pelo Pró-Documento em 1984. No acervo do Arquivo Central do Iphan-RJ encontra-se também o projeto Memória do Trabalho Industrial, cuja análise demonstrou se tratar do mesmo acervo citado no projeto Memória do Trabalho, com a diferença de que neste há presença de um convênio entre o IHSOB e a FNPM com a finalidade de localizar, organizar, microfilmar e divulgar as fontes documentais relativas à história da indústria e do trabalho no Rio de Janeiro, como a documentação dos sindicatos e empresas da área elétrica e têxtil.

Como foi indicado anteriormente, boa parte da equipe do Programa era oriunda do IHSOB e procurou dar continuidade aos projetos propostos por esse instituto que vinha dando suporte a diversas instituições na preservação dos acervos desde fins dos anos de 1970. Na "descrição do projeto", lê-se:

> O projeto visa dar continuidade ao convênio [IHSOB e Finep], complementando assim a formação do acervo documental com informação de natureza histórica sobre a organização e a divisão técnica do trabalho industrial, as condições do trabalho fabril, as doenças profissionais, as condições de vida geradas pelas fabricas, a assistência ao trabalhador, a participação política e social na área do trabalho industrial, do empresariado e do Estado e o movimento operário e sindical no Rio de Janeiro, no período de 1900 a 1950[339].

Projeto que anuncia objetivos abrangentes e ambiciosos e que parece indicar os interesses originais do grupo que posteriormente se engaja no Pró-Documento e que se volta para os acervos privados ligados à história do trabalho. Um dos resultados desse projeto seria a catalogação dos seguintes acervos documentais: Coleção do Sindicato das Indústrias de Fiação e Tecelagem do Rio de Janeiro (SIFT/RJ); Coleção Congresso dos Trabalhadores; Coleção Cooperativa de Seguros Operários do Centro de Proprietários de Hotéis, Restaurantes e Classes Anexas[340] do Rio de Janeiro; Cooperativa de Seguros do Sindicado dos Lojistas do Rio de Janeiro[341].

---

[338] Lembrando que a equipe do Pró-Documento foi formada com pesquisadores do IHSOB.

[339] A data de assinatura do convênio entre IHSOB, Finep e FNPM para que o projeto fosse executado com assistência técnica do Programa é de 31 de maio de 1984; o tempo de execução previsto era de vinte quatro meses, portanto para ser finalizado em maio de 1986.

[340] Classes anexas referem-se aos empregados do segmento de hotéis e restaurantes.

[341] Não encontramos na documentação pesquisada tais instrumentos de pesquisa.

Nos termos do projeto, o trabalho com essa documentação deve-se à necessidade de um maior conhecimento dessas fontes sobre o mundo do trabalho, de modo que um dos primeiros resultados foi o cadastro de arquivos de sindicatos e federações do Rio de Janeiro, que seria editado "em breve" em forma de catálogo. Vislumbrava-se, também, realizar o cadastramento dos documentos do setor empresarial carioca, porém não encontramos referências no acervo do Pró-Documento que possam nos informar se esse resultado foi atingido e, da mesma forma, se o catálogo foi publicado.

Salientamos que a maioria dos projetos elaborados pelo programa referentes aos documentos empresariais estava relacionada às preocupações com o que se denominava o mundo do trabalho, como, por exemplo, o "Memória Sindical – Transcrição do Acervo". Com relação a esse projeto encontramos um parecer de Gilson Antunes enviado à Finep no ano de 1987, para efeitos de financiamento, no qual foi apresentado ao programa pelo Centro de Memória Sindical.

Importante que, embora pelo texto-base do programa incluísse esses acervos como sendo "empresarial", os projetos sugerem uma maior ênfase na memória do trabalho e dos trabalhadores, e não só na memória fabril ou empresarial, conforme indicado nas análises que foram feitas.

Sob o título "Memória Sindical – Transcrição do Acervo", Antunes descreve em seu parecer a relevância, o mérito e a posição do projeto no sistema científico e tecnológico. Para ele, este projeto tem dois significados: um científico e outro social. Científico porque possibilita "criar informações históricas acessíveis à produção científica". Social porque o projeto poderia contribuir para a "consolidação da cidadania, na medida em que possibilita a apropriação da história do sindicalismo pelos dirigentes sindicais e trabalhadores". Argumentava-se também que o acervo possibilitaria

> [...] resgatar vozes do passado, com diversos tons ideológicos do movimento sindical brasileiro [...] pois os trabalhadores industriais constituem um segmento cada vez mais importante no processo histórico nacional [...] o projeto procurou dar significado para os trabalhadores na sua correlação de forças na sociedade e nas decisões políticas de estado[342].

Ao argumentar que este projeto possibilitaria "resgatar vozes do passado", o projeto claramente dialoga com as novas demandas em relação à memória e a renovação historiográfica brasileira, remetendo a temas então

---

[342] O objetivo do trabalho estava em fazer a transcrição, organização e indexação de 500 horas de gravações com sindicalistas.

emergentes como, por exemplo, as lutas dos trabalhadores representadas pelo Sindicato. Desse modo, notamos que a principal característica desses projetos desenvolvidos pelo Pró-Documento foi a de dar continuidade aos projetos iniciados pelo IHSOB, como o catálogo de acervos e sindicatos do Rio de Janeiro proposto no âmbito do projeto Memória do Trabalho.

Por fim, compreendemos que existia uma concepção de ação preservacionista que visava, antes de tudo, à construção de uma política pública para os arquivos privados através da participação ativa da sociedade civil, além das discussões acadêmicas – ou mesmo fora delas, que estavam aparecendo com relação à história do trabalho e do trabalhador.

Como exemplo de projeto de arquivo empresarial vamos tratar do acervo da Usina Cupim[343]. Solicitado em outubro de 1986, a FNPM assinou convênio com o Instituto Universitário de Pesquisas do Rio de Janeiro (IUPERJ), visando à microfilmagem do acervo documental da Usina Cupim, localizada no município de Campos, estado de Rio de Janeiro, pelo qual a IUPERJ buscava apoio financeiro para possível catalogação e microfilmagem desse acervo documental, com duração de trabalho de seis meses[344].

Desse modo, o Pró-Documento, ao assinar um convênio com um instituto universitário, demonstra a preocupação do Programa e do instituto universitário em preservar um acervo que possibilitaria novas pesquisas sobre a história da atividade canavieira no Brasil, visto que a microfilmagem facilitaria o acesso a essa documentação, sinalizando também novas demandas historiográficas que apareceram nos anos 1980.

Outro arquivo empresarial que foi selecionado é o arquivo da Light. O Pró-Documento elaborou quatro projetos referentes a esse acervo. São eles: "Recuperação da memória institucional do grupo Light – Rio"[345]; "Higienização e Identificação dos Acervos Destinados a Centralização"; e "Criação de um sistema integrado de Arquivos para o Grupo Light-Rio", de 1986; e "Levantamento da produção e fluxo documentais do Grupo Light-Rio", de 1987.

---

[343] Arquivo Noronha Santos – ACI/RJ – IPHAN. **Fundo Arquivo Intermediário.** Fundo Sphan/Pró-Memória (1969-1992). Caixa 258, Pasta 05: Microfilmagem de acervo documental (Acervo documental da Usina Cupim).

[344] Assinam o documento Dr. Joaquim de Arruda Falcão Neto (FNPM), Cesar Augusto C. Guimaraes (IUPERJ) e duas testemunhas não identificadas. Não encontramos na pasta o referido projeto anexo, apenas o manuscrito do projeto.

[345] Arquivo Noronha Santos – ACI/RJ – IPHAN. **Fundo Arquivo Intermediário.** Fundo Sphan/Pró-Memória (1969-1992). Caixa 250, Pasta 02 e 03: Tratamento arquivístico do acervo da LIGHT; Caixa 264: Pasta 01: Projeto Light.

Executado entre os anos de 1986 e 1988[346], o primeiro projeto indica que a intenção da Light era recuperar, organizar e preservar o seu acervo documental e a sua história institucional. Assim, o documento tratava de duas dimensões centrais: a construção da história institucional da empresa e a organização de seu acervo documental. Tiveram como resultado: 1) série de organogramas funcionais da Light-Rio de 1905-1979; 2) texto com a cronologia das mudanças organizacionais e histórico analítico do grupo Light-Rio, possibilitando "o conhecimento de um rico processo de evolução institucional".

O segundo projeto, por sua vez, indica que "após a análise da situação geral dos arquivos – estado de organização, conservação e posição que ocupam na estrutura da empresa – optou-se pela adoção de uma série de medidas", como higienizar e identificar a documentação armazenada nos depósitos da empresa. "Estas atividades visam a preservar e conhecer, de forma mais detalhada, o patrimônio documental da empresa". Nesta etapa, além da higienização e identificação dos acervos, também apresentaram os seguintes produtos: 1) Inventário; 2) Diagnóstico detalhado sobre o estado de conservação dos documentos; 3) Separação do material de natureza não textual.

Esse trabalho possibilitou uma padronização e melhoria das formas de acondicionamento do patrimônio documental do Grupo Light-Rio, apresentando o terceiro projeto, este já relacionado à gestão documental deste acervo. Nesta etapa, tinham por objetivo "iniciar um projeto de implantação e organização de um sistema integrado de arquivos" para o Grupo Light-Rio.

No texto é indicado que, ao trabalharem com a organicidade desses arquivos, "iniciam um processo metodológico adequado para o tratamento arquivístico dos acervos da empresa", por meio de "implantação de métodos e rotinas de tratamento dos documentos da empresa de acordo com a Teoria das Três Idades"[347]. Baseando-se nessa teoria, reconheceriam as "idades corrente, intermediária e permanente no ciclo de vida do documento" como forma de estabelecer "procedimentos adequados a cada uma delas,

---

[346] Atualmente o acervo empresarial da Light possui documentação referente a história dos serviços urbanos no Rio de Janeiro e o seu desenvolvimento. Composto por fotografias, vídeos, mapas, documentos textuais, mobiliários, entre outros, o acervo revela informações essenciais sobre a história da Light e do Rio de Janeiro a partir do final do século XIX. Para agendar um horário para pesquisa e obter mais informações, envie e-mail para acervo@light.com.br. Informações retiradas do site: https://www.light.com.br/SitePages/page-centro-cultural-light.aspx?v=1.1#!#inicio. Acesso em: 19 set. 2023.

[347] **Teoria das três idades:** Teoria segundo a qual os arquivos são considerados arquivos correntes intermediários ou permanentes, de acordo com a frequência de uso por suas entidades produtoras e a identificação de seus valores primário e secundário. ARQUIVO NACIONAL (Brasil), 2005, p. 160.

que resultem numa racionalização de investimentos e maior eficiência na produção, circulação e recuperação da informação"[348].

O último projeto, "Levantamento da produção e fluxo documentais do Grupo Light-Rio", apresenta uma

> [...] metodologia para o levantamento dos dados relativos às atribuições, à organização e às atividades de documentação da LIGHT. Seus resultados fornecerão as bases sobre as quais poderá ser definida uma política de gestão de documentos para a empresa.

Este projeto resultou nos seguintes produtos: organogramas e fluxogramas da empresa para correta destinação dos documentos: levantamento dos procedimentos de eliminação dos documentos e "relatórios, geral e por área, com análise sobre o estado atual de gerência e dos métodos e rotinas empregados na produção, circulação e arquivamento dos documentos".

Na avaliação da equipe, a partir do conhecimento do acervo, seria possível a produção de outros projetos de pesquisa sobre a própria Light, ou sobre sua importância na urbanização e na industrialização do Rio de Janeiro. Para a execução dos projetos, foi realizado um levantamento das fontes primárias pertencentes ao acervo da empresa, com o intuito de possibilitar a reconstituição da sua história institucional[349].

Essas pesquisas de fontes primárias e bibliográficas visaram, em primeiro lugar, colaborar no balizamento da documentação a ser pesquisada; e, em segundo lugar, por meio desses estudos, os pesquisadores poderiam ser introduzidos na temática da documentação, de modo que a apropriação do objeto de trabalho facilitasse o entrosamento das equipes, trazendo, consequentemente, um aumento de produtividade para cada uma delas.

Dessa maneira, esse acervo documental de um grupo empresarial desempenha um "papel social marcante no processo de desenvolvimento da cidade do Rio de Janeiro, e merece ter sua relevância histórica ressaltada". Assim, nas páginas finais do projeto a conclusão é a de que os arquivos,

---

[348] De acordo com o projeto, "entende-se por gestão de documentos a ação planejada sobre eles desde a sua fase corrente, quando se intervém em sua produção e tramitação e nos métodos de classificação e arquivamento, até a sua avaliação, quando são definidos os prazos de guarda ou eliminação e, também, a sua transferência para o depósito intermediário".

[349] A) fontes internas: relatórios, atas de reuniões da diretoria e estatutos de todas as empresas do grupo Light-Rio; B) fontes oficiais: documentação legislativa e jurídica, como, por exemplo, decretos, concessões, critérios de cobranças de tarifas, tramitação das discussões desta legislação na Câmara de vereadores etc.; C) fontes de informação indireta: documentação da junta comercial, *Almanaque Laemert*, *Diário Oficial*, *Jornal do Comércio*, documentos de associações de classe etc.

> Desempenham um valioso papel para a auto referência de uma empresa deste porte e desta importância econômica e social. Especialmente no caso da LIGHT, seus arquivos guardam a memória institucional, excepcionalmente importante para a salvaguarda da identidade da empresa frente às mudanças que vêm ocorrendo desde sua nacionalização, em 1979[350]. Na verdade, a memória da LIGHT, preservada em seus arquivos, é parte significativa da memória não só do Rio de Janeiro, como também do Brasil.

Este projeto da Light-Rio demonstra claramente como o Pró-Documento logra mobilizar a empresa com relação à preservação de sua memória institucional por meio da organização de seus acervos, destacando a relevância da história da empresa não só para a história do Rio de Janeiro como para o Brasil. Também neste projeto nota-se a questão da renovação historiográfica quando a justificativa para sua realização dialoga com a história urbana do Rio de Janeiro[351], um tema bem recorrente da década de 1980.

Devemos refletir também que o arquivo da Light deve ser visto como uma contribuição da memória empresarial brasileira, pois no período em que executaram o projeto a Light havia passado por um processo de estatização tornando-a uma empresa pública. Consequentemente, o conjunto documental deixa de ser de natureza privada e passa a ser uma documentação de caráter público, acarretando o projeto de preservação, organização e o acesso a este acervo. Outrossim, com esse conjunto documental organizado, passa-se a contribuir para a história da vida carioca brasileira.

O projeto da Light-Rio pode ser considerado como o trabalho mais longo realizado pela equipe, o que parece indicar uma celebração de parceria mais sólida com essa empresa. Também é interessante perceber que as últimas etapas do projeto incluem a questão da gestão documental de uma forma mais explícita, ponto que quase não aparece em outros projetos feitos pelo Pró-Documento.

Desse modo, compreendemos que esses projetos elaborados pelo Programa procuraram preservar documentos relacionados à memória do mundo do trabalho e o cotidiano empresarial do país, por eles vistos como expressão do cotidiano da sociedade civil no que tange ao segmento empresarial e ao mundo do trabalho.

---

[350] Lembrando que no ano de 1979 as empresas do grupo foram nacionalizadas, passando a integrar o complexo Eletrobrás.

[351] Para saber mais, ver o artigo: RODRIGUES, A. E. M.; MELLO, J. O. B. As reformas urbanas na Cidade do Rio de Janeiro: uma História de Contrastes. **Acervo**, Rio de Janeiro, v. 28, n. 1, p. 19-53, 2015. Este artigo apresenta uma bibliografia vasta sobre esse tema.

Além disso, as novas demandas historiográficas também estão presentes nos projetos sobre as memórias empresariais, já analisados neste tópico, pois se relacionam aos temas da História Social então emergentes nos programas de pós-graduação e nos diferentes setores da sociedade civil.

4.2 PARCERIAS COM INSTITUIÇÕES UNIVERSITÁRIAS E ESCOLAS

Aqui pontuamos os projetos realizados com conjuntos documentais produzidos ou preservados por instituições universitárias, ou outras instituições educacionais que foram objetos de trabalho pelo Pró-Documento. Neste caso, torna-se importante destacar a eleição das instituições universitárias como parceiras privilegiadas do Pró-Documento. Outrossim, há que indicar que a maioria dos projetos desenvolvidos com as universidades tiveram como característica semelhante à proposta da criação de centros de memória e documentação. Conforme já debatemos nos capítulos anteriores, as décadas de 1970 e 1980 se caracterizam pela criação de centros de memória universitários.

Vale lembrar novamente que, como aponta Camargo, a implantação desses centros responde à necessidade de preservação do patrimônio documental, priorizando os conjuntos documentais privados de instituições ou organizações não governamentais e de personalidades relevantes para a história do Brasil contemporâneo[352].

Grosso modo, muito dos arquivos custodiados pelas universidades e outras instituições educacionais podem também ser pensados como "arquivos de organizações", como arquivos de "associações de classe, entidades educacionais e beneficentes"[353]. Cabe salientar que, normalmente, os centros de documentação universitários caracterizam-se por preservar e guardar a documentação da própria instituição – acadêmico e/ou administrativo –, mas também acabam por custodiar conjuntos documentais privados de outras organizações, entidades ou associações, sejam eles pessoais ou institucionais. É um patrimônio cultural brasileiro que encontra um espaço de guarda – seja esse acervo arquivístico ou museológico, nas instituições universitárias.

---

[352] CAMARGO, Célia Reis. Centro de Documentação e Pesquisa Histórica: uma trajetória de décadas. *In*: CAMARGO, C. R. *et al.* **CPDOC 30 anos**. Rio de Janeiro: FGV, 2003. p. 23.

[353] VITORIANO, 2011, p. 33.

Esta questão se apresenta em outro artigo da historiadora Célia Reis Camargo[354], pois a autora assinala que os centros de documentação universitários apresentam como característica fundamental uma proposta de trabalho envolvendo a preservação e organização de arquivos e coleções e de conjuntos documentais diversos nos quais foram reunidos pelo seu valor histórico e informativo, "em torno de temas ou de períodos da história. Trabalha-se, portanto, com informação especializada". Nesse sentido,

> Os centros universitários[355] surgem, exatamente, com a finalidade de dar ênfase à memória regional [por exemplo]. A precariedade e inexistência de arquivos públicos, sobretudo nos municípios, acarretavam perdas escandalosas de fontes de pesquisa. A universidade, então, começa a bancar essa tarefa, incorporando-a às suas atividades-fim[356].

Nesse contexto, encontramos correspondências entre universidades e o Programa solicitando apoio técnico para criação de seus centros de memória e/ou documentação. Esse apoio foi oferecido por meio de visitas aos arquivos dessas instituições e pela elaboração de projetos que visavam à preservação desses arquivos, tendo-se em vista suas especificidades no universo dos arquivos privados. Para além de evidenciar a realização de várias parcerias com as universidades, os projetos analisados neste item trazem indicações sobre a natureza das diversas iniciativas para a formação de centros de memória e documentação universitários no período.

Dentre os centros de documentação universitários que são propostos nos projetos aqui analisados, percebemos que a maioria dos conjuntos documentais custodiados por essas instituições provêm de organizações não governamentais, sindicatos, empresas ou associações civis que acreditam na importância da preservação dos acervos, incluindo-se aí também questões financeiras ou de espaço que dificultavam a manutenção dos acervos – daí conceder a custódia deles a centros de documentação universitários.

Desse modo, encontramos na documentação analisada a solicitação do reitor da Pontifícia Universidade Católica do Rio de Janeiro (PUC-Rio), Pe.

---

[354] CAMARGO, C. R. Centros de documentação das universidades: tendências e perspectivas. *In*: SILVA, Z. L. (org.). **Arquivos, patrimônio e memória**: trajetórias e perspectivas. São Paulo: Unesp, 1999. p. 49-63.

[355] Para saber mais sobre a criação de centros de documentação universitários, pode-se consultar também: CRUZ; TESSITORE, 2010, p. 423-445. A criação do Centro de Documentação e Apoio à Pesquisa – Cedap/Unesp-Assis se insere nessa conjuntura que a autora indica. Disponível em: https://www.assis.unesp.br/#!/pesquisa/cedap/. Acesso em: 19 set. 2023.

[356] CAMARGO, 1999, p. 59.

Laércio Dias, feita no ano de 1986, pedindo para a FNPM a avaliação e orientação técnica na implantação do Núcleo de Memória Histórica e Cultural da PUC-Rio, devido à proximidade dos "50 anos da universidade" no Rio de Janeiro.

No projeto elaborado pelo grupo de trabalho[357] formado por docentes da PUC-Rio, estes afirmam que a ideia de implantar o Núcleo é antiga, porém por muito tempo foi impossível executá-la, "devido à dificuldade de diversos níveis". No entanto, em agosto de 1986, "através do Conselho Universitário, novamente voltou-se a falar em um Núcleo de Memória", devido à proximidade dos 50 anos da Universidade, a proposta ganhou uma nova dimensão[358].

Segundo o projeto, para a PUC-Rio, a implantação do Núcleo significava dar a importância necessária à preservação da memória dessa instituição, já que a mesma se caracterizava como um local com "tradição de ensino, pesquisa e extensão" e que "tem uma história identificada com o movimento e a dinâmica das criações intelectuais e culturais da Cidade do Rio de Janeiro, através de contribuições positivas para o desenvolvimento científico e social que acabaram por torná-la um espaço cultural vivo". Justifica-se que a importância do núcleo se deve também à relevância de inúmeros pensadores que vieram à Universidade, como, por exemplo, "as visitas de Michel Foucault, Umberto Eco, Jorge Semprun, R. Panikar, M. Maffesoli e tantos outros de nível internacional".

Para indicar essa importância cultural a PUC-Rio havia criado seu Centro Cultural, o Solar Grandjean de Montigny, no qual se desenvolvem projetos, seminários e atividades "que revelam a importância que a dimensão cultural ganhou na universidade".

Desse modo, afirmam que, diante da importância da história desta instituição, torna-se necessário inventariar e organizar a documentação, registrar para a memória e abri-la para o público por meio da implantação deste núcleo, colocando que um trabalho detalhado na documentação

---

[357] O presente projeto é o resultado das discussões feitas pelo grupo somadas as contribuições do Pró-Documento. Este grupo de trabalho estava constituído pelos seguintes professores: Dr. Elias Kallás – Vice-Reitor de Desenvolvimento; Prof. Antonio Edmilson M. Rodrigues – Depto. História; Prof.ª Maria da Conceição C. Pinto – Depto. Teologia; Prof.ª Piedade Epstein – Solar Grandjean Montigny; Prof.ª Stella Cecília D. Segenreich – Depto. Educação; Prof.ª Sônia Junqueira – Depto. Serviço Social; Prof. Carlos Alberto G. dos Santos – Depto. Filosofia; Prof. Elmer Corrêa – Depto. de Artes; Prof. José Carlos W.C. Souza – Depto. Administração; Prof. Luiz Octavio Coimbra – Depto. Sociologia e Política; Prof. Manuel Wambier – Depto. de Comunicação; Tânia Coelho dos Santos – Depto. de Psicologia.

[358] Arquivo Noronha Santos – ACI/RJ – IPHAN. **Fundo Arquivo Intermediário**. Fundo Sphan/Pró-Memória (1969-1992). Caixa 251, Pasta 02, página dois do "Projeto de Implantação do Núcleo de Memória Histórica e Cultural da Pontifícia Universidade Católica", 4/12/1986.

> [...] que originou a Universidade e, no debate interno, através das Atas dos Conselhos, revelará temáticas e problemas que contribuirão em muito, para a uma redefinição da importância cultural e pedagógica da própria Universidade que tem um cunho declaradamente confessional e católico.

No projeto descrevem que o Núcleo que coordenará essa documentação se colocaria à disposição de estudiosos e interessados. Afirmavam, também, que este local

> [...] transformar-se-á em um lugar de produção interdisciplinar de pesquisa que, aproveitando a documentação existente, desenvolverá teorias e questões que poderão auxiliar no entendimento das tensões, direções, reações e conciliações que marcaram a vida da PUC/RIO.

Dentre as atividades que o Núcleo exerceria, além da preservação da documentação proveniente da PUC-Rio, encontra-se o levantamento da documentação em diversas instituições e arquivos particulares que se relacionassem com a história da comunidade universitária. Com esse trabalho, pretendia-se mapear as referências documentais relacionadas à história da universidade, mapeando os acervos detentores dessas informações. "Assim, seu acervo será composto pela documentação que hoje existe na PUC/RIO e por todas as referências documentais externas produzidas pelos levantamentos técnicos".

Destaca-se aqui que a proposta do projeto está em trabalhar com a documentação da própria universidade, mas também de organizar referências sobre a universidade em outros acervos, mostrando uma tendência do trabalho na época, que era o de organizar instrumentos de referência de pesquisa, como inventários, catálogos, guias, entre outros.

No projeto também é colocado que a Universidade tem uma importância no cenário da cidade e nacional, o que impõe uma dupla forma de desenvolvê-lo, dividindo-o em dois "subprojetos": 1) Subprojeto Arquivo: que faria o levantamento da documentação na Universidade, elaboração de instrumentos de pesquisa e auxílio em futuros projetos de pesquisa e memória; e 2) Subprojeto Memória: organizar um Núcleo que congregue as informações e os materiais audiovisuais com o objetivo de tornar pública a imagem e identidade da Universidade.

Este projeto, enviado à equipe do Pró-Documento, no parecer técnico reitera a realização da implantação do Núcleo com possível apoio financeiro da FNPM. A principal ressalva que a equipe do programa faz é quanto ao tratamento arquivístico que seria dado ao acervo da PUC-Rio, pois em levantamento realizado constatou-se que a guarda do acervo era feita de forma descentralizada. Então, a equipe propõe que o tratamento técnico deve ser feito separadamente e antes da criação do Núcleo, indicando que o subprojeto, na realidade, deveria ser desenvolvido em três etapas: primeiro o tratamento técnico do arquivo, posteriormente a implantação de uma política de gestão de documentos e, por último, a identificação, organização e conservação dos arquivos da universidade.

Quanto ao subprojeto Memória, a equipe do Pró-Documento apresenta o projeto de criação do Núcleo indicando que seus objetivos são "típicos de um *centro de documentação*, ao lado de outros que estão imprecisos ou pouco adequados". Desse modo, indicam a necessidade de incluir nos objetivos deste subprojeto:

> [...] gravar depoimentos sobre os temas de interesse do centro; realizar "trocas culturais no interior e fora da Universidade"; desenvolver atividades de cooperação técnica, científica e cultural com os diversos núcleos da Instituição; promover e organizar exposições de documentos; publicar relatórios, artigos e livros referentes à história da Instituição e aos temas específicos do centro, além de desenvolver pesquisas e demais atividades de animação cultural.

Desse modo, aqui, como nos outros casos, podemos destacar que a análise do projeto apresentado pela universidade nos levou às propostas e concepções de como esta instituição pensava a questão da memória e da preservação documental. Por outro lado, a análise que a equipe do Pró-Documento faz do projeto não só indica suas concepções, mas como e por qual caminhos buscavam coordenar e induzir as ações de preservação que lhes chegavam.

A equipe do programa considera imprecisa neste subprojeto a proposta de se "articular as bibliotecas e arquivos da PUC/Rio, para estabelecimento de uma política uniforme de recuperação de informações ...". Para eles, o mais adequado "é o núcleo de memória 'produzir instrumentos que informe sobre a documentação existente na PUC/Rio, e fora dela, referente à sua história e atividades'. Os guias e os catálogos são exemplos desses instrumentos".

Mesmo com essas observações, na conclusão do parecer técnico, afirma-se que o "Pró-Documento se dispõe a prestar assistência especializada à PUC/Rio, tanto para as atividades de organização do arquivo da Universidade, quanto para a criação do Núcleo de Memória" e, para que isso ocorra, faria assistência técnica à área dos arquivos, fazendo diagnósticos sobre o acervo, elaborando a implantação de uma política de gestão documental e a organização dos arquivos. Quanto à criação do Núcleo de Memória, a equipe indica a elaboração conjunta, pelo Pró-Documento e o GT da PUC-Rio, de um novo projeto de criação de um Centro de Documentação da universidade, cuja execução teria o acompanhamento do Pró-Documento[359].

Notem que, apesar de a universidade propor a concepção de um Núcleo de Memória, o Pró-Documento sugere a criação de um Centro de Documentação para preservar a documentação institucional, pois, com a organização desse conjunto documental, facilitaria a criação do Núcleo de Memória que a PUC-Rio estava propondo-se a ativar.

Assim, este projeto nos indica que a universidade via no Pró-Documento a possibilidade de obter assistência técnica para a formação de seu núcleo de memória, considerando o interesse público e social de seu acervo e a relevância de sua história para o conjunto da sociedade, característica que então se mostrava sintonizada com os objetivos do Programa – dar valor histórico e cultural aos conjuntos documentais privados.

Nesse mesmo ano, o Pró-Documento também foi solicitado a prestar assistência técnica à Faculdade de Economia e Administração (FEA) da UFRJ na implantação de sua videoteca[360].

No projeto[361], entregue para a equipe do Pró-Documento analisar, coloca-se que o objetivo do trabalho era o de constituir uma videoteca vinculada às atividades de ensino e pesquisa em Ciências Econômicas, que, além de preservar a memória nacional nessa importante área do conhecimento, constituiria um acervo que ficaria à disposição dos cursos e institutos de economia de todo Brasil para empréstimo ou cópia de fitas.

Desse modo, justifica-se que o uso do videocassete, na época, teria uma grande capacidade didático-pedagógica como meio de auxílio ao professor e pesquisador, como, por exemplo, na gravação de debates econômicos apre-

---

[359] Este parecer foi enviado ao presidente da FNPM em 13/2/1987, para que esta se pronunciasse a favor ou não do apoio técnico e financeiro referente a este projeto. Em 12/3/1987, Joaquim Falcão envia ofício ao reitor da PUC-Rio, comunicando que a FNPM apoiará, por meio do Pró-Documento, o Projeto de Implantação do Núcleo de Memória Histórica e Cultural da PUC-Rio. Porém, não há indícios na documentação analisada de que esse projeto teve continuidade ou que realmente a PUC-Rio recebeu apoio financeiro para implantar o referido Núcleo. Também não há indícios, no site da instituição, da criação desse Núcleo.
[360] Em ofício da professora Anna Luiza Ozório de Almeida solicita-se ao Programa apoio técnico para a formação de um acervo de filmes em videocassetes para atividade de ensino
[361] Arquivo Noronha Santos – ACI/RJ – IPHAN. **Fundo Arquivo Intermediário.** Fundo Sphan/Pró-Memória (1969-1992). Caixa 251, Pasta 07: Videoteca da Economia.

sentados nas emissoras de televisão; gravação de conferências, seminários, aulas e filmes, nos quais aspectos das atividades econômicas são apresentados, tais como a Bolsa de Valores, Petrobras, etc.; "recuperação da memória de inúmeras empresas públicas e privadas que foram registradas em filmes. [Assim], Este trabalho evitará a destruição deste importante material histórico que se encontra disperso pelo Brasil".

Por meio de doações de equipamentos de vídeo (VHS) feitas por empresas do setor financeiro no ano de 1984, a FEA constituiu um Núcleo de Vídeo em que foi possível constatar a existência de inúmeros filmes de interesse histórico-científico à área de economia, entre os quais alguns filmes antigos de empresas "que o tempo está destruindo, fazendo com que se percam importantes registros da nossa memória nacional".

Segundo informa a solicitante, a experiência da FEA-UFRJ foi modelo para criação de Núcleos de Vídeo em outras instituições de ensino superior, destacando-se as da UFBA, UFPA, UFAL, UFES, UnB, e, ao mesmo tempo, essas universidades passaram a solicitar fitas do acervo. Desse modo, "em função destas considerações o presente projeto pretende criar condições para que todos os filmes e programas em videocassete compatíveis com o ensino e pesquisa de economia possam ser colocados à disposição dos Cursos e Institutos de Economia".

O parecer da equipe do Pró-Documento avalia que o projeto é de grande relevância, pois "o vídeo constitui-se num mecanismo ágil e seguro de preservação da memória". Porém, afirma que o projeto necessita de ajustes e de equipe especializada, recomendando tanto a participação do Pró-Documento na organização do acervo, quanto o apoio financeiro da FNPM para sua execução. No entanto, não encontramos documento que comprove que a equipe do Pró-Documento realizou este trabalho.

O projeto da videoteca da FEA-UFRJ sinaliza o alcance que o Programa estava adquirindo na execução de ações de apoio às instituições, já que a formação de um acervo fílmico de finalidade educacional teria uma repercussão nacional caso fossem atingidos os objetivos propostos, reconhecendo, assim, este conjunto documental como patrimônio cultural.

Em 1987, a chefe do Departamento de Ciências Sociais da UFRJ, professora Filippina Chinelli, envia ofício ao então presidente da FNPM, Joaquim Arruda Falcão, solicitando assistência técnica "no que diz respeito à organização de material recolhido e produzido" pelo Laboratório de Pesquisa Social deste departamento.

O documento foi recebido pelo Pró-Documento em 10 de março daquele ano, encaminhando anexo o projeto de formação de um "núcleo de documentação" para o Núcleo de Pesquisa de Trabalhadores Industriais[362] do Departamento de Ciências Sociais da UFRJ. No entanto, mais uma vez, não encontramos na documentação analisada indícios de que esse projeto tenha sido executado pela equipe do Pró-Documento.

Nesse mesmo ano, a coordenação do Pró-Documento também recebeu ofício do então reitor da Universidade de Brasília (UnB), Cristovam Buarque, solicitando assistência técnica para a organização dos acervos documentais da Biblioteca Central da universidade[363]. A solicitação foi atendida por meio de uma visita técnica que teve "como finalidade avaliar o projeto de incorporação do acervo bibliográfico adquirido pela Biblioteca Central da Universidade, num total de 33.171 volumes". A equipe do Programa foi recebida pelo prof. Murilo Bastos Cunha, então diretor da biblioteca e autor do projeto, que apresentou as "instalações da biblioteca e seu funcionamento automatizado, como a grande sala onde estão depositados, à espera de incorporação, os volumes que o projeto contempla"[364]. Porém, assim como nos projetos analisados anteriormente, não há indícios de que o projeto tenha sido executado pela equipe do Programa.

A ausência de maiores informações sobre o andamento desse projeto nos indica duas problemáticas: por um lado percebemos que a documentação reunida no ACI-RJ é incipiente, denunciando a possível perda da organicidade do acervo do Pró-Documento, que, conforme apontamos nos capítulos anteriores, pode ter se perdido quando da extinção da FNPM e criação do IBPC, em 1991; por outro lado, pode nos indicar que no conjunto dos projetos prevalece o diagnóstico como sendo a principal atividade executada, nos faltando informações que possam revelar quais projetos foram de fato executados pela equipe do Programa, assim como quais resultados e legados que foram construídos a partir dessas solicitações.

Além do Pró-Documento atender solicitações da UFRJ, PUC-Rio e UnB, instituições que, na época, possuíam grande relevância na produção cientifica

---

[362] Arquivo Noronha Santos – ACI/RJ – IPHAN. **Fundo Arquivo Intermediário**. Fundo Sphan/Pró-Memória (1969-1992). Caixa 251, Pasta 08: Núcleo de pesquisa de trabalhadores industriais.

[363] Arquivo Noronha Santos – ACI/RJ – IPHAN. **Fundo Arquivo Intermediário**. Fundo Sphan/Pró-Memória (1969-1992). Caixa 251, Pasta 11: Biblioteca Central da UnB.

[364] A equipe que participou da visita era do setor de biblioteconomia do Pró-Documento, então eles também visitaram a biblioteca do Senado Federal e da Câmara dos Deputados. Na biblioteca do Senado admiraram-se com a organização do setor de Recortes de Jornais e, na da Câmara, com a indexação de periódicos estrangeiros.

nacional, também acolheu as demandas de outras instituições universitárias de menor porte, como é o caso do Centro Pedagógico de Dourados (CPD), da Universidade Federal de Mato Grosso do Sul[365]. Naquele período, a UFMS ainda não dispunha de programas de pós-graduação, embora existisse uma demanda crescente por estudos de história regional, o que para os solicitantes justificava a necessidade da criação de um centro de documentação que reunisse fontes para a produção historiográfica no estado. Nota-se, nesse sentido, que o Programa de Pós-Graduação em História da UFMS iniciou apenas em 1999, ou seja, doze anos após a solicitação de apoio técnico para a formação do atual Centro de Documentação Regional (CDR/FCH/UFGD).

Assim, em 1987, o Pró-Reitor de Pesquisa e Pós-Graduação da UFMS, Prof. Olímpio Crisóstomo Ribeiro, encaminhou ofício a FNPM solicitando auxílio para a instalação do "Centro de Documentação para Estudos Regionais"[366] – atual CDR.

De autoria do Professor José Laerte Cecílio Tetila, o projeto foi apresentado ao Programa com a finalidade de reunir e preservar adequadamente o acervo sobre MS e também "priorizar a coleta, guarda, preservação e divulgação das fontes escritas (bibliográficas e documentais)"[367]. A criação do Centro de Documentação, por sua vez, devia-se ao diagnóstico de que, pelo fato de a documentação sobre MS estar dispersa, com frequência, os pesquisadores tinham que ir a São Paulo e Rio Janeiro colher informações sobre o estado.

Desse modo, afirma-se que, "além do apoio à pesquisa, ensino e planejamento regional, a criação do referido centro justifica-se também pelo papel que pretende assumir na produção e preservação da memória histórica sul-mato-grossense", além de poder contribuir para questões colocadas pela historiografia nacional. Não obstante, a criação do centro facilitaria as condições de pesquisas de estudiosos da área de humanas, já que "o referido centro, uma vez implantado, poderá abrir perspectivas universalizantes ao conhecimento

---

[365] O antigo CPD, criado em 1971, permanece como centro pedagógico da UFMS até o ano de 2005, quando o Programa de Expansão das Instituições Federais de Ensino Superior no Brasil cria a Universidade Federal de Grande Dourados (UFGD) nesse mesmo ano, passando então o CPD a pertencer a essa universidade. Disponível em: www.ufgd.edu.br . Acesso em: 19 set. 2023.

[366] Arquivo Noronha Santos – ACI/RJ – IPHAN. **Fundo Arquivo Intermediário**. Fundo Sphan/Pró-Memória (1969-1992). Caixa 251, Pasta 09: Centro de documentação para estudos regionais.

[367] O projeto "Centro de Documentação para Estudos Regionais", elaborado pelo Professor José Laerte Cecílio Tetila, deriva do atual Centro de Documentação Regional (CDR\FCH\UFGD). Em e-mail enviado ao então coordenador do CDR Paulo R. Cimó Queiroz, em 2016, obtivemos a informação de que o CDR se originou de projeto coordenado pelo professor Tetila, o que nos confirma a hipótese de que o centro foi implantado com o apoio técnico do Pró-Documento.

da realidade sul-mato-grossense", além de intercâmbios com outros centros universitários e o "Arquivo Público Estadual"[368] – na época recém-criado.

Indique-se também que este projeto provavelmente é fruto do Seminário sobre Preservação de Acervos Documentais Privados no Escritório Técnico da SPHAN/FNPM (1985) – citado no Capítulo III, pois tivemos pesquisadores do Núcleo de Documentação e Informação Histórica Regional da Fundação Universidade de Mato Grosso (NDIHR-FUFM) que afirmaram, na época, estarem interessados em trabalhar com o Pró-Documento, pois a equipe os auxiliaria na criação desse centro de documentação.

Destaca-se, neste caso, a ênfase do projeto em trabalhar com conjuntos documentais privados referentes à história regional, diferenciando-se dos outros projetos – como a PUC, UnB e UFRJ, no qual a preocupação é com os documentos da universidade.

Os principais objetivos propostos pelo projeto estavam em contribuir para a preservação da memória histórica e organizar, conservar e propagar o referido acervo em nível local, regional e estadual. Percebemos, então, que o CDR tinha o intuito de preservar a memória local, mas também dar acesso a uma documentação que, ao que tudo indica, estava dispersa. Inclusive, a partir da análise das considerações feitas pela equipe do Pró-Documento na documentação em questão, percebe-se como eles discorrem sobre a importância do cumprimento do projeto no que se refere à preservação e ao acesso à documentação sobre a UFMS.

Assim, nas considerações sobre o projeto, a equipe do Pró-Documento afirma a necessidade de ficar nítido na proposta que a formação do acervo do Centro de Documentação tem que ser estritamente de natureza privada, pois os documentos produzidos por órgãos e instituições da administração pública são de competência exclusiva dos arquivos públicos. Também salientam a importância da constituição do acervo do Centro, principalmente no que concerne à conservação e divulgação das fontes da informação que o Centro irá constituir. Ao finalizar as considerações, afirmam que:

---

[368] O Arquivo Público Estadual garante a preservação da memória histórica de Mato Grosso do Sul. Por meio da gestão de documentos produzidos e acumulados pela administração, fundações e autarquias do poder executivo estadual, também assegura o cuidado e a preservação de fontes para a pesquisa histórica e o assessoramento aos órgãos do executivo estadual e aos municípios do Estado. Sua origem remonta a Diretoria-Geral do Arquivo Público, criada pelo Decreto n.º 4.053, de 2 de abril de 1987. Em 1989, com a promulgação da Constituição Estadual, em seu artigo 45, foi instituído o atual Arquivo Público Estadual. Desde 2007 o gerenciamento do Arquivo Público Estadual fica sob a responsabilidade da Fundação de Cultura de Mato Grosso do Sul. Disponível em: http://www.fundacaodecultura.ms.gov.br/arquivo-publico-estadual-de-mato-grosso-do-sul-ape/. Acesso em: 19 set. 2023.

> A proposta em si nos pareceu interessante, uma vez que um Centro de Documentação Regional pode contribuir para a preservação da memória local, bem como para o conhecimento acerca do desenvolvimento histórico da região. Nos parece também que, tanto a Universidade quanto a um grupo de docentes e pesquisadores envolvidos, tem a seriedade e determinação necessárias para levar à frente a proposição.

Finalizando o parecer, afirmam que "a nosso ver, do ponto de vista estritamente técnico-científico, a proposta deve merecer o apoio da Pró-Memória, desde que haja acompanhamento técnico do Pró-Documento à sua concepção e implantação".

É interessante notar, no parecer, a preocupação da equipe do Pró-Documento em ressaltar a natureza privada do acervo a ser custodiado pelo CDR, ou seja, o Programa reafirmava seus objetivos de ser o único programa brasileiro de proteção aos arquivos privados, premissa que o tornava singular no contexto da política federal de preservação. Parece também procurar evitar qualquer tensão com as instituições arquivísticas públicas, locais e nacionais, ao delimitar como fora de sua competência os conjuntos documentais de natureza pública.

As propostas aqui apresentadas com relação à criação dos centros de documentação e memória, além de contribuir na preservação e organização dos conjuntos documentais privados, também inauguram um novo espaço de produção de informação e preservação da memória de acordo com Cavalcanti[369]. Em sua tese de doutorado, a autora assevera que

> [...] a criação destes centros inaugura uma nova categoria de espaço de produção de informação, que mais tarde vai congregar no mesmo local o "marginal" e o institucional. Um lugar não só de encontro como também de transmutação, pois quando estes centros foram criados em algumas universidades brasileiras pela iniciativa de professores e pesquisadores, e mais tarde com incentivos do governo, a informação que eles produziram e mantiveram a partir dos acervos doados pelos integrantes dos diferentes movimentos organizados passou a ocupar os espaços institucionalizados, até mesmo extrapolando os limites dos próprios centros, daí seu caráter de transmutação[370].

---

[369] CAVALCANTI, M. T. **Os centros de documentação universitários como espaços de institucionalização de novas memórias.** 2014. Tese (Doutorado em Ciência da Informação) – Universidade Federal do Rio de Janeiro, Rio de Janeiro, 2014.
[370] CAVALCANTI, 2014, p. 155.

Do mesmo modo, vimos que a criação desses centros de documentação também responde ao processo de renovação historiográfica que vinha ocorrendo desde fins da década de 1970 nas universidades, tendo como principal característica temas até então pouco trabalhados pelos historiadores, como a história regional, o mundo do trabalho, a história das mulheres, entre outros, cujas fontes documentais sobre esses temas encontravam-se, em sua maioria, nos arquivos privados.

Já com relação aos conjuntos documentais de instituições educacionais não universitárias, temos o projeto "Organização e conservação do arquivo da Escola Técnica Federal de Campos – RJ"[371]. Na documentação, encontramos o relatório de uma visita técnica a essa instituição sob o título "Diagnóstico e Recomendações acerca do estado de organização e conservação do arquivo da Escola Técnica Federal de Campos – RJ"[372].

Indique-se que, por solicitação da ETFC, a equipe do Pró-Documento que visitou a Escola no ano de 1987 elaborou um relatório para possível criação do centro de memória da ETFC. Interessante notar que na apresentação do relatório encontramos a afirmação de que a solicitação se enquadra "na tendência atual [década de 1980] de criação de centros de memória e centros de documentação". A direção da ETFC desejava a criação desse centro em busca de comemorar os 77 anos da criação do colégio.

O parecer do programa indica que a preservação desse acervo educacional é de extrema importância, pois se trata de uma das primeiras instituições do ensino profissionalizante do estado do Rio de Janeiro. O acervo da escola inclui: processos administrativos, protocolos, fichários de notas dos alunos, livros de registros de diplomas, fotografias, livros e impressos O relatório documenta a situação do arquivo que estava distribuído em três locais do prédio da escola – a sala número 38, a sala de registro escolar e a área sob a arquibancada do ginásio de esportes. De modo que a primeira recomendação da equipe do Programa foi remover o acervo para um local adequado para o início dos trabalhos de organização, bem como a organização e higienização do acervo da escola e o devido acondicionamento em local apropriado para sua preservação.

---

[371] A Escola Técnica Federal de Campos atualmente é um entre os 15 Campus do Instituto Federal Fluminense, criado em 2008 pelo Governo Federal, a partir dos CEFET's e escolas agrotécnicas dos estados brasileiros. Mas sua história remonta ao início do século passado. Entre as décadas de 1910 e 1970, a instituição passou por várias transformações, chegando ao estágio de Escola Técnica Federal de Campos, no final da década de 1960. Somente anos mais tarde, em 1990, ocorreu a cefetização, e a antiga ETFC passou a chamar-se Centro Federal de Educação Tecnológica de Campos. Não há informações no site consultado se existe algum acervo histórico desta instituição. Disponível em: http://portal1.iff.edu.br/conheca-o-iffluminense/historico. Acesso em: 19 set. 2023.

[372] Arquivo Noronha Santos – ACI/RJ – IPHAN. **Fundo Arquivo Intermediário**. Fundo Sphan/Pró-Memória (1969-1992). Caixa 264, Pasta 06: Preservação do acervo documental do Arquivo da Escola Técnica Federal de Campos.

Destaca-se que, apesar de a ETFC ser uma escola pública, a equipe do programa os auxilia com relação à criação de um centro de memória da instituição, assim, por mais que o propósito do programa fosse trabalhar com conjuntos documentais privados, provavelmente por estarem inseridos em uma fundação de caráter público é que a ETFC pediu apoio do Pró-Documento. Além disso, o interesse por novas fontes históricas nas pesquisas acadêmicas insere-se nessa proposta, já que iriam trabalhar com documentos referentes à educação no Brasil, que também estava inserida nas novas demandas que urgiam em nosso país.

Por fim, saliente-se neste tópico a importância da cooperação com as universidades, indicando um movimento mais geral no qual o Pró-Documento toma como aliadas essas instituições para preservação do conjunto documental privado. Os centros de documentação universitários começam a se constituir como mais um espaço de preservação de memórias, principalmente aquelas contidas em acervos privados pertencentes a indivíduos ou grupos ligados aos diferentes movimentos sociais e de trabalhadores, por exemplo.

4.3 ARQUIVOS DE ASSOCIAÇÕES DIVERSAS E DE ENTIDADES RELIGIOSAS

Neste tópico iremos trabalhar com os projetos relacionados aos conjuntos documentais produzidos por associações diversas e entidades religiosas. Identificados, mais uma vez, por Vitoriano, como arquivos de "associações de classe, entidades educacionais e beneficentes, culturais e todas as outras possibilidades do que convencionamos chamar no Brasil de organizações da sociedade civil"[373].

Vale destacar que no *Dicionário Brasileiro de Terminologia Arquivística* não se encontra o termo "documentação eclesiástica", sendo esses conjuntos documentais também considerados como arquivos de "Entidade Coletiva", que, para o Dicionário, significa:

> Grupo de pessoas que age de maneira organizada e é identificado por um nome específico, variando no seu grau e forma de organização, como movimentos sociais e políticos, feiras, seminários, conferências, instituições econômicas, sociais, políticas e religiosas, embarcações e aeronaves. Também chamado entidade corporativa[374].

---

[373] VITORIANO, 2011, p. 33.
[374] 2005, p. 83.

Desse modo, dos conjuntos documentais privados citados na Tabela 3, temos dois projetos que foram solicitados por ordens religiosas. O primeiro deles refere-se à documentação da Ordem Terceira dos Mínimos de São Francisco de Paula[375].

No caso desse projeto, temos que sua elaboração é resposta a uma demanda interna do SPHAN com relação à preservação do acervo da Igreja São Francisco de Paula, então pertencente a essa Ordem religiosa[376]. Nesta empreitada, técnicos do órgão que faziam estudos no acervo móvel depositado no edifício verificaram a existência de um arquivo em péssimo estado de conservação. Então, em 7 de agosto de 1985 foi enviado um comunicado interno ao Pró-Documento questionando a possibilidade de o programa realizar "o trabalho de inventário e recuperação da referida documentação, tendo em vista a caótica situação financeira em que se encontra a Venerável Ordem Terceira dos Mínimos de São Francisco de Paula (V.O.T.S.F.P.)".

Em sua avaliação, a coordenação do programa identifica a precária situação desse arquivo, reiterando sua relevância para futuras pesquisas acadêmicas. Ao mesmo tempo, aponta que a contribuição do Pró-Documento no trabalho de inventariar, recuperar e preservar o acervo só poderia se concretizar por meio de prestação de serviços de uma equipe especializada de arquivistas e conservacionistas, os quais trabalhariam sob a supervisão técnica do Pró-Documento. Desse modo, a assessora jurídica Sonia Rabello sugeriu ao gabinete a contratação de uma equipe para a execução deste trabalho, pedindo a elaboração de um instrumento pelo qual fosse permitido o acesso e a utilização do arquivo pelo público em geral, como condição aos serviços a serem prestados. Logo depois, em 11 de dezembro de 1985, o representante da V.O.T.S.F.P. envia pedido de financiamento do projeto de organização do arquivo da Ordem para a FNPM e, anexo, o texto no qual expõe justificativa, objetivos, metodologia e cronograma do trabalho.

Aqui há que destacar como o tema do acesso à documentação é questão de relevância neste projeto, visto a importância que as entidades religiosas adquiriram ao longo dos séculos com relação à memória e história da sociedade brasileira, possibilitando pesquisas de excelente qualidade na área das Ciências Humanas.

---

[375] Arquivo Noronha Santos – ACI/RJ – IPHAN. **Fundo Arquivo Intermediário**. Fundo Sphan/Pró-Memória (1969-1992). Caixa 251, Pasta 05: Organização do arquivo da Ordem Terceira dos Mínimos de São Francisco de Paula.

[376] A Igreja São Francisco de Paula foi tombada pelo SPHAN em 1938 e está inscrita no Livro de Tombo Histórico (inscr. N.º 2, de 1/4/1938). A partir de 1985, por uma Resolução do Conselho Consultivo da SPHAN, de 13/8/85, referente ao Processo Administrativo n.º 13/85/SPHAN, o tombamento incluiu todo o acervo, ou seja, além da construção arquitetônica também se incluíram acervos museológicos e conjuntos documentais pertencentes à Ordem religiosa.

Enquanto o projeto afirma que o objetivo principal está em organizar o acervo desta instituição, a justificativa apresentada pela Ordem indica que o acervo é constituído por "livros de entradas de irmãos, livros de óbitos de irmãos, livros de atas estatutos, etc.", colocados como documentação necessária "para a análise da dinâmica de organização autônoma da sociedade civil no passado, e para o estudo da vida religiosa". Afirma-se também que esta documentação é necessária para o entendimento de profissões, além do estudo sobre urbanização por meio das plantas de bens imóveis e escrituras antigas. Afirmam também que, mesmo sob condições bastante precárias, o arquivo da Ordem guarda registros históricos de mais de dois séculos de existência[377].

De acordo com a documentação analisada, a execução do projeto foi feita em seis meses, sendo que em cada mês era entregue ao coordenador do Pró--Documento um relatório expondo todas as atividades realizadas. Na primeira etapa foi feito um diagnóstico sobre o estado de organização e conservação física de acervos documentais da Ordem, localizados no município do Rio de Janeiro[378]. Posteriormente, realizaram organização; higienização dos acervos e elaboração de instrumentos de pesquisa, como inventários e catálogos.

O interessante, ao final do relatório, é que se afirma que, além da consecução do inventário como produto final dos trabalhos de organização e tratamento do arquivo da Ordem de São Francisco de Paula, a equipe do programa julgou conveniente elaborar um manual metodológico reproduzindo todas as etapas observadas neste projeto e servindo então como objeto de consultas e reflexões para futuros projetos de organização de arquivos, em especial os de natureza eclesiástica. Além disso, elaborou-se um manual de atendimento ao pesquisador externo, a ser utilizado pelos funcionários da Ordem encarregados da manutenção da documentação e atendimento ao público[379]. Os documentos também indicam que a equipe organizou cursos para os funcionários da Ordem com a intenção de implantar uma rotina de manutenção no cuidado com os arquivos e, do mesmo modo, o acesso do acervo ao público.

---

[377] De acordo com o projeto, as irmandades e ordens terceiras foram, até o final do século XIX, associações de ajuda mútua baseadas na fraternidade cristã inspirada pela devoção a determinado santo. Assim, "a venerável Ordem Terceira dos Mínimos de São Francisco de Paula distingue-se na realização dessas finalidades, tendo sido uma das ordens mais importantes na vida social do Rio de Janeiro".

[378] Foram identificados 36 metros lineares, sendo 800 volumes de códices, 80.000 documentos textuais manuscritos não encadernados, 5.000 documentos textuais impressos (entre panfletos e livros), 300 plantas, 300 fotografias e 200 recortes de jornais. Também fizeram um levantamento do equipamento necessário para armazenamento da documentação; limpeza, higienização e análise preliminar do acervo; definiram o modelo de arranjo a ser implantado na organização do arquivo; elaboração dos instrumentos de pesquisa, como inventários, catálogos e dossiês.

[379] Infelizmente não encontramos este Manual na documentação consultada no ACI/RJ.

Destacamos aqui que, dos projetos a que tivemos acesso, este foi um dos primeiros a ser realizado de maneira mais ampla, compreendendo não só o diagnóstico e elaboração do projeto, mas também a fase da execução na qual se percebem caminhos e procedimentos do Programa que ainda estavam se desenhando numa fase quase que experimental. Além disso, apesar de não encontrado no ACI-RJ/IPHAN, a produção de um manual metodológico e propostas de organização de cursos para os funcionários da Ordem com o intuito de auxiliá-los na manutenção dos arquivos indica abertamente outras propostas de assessoria que não só a de elaboração de projetos.

O Pró-Documento também trabalhou com o acervo da Irmandade da Santa Cruz dos Militares[380]. Em outubro de 1986, a FNPM assinou Termo de Cooperação Técnica com a irmandade[381] e o objeto do Termo de Cooperação Técnica é a organização e conservação do Arquivo Permanente da Irmandade pela FNPM mediante projeto anexo, incluindo treinamento de pessoal[382].

O "Projeto de organização e conservação do arquivo da Irmandade da Santa Cruz dos Militares[383]", datado de julho de 1986, foi elaborado pela Irmandade com a assessoria da equipe técnica do Pró-Documento. No texto salienta-se que "a irmandade dos militares se conformou assim no Rio de Janeiro como uma entidade religiosa de fins assistencialistas", bem como afirma-se que o arquivo da irmandade é de grande importância para os estudos de história social e antropologia religiosa, indicando aí um diálogo com a renovação historiográfica daquele período:

> Estruturada em bases corporativas com finalidades assistenciais, a irmandade produz documentos únicos sobre a história das condições de vida dos militares do Brasil colônia e império. O acervo complementa e enriquece as fontes

---

[380] Arquivo Noronha Santos – ACI/RJ – IPHAN. **Fundo Arquivo Intermediário.** Fundo Sphan/Pró-Memória (1969-1992). Caixa 258, Pasta 04: Arquivo da Irmandade da Santa Cruz dos Militares. Assinam o documento Dr. Joaquim de Arruda Falcão Neto (FNPM), Dr. Angelo Oswaldo de Araújo Santos (SPHAN), Cel. Paulo de Mendonça Ramos por parte da Irmandade e testemunha não identificada.

[381] A Igreja Santa Cruz dos Militares foi tombada pelo SPHAN em 1938 e está inscrita no Livro de Tombo Histórico (inscr. N.º 89, de 22/7/1938). A partir de 1985, por uma Resolução do Conselho Consultivo da SPHAN, de 13/8/85, referente ao Processo Administrativo n.º 13/85/SPHAN, o tombamento incluiu todo o acervo, ou seja, além da construção arquitetônica, também se incluíram acervos museológicos e conjuntos documentais pertencentes à Ordem religiosa.

[382] O mencionado projeto que estaria em anexo não consta na documentação da pasta que foi consultada, constando apenas o Termo de Cooperação e o Parecer do Pró-Documento.

[383] A Irmandade da Santa Cruz dos Militares tem um acervo documental significativo, estimado em 106 metros lineares de documentos, além de conter cerca de 1.120 unidades de documentação cartográfica. Para saber mais, consultar: http://www.iscm.org.br/. Acesso em: 19 set. 2023.

existentes, possibilitando novas abordagens no estudo da história dos militares no Brasil.

A equipe do programa acrescenta no texto que organizar este acervo é uma tarefa urgente, pois o tratamento arquivístico dos documentos virá a complementar a integridade do patrimônio cultural representado pela própria Igreja – cujo interior foi talhado por Mestre Valentim, subentendendo-se o reconhecimento da memória desta instituição:

> A natureza do acervo é constituída basicamente de material avulso não identificado, plantas e mapas, também não identificados e, em menor escala, de livros encadernados datados a partir do início do século passado. A documentação em sua maior parte está inadequadamente acondicionada e armazenada, além de se encontrar dispersa em diversas dependências do prédio. Os locais de depósito não são apropriados à guarda e a perfeita conservação dos documentos. Quanto ao estado físico, parte expressiva da documentação acha-se danificada pela ação de insetos.

Com relação ao diagnóstico da natureza do acervo, o parecer assegura que o conjunto documental é composto por documentos manuscritos, cartográficos, iconográficos e impressos. Os técnicos do programa salientam no parecer que:

> Por ocasião do diagnóstico de situação realizado pela equipe técnica do Pró Documento, não foi possível fazer a identificação completa do acervo e a sua quantificação mais exata, devido as condições atuais de organização em que se encontra o arquivo da Irmandade da Santa Cruz dos Militares[384].

Devemos destacar aqui que os bens religiosos já eram destacados na avaliação do patrimônio cultural na política anterior do órgão, no entanto, privilegiavam-se os bens edificados. Com a política do Pró-Documento, os bens arquivísticos também se valorizam. Nestes arquivos, percebemos que a instituição, naquele momento, também passa a se ater ao patrimônio religioso que não estaria somente nos bens arquitetônicos, mas sim nos conjuntos

---

[384] Então finalizam afirmando que vão fazer a identificação, higienização e avaliação do acervo, que terá a supervisão e assessoria técnica do Pró-Documento. Caberia ao arquivista contratado a produção dos relatórios mensais de acompanhamento das atividades de identificação, arranjo e descrição do acervo.

documentais[385]. Desse modo, esses arquivos foram trabalhados como parte complementar do tombamento das edificações religiosas.

Com relação aos arquivos de associações, temos o projeto "Casa da FEB: projeto de preservação da memória audiovisual e projeto de História Oral", firmado em 1987, por meio de um convênio entre a FNPM e a Associação Nacional dos Veteranos da Força Expedicionária Brasileira (FEB), que objetivava a recuperação da memória oral e iconográfica da associação, visto que esta se reconhecia como parte integrante da memória nacional. Nesse convênio se estabelecem as responsabilidades da FNPM no processo de colaboração técnica e financeira para a casa da FEB relativa às ações que as instituições fariam para a execução do projeto, assim como fazer o acompanhamento técnico das etapas do projeto por meio do Pró-Documento. Do mesmo modo, seria obrigação da FEB executar o projeto de recuperação da memória oral e iconográfica organizando o acervo audiovisual e os documentos, permitindo às instituições e pesquisadores o acesso ao acervo num prazo de doze meses.

O projeto da FEB descreve recomendações técnicas com relação à conservação, diagnóstico e arranjo do acervo. No entanto, o fato de essa entidade ser atendida pelo Programa indica, ao mesmo tempo, a diversidade de instituições que na época solicitaram a cooperação ao programa, como também apontam quais entidades estavam constituindo esta rede mobilizada pelo Pró-Documento.

Indique-se que o atendimento a duas entidades com conexões com os corpos militares, sendo uma religiosa – a Irmandade da Santa Cruz dos Militares – e outra laica – a Associação Nacional dos Veteranos da Força Expedicionária Brasileira –, mesmo na segunda metade da década de 1980, sinaliza o peso dos setores militares na administração da FNPM.

Outro projeto que indicou a preocupação com a questão do acesso aos arquivos é o de Preservação e organização do acervo documental da

---

[385] Importante destacar que atualmente temos no artigo 16 da Lei n.º 8.159/91 que "os registros civis de arquivos de entidades religiosas produzidos anteriormente à vigência do Código Civil [promulgado em 1916] ficam identificados como de interesse público e social". Consideramos aqui que essa lei se refere aos registros civis produzidos por entidades religiosas, ou seja, provavelmente a documentação paroquial que continha registros de nascimento, casamento e óbito. Não contemplando, desse modo, todo o acervo de entidades religiosas, somente os relacionados a registros civis. Com a promulgação do Decreto n.º 4.073/02 – que regulamenta a Lei de Arquivos –, o artigo 22, inciso 2.º, assevera que são automaticamente considerados documentos privados de interesse público e social "os registros civis de arquivos de entidades religiosas produzidos anteriormente à vigência da Lei no 3.071, de 1º de janeiro de 1916". Consultar: http://www.planalto.gov.br/ccivil_03/decreto/2002/d4073.htm. Acesso em: 20 dez. 2017. Acervo Iphan. Fundo SPHAN/FNPM. Arquivo Intermediário. Caixa 258, Pasta 03: Memória Oral da FEB.

Associação dos Bancos no Estado do Rio de Janeiro[386] (ABERJ)[387]. Este foi elaborado em outubro de 1987, no entanto, sabe-se da existência de uma proposta anterior que está indicada na apresentação do projeto, onde se afirma que já haviam submetido uma proposta inicial muito mais ampla e complexa com relação à organização dos arquivos, como, por exemplo, atualização e dinamização da biblioteca, levantamento das formas de produção, organização, fluxo e controle da documentação arquivística em uso corrente; levantamento da estrutura do arquivo na estrutura do acervo arquivístico em geral; higienização, identificação e organização da totalidade da documentação arquivística. Porém, como podemos notar, o projeto de 1987 possui uma redução significativa dos objetivos, abandonando-se a perspectiva inicial do projeto.

Essa primeira perspectiva procurava criar "as condições necessárias à formulação de uma política de gestão de documentos, que levaria a padronização e racionalização dos procedimentos referentes ao trabalho dos arquivos na ABERJ". No parecer reiteram que a diminuição do campo de trabalho traria consequências graves à organização do acervo,

> [...] na medida em que entendemos as atividades de arquivo como algo dinâmico, consideramos um erro grave qualquer trabalho nesse campo que vise apenas a solução de problemas circunstanciais localizados em uma parte restrita do acervo.

Entendemos aqui que, na primeira proposta feita pela equipe, eles tinham a intenção de trabalhar com a gestão dos documentos. Contudo, como tiveram que refazer o projeto por questão de "verba", fazem essa crítica indicando as dificuldades que surgiriam resolvendo problemas "circunstanciais", sem se preocupar com a organicidade dos documentos.

Nessa nova proposta argumentam ser esta instituição a mais antiga entidade representativa dos bancos comerciais do Brasil, pois em 1927 já contava com cinquenta bancos só no estado do Rio de Janeiro. No entanto, com a formação do sindicato em 1934, ela tem seu papel esvaziado e a lacuna existente em seu acervo documental referente às décadas de 1930, 1940 e 1950 caracteriza bem essa situação, sendo que, atualmente [1987], a ABERJ

---

[386] Arquivo Noronha Santos – ACI/RJ – IPHAN. **Fundo Arquivo Intermediário**. Fundo Sphan/Pró-Memória (1969-1992). Caixa 264, Pasta 04: Preservação do acervo documental da ABERJ.

[387] Atual Associação e Sindicato dos Bancos do Estado do Rio de Janeiro (ABERJ). Trata-se da entidade mais antiga da classe representante do sistema financeiro, fundada pelos bancos. O site da entidade não oferece informações sobre seu acervo documental. www.aberj.com.br. Acesso em: 19 set. 2023.

está vinculada à organização e supervisão dos cursos oferecidos pelo centro de treinamento bancário (Centreban).

A equipe do Pró-Documento salienta que a importância da preservação desse conjunto documental está nas informações que os documentos abordam com relação ao cotidiano da sociedade civil, como, por exemplo, a situação da mulher na Primeira República, fonte de grande relevância para os estudos na área das Ciências Humanas:

> [...] merecem destaque inúmeros pareceres jurídicos encontrados no arquivo do ABERJ. Dentre eles o do jurista Prudente de Moraes Filho, no qual este expressa de forma clara a situação da mulher na época. Ela era proibida de abrir e movimentar conta corrente em banco sem autorização do marido por que a mulher era equiparada a pessoa falida, aos menos de idade e aos interditos.

Mais uma vez temos a indicação da renovação historiográfica nessa proposta, pois a equipe destaca um documento que cita a situação das mulheres na Primeira República, tema esse ainda embrionário na área de História naquela conjuntura. Indique-se que este tipo de fonte embora possa marginalmente indicar questões sobre história das mulheres, tem como temática central as questões econômicas e a articulação dos interesses das elites financeiras.

Desse modo, a proposta de trabalho que a equipe do Programa apresentou em 1987 por meio do projeto analisado é a de identificar, tratar, descrever e catalogar o acervo dessa entidade no intuito de disponibilizá-lo ao público. No entanto, em recente consulta ao site da entidade, notamos a inexistência de informações sobre o seu acervo documental.

Os projetos analisados sinalizam a questão das demandas memoriais já discutidas no capítulo anterior. Ambos solicitam o auxílio do programa, pois acreditam na relevância de informações que esses conjuntos documentais contêm, seja como fonte para uma futura pesquisa acadêmica, seja simplesmente como elemento de informação, pensando na relevância social que esses acervos possuem e também como suporte da memória nacional visto como patrimônio histórico e cultural brasileiro.

Nota-se, por meio dessas demandas, sejam elas internas a instituição ou aquelas que chegam via relações do próprio governo, que parecem descaracterizar os objetivos iniciais do Programa, pois, apesar de ser um conjunto documental privado, não se relaciona com a sociedade civil, tendo caráter militar.

4.4 DOCUMENTOS: ENTRE O PÚBLICO E O PRIVADO

O texto-base do Pró-Documento assevera que os conjuntos documentais públicos são de responsabilidade dos órgãos públicos. Entretanto, provavelmente pelo programa ser parte de uma instituição pública, identificamos que por diversas vezes o Programa também recebeu solicitações relativas à documentação de órgãos da administração pública.

Percebemos então que, mesmo que a documentação pública não se enquadrasse no escopo definido inicialmente pelo programa, a coordenação do Pró-Documento recebe solicitações e atende ao pedido de instituições públicas, realizando visitas técnicas para ao menos passar instruções iniciais e, posteriormente, encaminhá-las ao órgão público responsável por auxiliá-las. Nessa categoria temos o exemplo do Superior Tribunal Militar (STM)[388].

Representado pelo Dr. Ruy de Lima Pessoa, nomeado na época para ser Ministro Presidente da Comissão 180.º Aniversário do STM, este envia ofício ao então secretário do SPHAN, Dr. Ângelo Oswaldo Araújo Santos, no dia 27 de março de 1987, solicitando orientação e apoio técnico da Secretaria quanto ao tratamento e organização do acervo do STM, pois "sua documentação sofreu a ação do tempo, dos microrganismos, insetos, resíduos em geral e precárias condições dos acervos, deixando marcas indeléveis".

Passados pouco mais de um mês, no dia 7 de maio de 1987, o secretário envia ao presidente da FNPM, Joaquim de Arruda Falcão, ofício solicitando apoio técnico para "executar trabalho de restauração de documentos daquele órgão", sugerindo que o trabalho fosse realizado pelo Pró-Documento. Dessa maneira, o pedido é enviado ao coordenador do Pró-Documento, Gilson Antunes, em 21 de maio de 1987. Então, entre setembro e outubro do mesmo ano o Pró-Documento envia uma equipe para avaliar a situação do acervo e no dia 16 de novembro de 1987 o coordenador do Programa envia o "Relatório das viagens realizadas por técnicos do Pró-Documento ao Superior Tribunal Militar".

No entanto, há que se ressaltar que a equipe do Pró-Documento coloca como condição da execução do projeto a participação do Arquivo Nacional. No caso, afirmam que estão incluídas entre as atribuições do AN "o tratamento, a preservação e o controle sobre as informações relativas à documentação de natureza pública". O coordenador do Programa, Gilson

---

[388] Arquivo Noronha Santos – ACI/RJ – IPHAN. **Fundo Arquivo Intermediário**. Fundo Sphan/Pró-Memória (1969-1992). Caixa 251, Pasta 12: Organização do acervo do Superior Tribunal Militar.

Antunes, justifica a participação do AN afirmando que "esta exigência faz-se necessária uma vez que, segundo as diretrizes deste Programa, a questão do patrimônio documental de nosso país deve receber tratamento de tal forma articulado que some esforços e devida atribuições". A proposta do STM à equipe do Pró-Documento – e também ao Arquivo Nacional – era de fazer um diagnóstico sobre o acervo para que o STM elaborasse um Plano de Trabalho que seria lançado oficialmente a 1.º de abril de 1988.

Por conta disso, foram feitas duas visitas pela equipe do Pró-Documento ao STM, "visando à elaboração de um diagnóstico do estado de organização e conservação do acervo que servisse de base para constituição de um projeto indicativo propondo soluções para os problemas levantados". Do nosso ponto de vista, é importante destacar a equipe multidisciplinar responsável pela elaboração do diagnóstico, quais sejam: Lígia Guimarães – Setor de Conservação e Restauração; Maíse Silveira – Setor de Química; Vanessa Guimarães – Setor de Microbiologia; Patrícia Vasconcellos – Setor de Ambiente; Carlos Ponte – gerente encarregado do projeto.

Cada profissional fez um diagnóstico sobre a situação da documentação do STM e também do ambiente em que se encontrava o depósito do acervo. No documento, afirmavam que o acervo vinha sendo acumulado desde o século XVIII e que estava em condições precárias de armazenamento. Colocado como um acervo extenso, constituído por fotografias, telas, material bibliográfico e arquivístico, o acervo é descrito como muito extenso e variado, no entanto, devido ao curto tempo da visita, não foi possível fazer uma "tomada de dados mais minuciosa".

Devido ao acervo estar inicialmente no Rio de Janeiro, facilitou-se a proliferação de insetos e microrganismos devido ao clima quente e úmido da região. Demonstram a preocupação com a falta de cuidado com a documentação porque parte do acervo localizava-se em salas próximas à área da garagem, na qual "o material arquivístico convive diariamente com gases liberados pelos automóveis". Devemos dar relevância aqui ao fato de que mesmo este sendo um arquivo público o Programa faz um diagnóstico inicial bastante minucioso sobre seu estado de conservação.

Perante o diagnóstico, em 12 de fevereiro de 1988, o diretor-geral do STM, Dr. João Cláudio França, envia ofício à SPHAN solicitando orientação e apoio técnico para elaborar um plano de trabalho com o objetivo de realizar a adequada restauração e/ou preservação do acervo. Esta solicitação foi dirigida ao Pró-Documento e também ao Arquivo Nacional. França afirma que o STM recebera visitas técnicas de ambas as instituições, "sem, no entanto, termos chegado a posicionamento efetivo sobre o que, quem, quando e como fazer". E ainda continua:

> Diante da proximidade da comemoração do aniversário do STM (de 05 a 08.04), tomamos a liberdade de sugerir uma reunião conjunta STM/ARQUIVO NACIONAL/PRÓ-DO-CUMENTO a ser realizada em um dos dias compreendidos de 22 a 26 de fevereiro próximo, na sede do STM, em Brasília, com a presença de 1 (um) representante de cada instituição. Na oportunidade seria definida a atribuição de cada órgão e detalhamento de uma "Carta de Intenções" a ser assinada em conjunto, durante solenidade no dia 05 de abril próximo.

Já em março de 1988, um ofício enviado pelo coordenador do Pró-Documento, Gilson Antunes, informa que o pessoal do STM, do Arquivo Nacional e do Pró-Documento acordou fazer uma reunião no intuito de definir o trabalho que seria desenvolvido para atribuir as respectivas atribuições de cada órgão quanto à assistência técnica que seria feita ao acervo. No entanto, Gilson Antunes afirma que a reunião ainda não foi realizada "por impossibilidade de participação do pessoal do Arquivo Nacional". Então, a equipe do STM sugere que reunião ocorra após a comemoração do 180º aniversário do Tribunal e a equipe do Pró-Documento afirma que estariam "prontos para iniciar os trabalhos, apenas aguardando as outras partes envolvidas no projeto"[389].

As dificuldades em iniciar os trabalhos para organização e preservação do conjunto documental parecem indicar dificuldades de diálogo ou encontro entre representantes do Arquivo Nacional e do Pró-Documento, demonstrando uma possível tensão que existia entre o Programa e o AN.

Realizado em julho de 1987 por meio de convênio entre o Arquivo Nacional, a FNPM e o INPS para a identificação, higienização, organização e concentração dos fundos documentais dos anos de 1920, o "projeto de organização do acervo do Instituto Nacional de Previdência Social – INPS"[390] também deriva de conjunto documental de natureza pública. A partir da visita técnica da equipe do Programa, verificou-se a urgente necessidade de

---

[389] Não encontramos documentação que indique a participação da equipe do Pró-Documento na execução do projeto nem se, na atualidade, temos esse acervo organizado e disponível ao público.

[390] Arquivo Noronha Santos – ACI/RJ – IPHAN. **Fundo Arquivo Intermediário**. Fundo Sphan/Pró-Memória (1969-1992). Caixa 264, Pasta 07: Preservação do Acervo Documental do INPS.

conservação do acervo que se encontrava em situação precária. O interessante neste projeto é que os técnicos do Pró-Documento procuravam

> [...] proporcionar a administração do INPS maior eficácia do exercício das suas funções mediante a implantação de uma política de arquivos integrados; [...] este projeto enquanto experiência piloto, poderá constituir-se futuramente num referencial metodológico de gestão de documentos para os demais órgãos do ministério da previdência e assistência social e mesmo da administração pública federal[391].

Não identificamos na documentação analisada como teria sido a execução desse projeto, no entanto, o termo de cooperação entre Arquivo Nacional, FNPM e INPS nos trouxe a informação de que a equipe do Pró--Documento trabalhou no diagnóstico e elaboração do projeto, sendo a execução – higienização e organização do acervo, de responsabilidade do AN, pois no convênio indicam uma verba destinada ao AN para executar esse trabalho. Provavelmente temos aqui o único ou o primeiro projeto no qual se identifica uma colaboração entre o Pró-Documento e o AN.

Por fim, devemos destacar também que essas solicitações demonstram, mais uma vez, a ausência de uma política de preservação dos arquivos, fazendo com que as instituições recorressem a um programa que, inicialmente, atendia as instituições que tratam de conjuntos documentais privados, e não arquivos públicos. Interessante destacar aqui com esses dois projetos a questão de o acervo ser de natureza pública – tipo de documentação que não fazia parte das demandas do programa.

4.5 DOCUMENTOS PESSOAIS

Inicialmente, voltamos a lembrar que na classificação dos grupos de documentos adotada, no texto base do programa, não se incluía uma classificação/definição para arquivos pessoais – o que demonstra o destaque atribuído aos chamados arquivos coletivos pelo Programa. É verdade que na classificação inicialmente proposta se abre espaço para outros grupos que poderiam ser criados em escala nacional ou regional. Assim, estes grupos documentais também poderiam ser objetos do Pró-Documento, por exemplo, "os arquivos de titulares e famílias considerados relevantes para fins de preservação"[392].

---
[391] A equipe de trabalho desse projeto reunia tanto pesquisadores do Pró-Documento como do Arquivo Nacional.
[392] SPHAN/FNPM (Brasil), 1984, p. 19.

Desse modo, destacaram-se aqui dois projetos que abordaram arquivos pessoais – o de Oscar Niemeyer e os dos presidentes da República –, embora pareça claro que esta não era uma prioridade do programa, cuja preferência era por arquivos coletivos. Com relação aos presidentes, temos dois projetos, um pedido pela Fundação Tancredo Neves para tratar do acervo pessoal de Tancredo Neves e o outro teria a proposta de criação de um centro de referência sobre os acervos dos presidentes da República no geral.

Lembrando que mesmo sendo acervos pessoais, ainda permanece o caráter do programa de tratar dos arquivos coletivos, pois percebe-se que a preocupação no projeto está em preservar e organizar os acervos pessoais que seriam úteis para a sociedade civil ou pesquisadores acadêmicos com o foco na profissão/atuação pública do indivíduo, e não na vida pessoal deste.

Primeiramente, temos o arquivo pessoal de Oscar Niemeyer[393], recebido em agosto de 1987 pela equipe do Pró-Documento, o qual produz um "diagnóstico" desse acervo arquivístico[394].

De acordo com o diagnóstico elaborado pela equipe do programa, a documentação é de natureza predominantemente técnica e está sendo acumulada desde meados da década de 1970, sendo composta dos gêneros documentais textual, iconográfico e cartográfico. Também afirmam que a preservação do acervo do arquiteto se justifica por oferecer informações importantes para a recuperação da história da arquitetura contemporânea brasileira. Além disso, as correspondências de Niemeyer com personalidades públicas, como Juscelino Kubitscheck, Salvador Allende, e fotos ao lado de Daniel Ortega, Rodrigo Mello Franco de Andrade e Le Corbusier "constituem valioso registro de sua atuação na vida política e cultural de grande importância para a memória nacional".

Ainda colocam que é indispensável o trabalho de preservação desse acervo: "A preservação do acervo de Oscar e a sua posterior utilização enquanto fonte primária para a pesquisa é condição indispensável à compreensão da dinâmica de desenvolvimento e urbanização das grandes

---

[393] Arquivo Noronha Santos – ACI/RJ – IPHAN. **Fundo Arquivo Intermediário.** Fundo Sphan/Pró-Memória (1969-1992). Caixa 261, Pasta 08: Oscar Niemeyer.

[394] Em 1987, após sua organização, o acervo do arquiteto foi sediado no Centro de Pesquisa e Documentação da Fundação Oscar Niemeyer, criada em 1988. Tal acervo refere-se à produção dos escritórios do Rio de Janeiro e em Paris entre as décadas de 1960 e 1970, reunindo documentos arquitetônicos, textuais, peças museológicas, maquetes e documentos fotográficos e audiovisuais. No ano de 2007 o acervo foi declarado de interesse público e social pelo Conarq e em 2008 recebeu o título de Memória do Mundo pela Unesco. Disponível em: www.niemeyer.org.br. Acesso em: 19 set. 2023.

cidades brasileiras". Temos aqui que as justificativas se articulam em torno de temas mais políticos, sociais e culturais e menos com a história da vida privada e íntima, à qual seriam mais estreitamente associados os arquivos pessoais numa fase posterior.

Em abril de 1988, em um relatório da equipe do Programa afirma-se que a finalidade do diagnóstico realizado foi a de auxiliar a Fundação Oscar Niemeyer[395] na organização, identificação, higienização e catalogação do acervo. Nesse sentido, a ação do Pró-Documento teve caráter de assessoria técnica para a possível criação do centro de pesquisa e documentação da Fundação naquele período[396]. Destaca-se novamente a tendência do período com relação à criação de Centros de Documentação, conforme já abordado anteriormente.

Outro projeto relacionado aos conjuntos documentais de natureza pessoal seria o dos presidentes da República do Brasil. Inserido na proposta do projeto sobre os presidentes da República, temos a assinatura, pela Fundação Tancredo Neves[397], de um termo de cooperação técnica com a FNPM em 1987 para possível organização do arquivo pessoal de Tancredo Neves. No termo de cooperação consta que, no caso da organização dos acervos presidenciais, "há uma importância peculiar, [pois] foram os presidentes civis e militares que estiveram à frente do executivo [...] no desenrolar da história nacional".

Diante do pressuposto de que os acervos presidenciais devem merecer atenção especial dos poderes públicos[398], a Fundação Tancredo Neves considera a iniciativa da FNPM uma oportunidade ímpar. Mesmo que de forma incipiente, ainda era tarefa de enorme importância para o recolhi-

---

[395] Após dezenove anos, com o acervo já organizado, este foi declarado de interesse público e social pelo Conarq a pedido de Ana Lúcia Niemeyer de Medeiros, então diretora executiva da Fundação. Medeiros afirma que o pedido feito ao órgão devia-se ao valor que as obras originais autorais detinham como parcela do patrimônio cultural brasileiro. De acordo com Ana Lúcia, "hoje o maior acervo documental do arquiteto é referência e ponto de partida para qualquer iniciativa, não apenas no que se refere a memória da moderna arquitetura brasileira, como ainda para a difusão da obra de Niemeyer, o criador de Brasília cidade monumento, patrimônio da humanidade" (MOLINA, 2013, p. 75). Contudo, não há referência no parecer se prestaram assistência técnica à Fundação, temos somente esse parecer.

[396] Não há referências de que o projeto foi executado, no entanto o site da Fundação indica um centro de pesquisa e documentação que é aberto aos estudantes de pós-graduação. Disponível em: http://www.niemeyer.org.br/. Acesso em: 19 set. 2023.

[397] A Fundação Tancredo Neves foi criada em 28 de julho de 1987. É responsável pela organização e manutenção do Memorial Tancredo Neves. Disponível em: www.memorialtancredoneves.com.br. Acesso em: 19 set. 2023.

[398] Arquivo Noronha Santos – ACI/RJ – IPHAN. **Fundo Arquivo Intermediário**. Fundo Sphan/Pró-Memória (1969-1992). Caixa 259, Pasta 04: Organização do Arquivo pessoal de Tancredo Neves.

mento do acervo do presidente. Todavia, devido aos recursos escassos de que a Fundação Tancredo Neves dispunha, foi solicitado o apoio da FNPM para possíveis recursos com o intuito de completar a equipe de trabalho e oferecer a infraestrutura necessária para a execução do projeto[399].

A importância desse trabalho se deve ao fato de a Fundação Tancredo Neves acreditar que a população tem o direito de acesso às informações sobre a vida pública do presidente, para que esse acervo possa ser pesquisado por estudiosos e interessados no desenvolvimento da história política do país, característica essa que o Pró-Documento também assevera com relação à importância histórica desse conjunto documental, demonstrando, mais uma vez, o diálogo com a renovação historiográfica e as demandas memoriais daquele período.

No mesmo contexto da execução desse projeto, a FNPM firmou termos de convênio com outras instituições no sentido de preservar a memória dos presidentes brasileiros. Em 1987, com assessoria do Programa, foi elaborado o projeto "Cadastro dos acervos arquivístico e bibliográfico dos presidentes da República Brasileira"[400]. Nele, a FNPM firmou termo de convênio com a Fundação Getúlio Vargas, representada pela equipe do seu Centro de Pesquisa e Documentação (CPDOC), e se comprometia a acompanhar o desenvolvimento do projeto, além de destacar recursos para a sua execução. Em contrapartida, o CPDOC faria o cadastro e diagnóstico dos acervos bibliográficos e arquivísticos dos presidentes da República no prazo de oito meses.

Na introdução do projeto, afirma-se que a proposta de cadastro e diagnóstico faz parte de um projeto mais amplo que envolveu outras instituições, como o Museu da República e o Arquivo Nacional. Assim, os recursos que seriam repassados para essas instituições permitiram o desenvolvimento de projetos específicos, visando a um profundo conhecimento e controle dos acervos presidenciais existentes. "O cadastramento e diagnóstico do material integraram o centro de referência em arquivos presidenciais, de responsabilidade do Arquivo Nacional"[401].

---

[399] A título de curiosidade, no citado projeto há menção ao valor repassado pela FNPM a Fundação Tancredo Neves referente a execução do projeto – C$ 1.300.000,00 (cruzados), que, se convertidos ao real, correspondem ao valor aproximado de R$ 47.272, 27.

[400] Arquivo Noronha Santos – ACI/RJ – IPHAN. **Fundo Arquivo Intermediário**. Fundo Sphan/Pró-Memória (1969-1992). Caixa 259, Pasta 05: Centro de Referência de acervos privados dos presidentes.

[401] O convênio entre as instituições citadas foi assinado em 22 de dezembro de 1987 pelo então ministro da Cultura, Celso Furtado, por Osvaldo Campos Melo, presidente da FNPM, e por Luiz Simões Lopes, presidente da FGV.

É interessante notar que, no documento, com relação à criação desse centro de referência, reconhecem a excepcionalidade do Pró-Documento em apoiar projetos de preservação de conjuntos documentais privados, já que esta não era uma característica usual da prática preservacionista no país:

> A ideia de um órgão público patrocinar a realização de um projeto voltado para a reunião e disseminação de informações contidas em arquivos privados merece o reconhecimento de todos os que se dedicam à questão da informação no país, sobretudo se se (sic) levar em conta que, iniciativas desse tipo dificilmente partiam de órgãos governamentais.

Desse modo, percebemos que os agentes, naquele período, tinham a consciência de que os órgãos governamentais não possuíam uma política pública de preservação para os conjuntos documentais privados. Nessa conjuntura, o Pró-Documento se destaca como um programa pioneiro na preservação dos arquivos privados brasileiros, já que por meio de sua ação tornava-se possível atribuir valor cultural e histórico aos acervos privados, transmutando esses conjuntos documentais do papel de meros suportes de informações para a condição de patrimônio nacional.

Conforme citado anteriormente, o projeto do CPDOC está interligado a uma proposta mais ampla com relação aos acervos dos presidentes da República. No mês anterior à assinatura do convênio com essa fundação, a FNPM havia também firmado um convênio com o Arquivo Nacional e a Associação dos Arquivistas Brasileiros (AAB), para o desenvolvimento do projeto "Centro de referência de acervos presidenciais", em que as instituições conveniadas firmaram compromissos de cooperação nos mesmos termos daquele firmado com o CPDOC, com o diferencial de que o Arquivo Nacional deveria criar e implantar tal Centro de Referência em sua sede no Rio de Janeiro[402].

Atualmente, sabemos que parte desse projeto foi executada, pois, apesar de não existir no país um centro de referência da memória dos presidentes, conforme previa-se no projeto inicial, alguns acervos pessoais de antigos presidentes da República encontram-se sob a custódia do Arquivo Nacional e podem ser consultados por meio do Sistema de Informações do Arquivo

---

[402] O convênio foi firmado em 18 de novembro de 1987 pela então diretora geral do Arquivo Nacional, Celina Vargas do Amaral Peixoto Moreira Franco, por Jaime Antunes da Silva, presidente AAB, e Osvaldo Campos Melo, pela FNPM.

Nacional (SIAN)[403]. Importante citar que na atualidade a Lei n.º 8.394/91, conhecida como Lei de Arquivos, que dispõe sobre a preservação, organização e proteção dos acervos documentais públicos e privados, afirma que, "os acervos documentais privados de presidentes da República e o acesso à sua consulta e pesquisa passam a ser protegidos e organizados nos termos desta Lei", asseverando que é autorizada a participação de pessoas físicas ou jurídicas de direito privado detentoras de acervo presidencial nos benefícios e obrigações decorrentes desta lei, bem como será voluntária e realizada mediante prévio acordo formal.

No artigo segundo e terceiro percebe-se a importância que o acervo presidencial adquire mesmo sendo de caráter privado:

> Art. 2º Os documentos que constituem o acervo presidencial privado são na sua origem, de propriedade do Presidente da República, inclusive para fins de herança, doação ou venda.
> Art. 3º Os acervos documentais privados dos presidentes da República integram o patrimônio cultural brasileiro e são declarados de interesse público[404].

Podemos apreender pelos artigos da referida lei a importância que detém o acervo pessoal de um presidente República do Brasil, devido à representação política que adquire perante a sociedade civil ao tomar posse desse cargo. No entanto, no período em que propuseram o projeto – 1987 –, ainda não tínhamos uma política pública de preservação arquivística ou até mesmo uma legislação específica sobre arquivos – a qual só vai ser promulgada em 1991, conforme citado anteriormente.

Neste capítulo, procuramos apresentar ao leitor, a partir dos projetos analisados, as concepções e propostas do programa, indicando como as instituições pensavam a questão da memória e da preservação documental e, por outro lado, como as análises feitas pela equipe do Pró-Documento indicaram suas concepções e caminhos buscados para coordenar e induzir as ações de preservação que lhe chegavam.

---

[403] SIAN/Arquivo Nacional/Acervos privados/Fundos e coleções - Afondo Pena, Floriano Peixoto, Prudente de Morares, João Goulart. Os arquivos privados de outros presidentes foram preservados por meio de fundações particulares, como é o caso da Fundação Getúlio Vargas, que mantém sob sua guarda diversos acervos pessoais, dentre os quais podemos citar Getúlio Vargas, Gustavo Capanema, entre outros.

[404] Para os fins de aplicação do § 1.º do artigo 216 da Constituição Federal, e são sujeitos às seguintes restrições: "Constituição Federal § 1º O Poder Público, com a colaboração da comunidade, promoverá e protegerá o patrimônio cultural brasileiro, por meio de inventários, registros, vigilância, tombamento e desapropriação, e de outras formas de acautelamento e preservação I - em caso de venda, a União terá direito de preferência; e II - não poderão ser alienados para o exterior sem manifestação expressa da União".

Por fim, ao analisar os projetos elaborados pelo Pró-Documento com o intuito de evidenciar a proposta inicial da extinta FNPM, qual seja, a de "repensar" o conceito de patrimônio histórico e indicar o programa como uma proposta de descentralização das políticas governamentais referentes aos "bens culturais", acreditamos que, ao indicar a variedade de grupos documentais aos quais o Pró-Documento procurou prestar algum tipo de auxílio ou assessoria, buscamos aqui "desnaturalizar os arquivos e seus enquadramentos metodológicos e institucionais", assim como "dar visibilidade às narrativas produzidas em torno e por meio desses artefatos"[405].

Os projetos analisados nos indicaram como a renovação historiográfica e as demandas memoriais estão presentes nas solicitações, pensando esses documentos como suporte da memória nacional e, consequentemente, como um patrimônio histórico nacional.

---

[405] HEYMANN, 2012, p. 14.

CONSIDERAÇÕES FINAIS

No início desta pesquisa, quando fui ao Rio de Janeiro identificar e coletar as fontes utilizadas para redigir esta obra, felizmente logo encontrei o pesquisador Gilson Antunes e, dado que ele atuou como coordenador do Pró-Documento no decorrer da década de 1980, havia a expectativa de entrevistá-lo. Em nosso encontro, Gilson se mostrou surpreso e afirmou que era curioso uma pesquisadora tão jovem – segundo ele – se mostrar interessada em pesquisar um programa de preservação de patrimônio documental que existiu na década de 1980[406]. Respondi, na época, que meu interesse estava muito interligado às pesquisas que havia desenvolvido anteriormente com as professoras que me orientaram, já que a professora Heloísa F. Cruz é coordenadora do Cedic/PUC-SP e a professora Célia Camargo foi coordenadora do Cedem, ambos centros de documentação dedicados a preservar o patrimônio documental.

Também se justifica porque Célia Camargo foi minha orientadora de Iniciação Científica na Unesp, além de ter sido, na década de 1980, assessora da Celina Vargas – que na época era diretora do Arquivo Nacional. Portanto, ambas me influenciaram na escolha do tema de minhas pesquisas devido às suas trajetórias acadêmicas e profissionais.

No entanto, após nove anos de realização desta pesquisa, avalio que minha escolha também se relaciona com a minha curiosidade em compreender como as questões da memória e do patrimônio histórico e documental se entrelaçavam na trajetória política que nosso país vivia naquela época, com o intuito de compreender essas questões em nossa atualidade.

Desse modo, pesquisar e analisar o Programa Nacional de Documentação da Preservação Histórica – Pró-Documento permitiu-me aprofundar minhas investigações sobre essa relação entre arquivos privados e interesse público. Criado em 1984, o Pró-Documento teve como sua principal proposta trabalhar com a preservação de acervos privados como conjuntos documentais importantes para a recuperação da memória e da identidade nacional. Finalizado em 1988, meu objetivo neste livro foi apresentar ao leitor como compreender de forma mais ampla o programa Pró-Documento,

---

[406] Por questão de curiosidade, a autora desta obra nasceu no dia 21/6/1985, justamente no período em que o Pró-Documento existia.

por meio de um exame das dimensões históricas propostas, das concepções e políticas sobre a questão da preservação do patrimônio documental em nosso país naquele período.

Em minhas pesquisas anteriores, já me inquietavam questões relativas à descontinuidade e fragilidade das políticas em relação à preservação do patrimônio documental/arquivístico no país, principalmente dos arquivos privados. O contato com o Pró-Documento, com suas concepções e propostas, parecia indicar uma tentativa mais articulada no interior do Executivo Federal de traçar tais políticas.

Desse modo, como o leitor pôde perceber, meu objeto de estudo ficou centrado na análise da dinâmica social e política que envolveu a temática da preservação do patrimônio documental por meio das concepções e ações desenvolvidas pelo Pró-Documento, articulando-as com as discussões e demandas propostas pelas associações acadêmicas, especialmente a AAB e a ANPUH, em suas possíveis interconexões com a atuação daquele Programa durante a década de 1980.

O que pretendo mostrar ao leitor aqui então é a de que o Pró-Documento se propôs, com seus trabalhos nos projetos de preservação e organização dos arquivos privados, a produção de "legados históricos", pois sua atuação procurou dar continuidade e sobrevivência aos conjuntos de documentos que foram trabalhados pelo programa.

A atuação do programa na década de 1980 me indicou como a falta de estabilidade política governamental e de políticas públicas de Estado se refletem na preservação do patrimônio histórico nacional. Portanto, é a atuação deste que indicou sua importância e singularidade. Tudo isso faz com que possamos encarar que esse programa buscou formular políticas públicas com relação ao patrimônio documental não governamental, tratando-o como elemento integrante da memória nacional. Com essa virada conceitual, a gestão do SPHAN e a equipe do Pró-Documento procuraram trazer à tona as memórias da sociedade civil em suas diversas áreas – empresariais, sindicais, trabalhistas, educacionais, entre outros. Posso afirmar, então, que o Pró-Documento foi um programa pioneiro com relação à preservação de conjuntos documentais privados. Foi o que me propus trabalhar nos capítulos deste livro.

Ao estudar o Pró-Documento, acredito que procurei reafirmar, na contemporaneidade, a importância dos arquivos privados ou não governamentais na conformação do patrimônio documental, conforme discutido no Capítulo I sobre a questão do documento, da memória e sua proposta de democratização que aparece com a renovação historiográfica e a preservação do patrimônio documental.

Busquei traçar uma paisagem das interlocuções existentes entre instituições arquivísticas e as associações então comprometidas com a área dos arquivos. De um modo geral, minha análise convergiu para a perda de referências sobre a historicidade dos conjuntos documentais brasileiros, tendo em vista que a trajetória do campo da Arquivologia caminhou para a especialização técnico-científica, delimitando o espaço de atuação do arquivista.

Essa perda de referências sobre a historicidade dos conjuntos documentais brasileiros daquele período recaiu na criação e atuação do Pró-Documento – tema apresentado no Capítulo II. Nesse sentido, a proposta do FNPM, ao criar o Pró-Documento de forma descentralizada e cooperativa e dispondo-se a trabalhar com entidades diversas – universidades e entidades da sociedade civil – indicou o "repensar" do patrimônio cultural que Aloísio Magalhães sugeriu na criação do CNRC em 1975 e, posteriormente, ao assumir a presidência da FNPM em 1979.

Percebi que, apesar das alterações de concepção do patrimônio histórico, observadas a partir da década de 1980, em que se adotou a pluralidade cultural como base das ações de preservação, permitindo a ampliação da ação preservacionista para um universo novo de modalidades, entre as quais o patrimônio documental, ainda assistimos à permanência de algumas heranças que se mantêm presentes nas políticas de proteção. Conforme afirma Célia R. Camargo[407]:

> Restrita ao atual Ministério da Cultura, a política de proteção ao patrimônio histórico não atinge a rede institucional que, em muitos casos, está afeta aos domínios de ação de outros ministérios públicos. Considere-se ainda sua prática exercida nas esferas do poder estadual e municipal. A criação de um sistema de relações institucionais, independentemente de subordinações administrativas, que permita a incorporação e execução dessa política de proteção, ainda está para ser admitida e efetuada[408].

Nas palavras da mesma autora, a existência de um órgão chamado Instituto do Patrimônio Histórico e Artístico Nacional cria, na sociedade e

---
[407] CAMARGO, 1999, p. 165.
[408] CAMARGO, 1999, p. 166.

nas esferas políticas, a ilusão de que a área está coberta e que todo o universo de bens de valor histórico está sendo protegido pelo Estado.

> Na verdade, suas possibilidades de executar esta tarefa não se apresentam sem que o conjunto institucional capacitado para esta proteção, ligado a várias esferas de poder e a diversos setores da burocracia do Estado estejam articuladas a essa política. As políticas públicas não são prerrogativas de ministérios ou órgãos. A centralização das ações, inviável num país como o Brasil, cedendo lugar a uma articulação e coordenação das ações e a uma centralização normativa de caráter técnico, corrigiria as distorções das práticas de proteção analisadas aqui[409].

Portanto, em contraposição à centralidade das ações de preservação, nesta obra apresentou-se um estudo sobre o processo de criação e atuação do Pró-Documento (1984-1988), que teve como objetivo central a preservação de acervos privados como conjuntos documentais importantes para a recuperação da memória e da identidade nacional.

Desse modo, os procedimentos feitos pelo programa – o censo de arquivos privados, as visitas técnicas, as assessorias e as propostas de criação de instrumentos de pesquisa – demonstraram sua principal preocupação, que consistia em "cuidar dos conjuntos documentais privados" considerados de valor histórico e excepcional, o que foi discutido no Capítulo III.

Por meio da análise dos projetos executados pelo programa, identifiquei como o Pró-Documento realizou as assistências técnicas em parceria ou convênio com as instituições que pretendiam preservar seu acervo para que, dessa forma, eu conseguisse detectar as principais atuações do programa durante seu período de existência.

Considerando as propostas do Pró-Documento no contexto das discussões sobre novas demandas memoriais, a renovação da historiografia brasileira e propostas relativas ao papel das instituições arquivísticas, pude notar a importância da preservação documental na década de 1980 – exibido no Capítulo IV.

O andamento deste estudo também nos indicou os desafios que ainda temos a percorrer quando procuramos trabalhar com os conjuntos documentais privados, visto que a questão da preservação dos arquivos ainda se mostra desafiadora. Esse desafio que enfrentei vai ao encontro, mais uma vez, das afirmações de Bloch, isto é, que os documentos não são neutros.

---

[409] CAMARGO, 1999, p. 167.

Do mesmo modo, como aponta Le Goff, os documentos não são inócuos e são preservados por atuação dos profissionais da área, bem como de acordo com a "intenção" que o Estado tem para com esse patrimônio cultural.

Ao longo dos capítulos, as discussões realizadas indicaram que o interesse pelos arquivos – seu uso social e seus significados – e pelas histórias que neles se inscrevem, mostram-se como instrumentos políticos e artefatos dotados de valor simbólico em torno dos quais projetos se estruturam e grupos se articulam, remetendo à ideia de legado. Conforme Heyman:

> [...] um legado que o arquivo deve documentar, diversos sentidos lhe são conferidos seja pelos gestores desse legado, seja por seus usuários, perdendo-se de vista uma dimensão importante que tem sido discutida em relação a outros universos documentais, [...] que pode ser resumida nesta formulação: o arquivo preserva e, ao mesmo tempo, institui e alimenta o legado[410].

Também procurei demonstrar neste livro que os profissionais da área das Ciências Humanas ou da Arquivologia precisam reexaminar suas concepções sobre a neutralidade e a objetividade dos arquivos e de sua atuação, ou seja, devemos politizar a questão do processo de preservação dos conjuntos documentais privados. Conforme afirma Heloísa F. Cruz, em seu artigo "Direito à memória e patrimônio documental"[411],

> [...] é preciso que os profissionais que lidam com esses arquivos, e também com outros acervos, reexaminem suas concepções sobre a neutralidade e a objetividade dos arquivos e de sua atuação. No limite, o que junto com ele assumimos é que é preciso não só reconhecer os movimentos de poder que conformam as disputas pelo controle dos arquivos, mas também atuar de forma ativa e posicionada, buscando equilibrar essa balança de poder, dando peso aos registros, às vozes, às demandas e aos projetos daqueles grupos que muito frequentemente têm sido marginalizados e silenciados nessa disputa[412].

Busquei chamar a atenção para as múltiplas possibilidades de explorar o arquivo: o processo em que ocorre o acúmulo de documentos que permitem analisar diferentes dimensões de sua trajetória e, também, como o artefato vai sendo construído a partir das diversas interferências, tanto no ambiente privado quanto na esfera pública.

---

[410] HEYMANN, p. 221.
[411] CRUZ, 2016, p. 23-59.
[412] CRUZ, 2016, p. 56.

Ainda indiquei os conjuntos documentais privados como objeto de investimentos por parte da instituição que os abriga e da qual eles se tornam patrimônio. Normalmente, esse investimento é resultado da ação dos profissionais responsáveis pela transformação do conjunto documental em fonte histórica. Todas essas dimensões foram abordadas, indicando possibilidades de pesquisa capazes de, por meio de etnografias de arquivos e de instituições, qualificar processos de construção de "legados" e de configuração de memórias[413].

Muitas das questões que atravessavam as concepções do Programa, assim como os debates entre historiadores e arquivistas, hoje ainda permanecem pendentes e sem encaminhamentos. Aliás, o próprio esquecimento da atuação do Pró-Documento e da memória da área parece ser um indicativo desta situação. Trazer para o debate atual as questões e concepções emergentes da atuação do Pró-Documento e do clima de vivacidade e engajamento dos debates então realizados no meio acadêmico visa atualizar a importância daquelas referências históricas para o desenho de políticas sobre o patrimônio documental em nosso presente.

Procurei pontuar neste livro a complexidade dos processos de incorporação dos documentos ao patrimônio histórico e cultural brasileiro, como também para o lugar quase marginal ocupado pelos documentos privados neste contexto. Desse modo, só recentemente se estruturaram intervenções arquivísticas na área da Gestão Documental, que, via processos de avaliação, buscam incidir sobre a constituição do universo da documentação permanente/histórica no país.

A trajetória histórica bastante acidentada em relação ao cuidado e preservação do patrimônio documental brasileiro também foi exibida. Mostrando que a criação e atuação do Pró-Documento sinalizaram uma conjuntura diferente em relação às questões da memória e do patrimônio cultural, que se inicia em meados da década de 1970 e percorre toda a década seguinte, expressando-se já na Constituição de 1988 e na Lei de Arquivos, de 1991.

Assim, se é verdade que o término de uma pesquisa traz a sensação de que se está pronto para recomeçá-la, no meu caso esse sentimento é duplo: sinto-me em condições de retomar o trabalho da escrita por outros ângulos, percorrendo novos caminhos, em busca de empreender um trabalho mais atento às marcas, aos fragmentos e aos documentos descontextualizados.

---

[413] HEYMANN, 2012, p. 222.

Para finalizar, gostaria de citar um trecho da obra de Luciana Heymann, em que a autora cita uma reflexão de Guillermo Bonfil Batalla, de 1978, retirada de uma carta enviada pelo antropólogo a Darcy Ribeiro. Batalha afirma que:

> A gente só está pronto para começar um livro quando acaba de escrevê-lo. Creio, por isto, que o produto do esforço de estudar e criar não são os escritos em que os outros vão nos conferir. O produto somos nós mesmos, refeitos e possuídos de uma sabedoria nova depois de cada esforço criativo. O ruim é que ela é inexpressável, a não ser através de outro esforço que, por sua vez, nos transfigura. O processo não tem fim. Ao contrário de um descascar cebolas, ele consiste em um enfolhamento sem fim[414].

---

[414] BATALHA *apud* HEYMANN, 2012, p. 226.

FONTES

1. Instituto do Patrimônio Histórico e Artístico Nacional (IPHAN):

1.1 Guias, Inventários, Cadernos de Pesquisa e Documentação

Arquivo Noronha Santos – ACI/RJ – IPHAN. **Fundo Arquivo Intermediário**. Fundo Sphan/Pró-Memória (1969-1992): composto por aproximadamente 40 caixas arquivos.

SPHAN/FNPM (Brasil). **Texto-base do Pró-Documento**. Rio de Janeiro, 1984.

LIMA, F. H. B.; POPE, Z. C. **Programa de Gestão Documental do IPHAN**. Rio de Janeiro: IPHAN/Copedoc, 2008.

BASTARDIS, J. **Inventário** – Setor de Documentação SPHAN/FNPM. (Instrumento de Pesquisa). IPHAN. Mestrado Profissional em Preservação do Patrimônio Cultural. Rio de Janeiro, 2012.

BASTARDIS, J. **Práticas Supervisionadas II**: Entrevistas (Transcrição). Rio de Janeiro: IPHAN, 2012.

1.2 Revista do Patrimônio Histórico e Artístico Nacional (RPHAN)

Tema 1: Por uma política brasileira de arquivos. REVISTA DO PATRIMÔNIO HISTÓRICO E ARTÍSTICO NACIONAL – RPHAN. Rio de Janeiro, n. 21, p. 26-47, 1986.

Mesa – Redonda: Acervos Arquivísticos. REVISTA DO PATRIMÔNIO HISTÓRICO E ARTÍSTICO NACIONAL – RPHAN. Rio de Janeiro, n. 22, p. 171-192, 1987.

2. Associação dos Arquivistas Brasileiros (AAB)

2.1 Revista Arquivo & Administração

Arquivo & Administração. Rio de Janeiro: AAB, v. 8, n. 1, p. 1-40, 1980.

Arquivo & Administração. Rio de Janeiro: AAB, v. 8, n. 2, p. 1-40, 1980.

Arquivo & Administração. Rio de Janeiro: AAB, v. 8, n. 3, p. 1-40, 1980.

Arquivo & Administração. Rio de Janeiro: AAB, v. 9, n. 1, p. 1-40, 1981.

Arquivo & Administração. Rio de Janeiro: AAB, v. 9, n. 2, p. 1-48, 1981.

Arquivo & Administração. Rio de Janeiro: AAB, v. 9, n. 3, p. 1-48, 1981.

Arquivo & Administração. Rio de Janeiro: AAB, v. 9, n. Especial, p. 1-20, 1981.

Arquivo & Administração. Rio de Janeiro: AAB, v. 10-14, n. 1, p. 1-64, 1982-86.

Arquivo & Administração. Rio de Janeiro: AAB, v. 10-14, n. 2, p. 1-40, 1986.

Arquivo & Administração. Rio de Janeiro: AAB, v. 10-14, edição especial, p. 1-125, 1988.

2.2 Congressos Brasileiros de Arquivologia (CBA)

CONGRESSO BRASILEIRO DE ARQUIVOLOGIA, 1., 1972, Rio de Janeiro. **Anais** [...]. Rio de Janeiro, 1979.

CONGRESSO BRASILEIRO DE ARQUIVOLOGIA, 3., 1976, Rio de Janeiro. **Anais** [...]. Rio de Janeiro, 1979.

CONGRESSO BRASILEIRO DE ARQUIVOLOGIA, 4., 1979, Rio de Janeiro. **Anais** [...]. Rio de Janeiro, 1982.

CONGRESSO BRASILEIRO DE ARQUIVOLOGIA, 6., 1986, Rio de Janeiro. **Anais** [...]. Rio de Janeiro, 1986.

CONGRESSO BRASILEIRO DE ARQUIVOLOGIA, 7., 1988, Brasília. **Anais** [...]. Brasília, 1988.

3. Arquivo Nacional:

3.1 Guias e dicionários produzidos pelo Arquivo Nacional

ARQUIVO NACIONAL (Brasil). **Arquivo Nacional**: 150 anos. Rio de Janeiro: Index, 1988.

ARQUIVO NACIONAL (Brasil). **Dicionário Brasileiro de Terminologia Arquivística**. Rio de Janeiro: Arquivo Nacional, 2005.

3.2 Revista Acervo

Acervo. Rio de Janeiro, v. 1, n. 1, p. 1-126, 1986.

Acervo. Rio de Janeiro, v. 1, n. 2, p. 1-130, 1986.

Acervo. Rio de Janeiro, v. 2, n. 1, p. 1-106, 1987.

Acervo. Rio de Janeiro, v. 2, n. 2, p. 1-197, 1987.

Acervo. Rio de Janeiro, v. 3, n. 1, p. 1-137, 1988.

Acervo. Rio de Janeiro, v. 3, n. 2, p. 1-116, 1988.

Acervo. Rio de Janeiro, v. 4, n.2, p. 1-123, 1989.

Acervo. Rio de Janeiro, v.5, n.1, p. 1-125, 1990.

4. Associação Nacional dos Professores Universitários de História (atual Associação Nacional de História) (ANPUH)

4.1 Revista Brasileira de História (RBH) Revista Brasileira de História, v. 3, n. 5, 1983.

4.2 Simpósio Nacional dos Professores Universitários de História – atual Simpósio Nacional de História (SNH)

SIMPÓSIO NACIONAL DOS PROFESSORES UNIVERSITÁRIOS DE HISTÓRIA, 6., 1971, Goiânia. **Anais** [...] São Paulo: Anpuh, 1973.

SIMPÓSIO NACIONAL DA ASSOCIAÇÃO DOS PROFESSORES UNIVERSITÁRIOS DE HISTÓRIA, 9., 1977, Florianópolis. **Anais** [...] Florianópolis: Anpuh, 1979.

SIMPÓSIO NACIONAL DE HISTÓRIA, 13., 1985, Curitiba. **Anais** [...] Curitiba: Anpuh, 1985.

5. Legislação

BRASIL. [Constituição (1988)]. **Constituição da República Federativa do Brasil**. Brasília, DF: Congresso Nacional, 1988.

BRASIL. [Decreto (1991)]. **Política nacional de arquivos públicos e privados**. Brasília, DF: Congresso Nacional, 1991.

CONARQ (Brasil). **Coletânea da Legislação Arquivística Brasileira e Correlata**. Rio de Janeiro: Conarq, 2022.

REFERÊNCIAS

ABREU, R.; CHAGAS, M. (org.). **Memória e Patrimônio**: ensaios contemporâneos. Rio de Janeiro: DP&A, 2003.

ANASTASSAKIS, Z. A Cultura como projeto: Aloisio Magalhães e suas ideias para o Iphan. **Revista do Patrimônio Histórico e Artístico Nacional**, Rio de Janeiro, v.1, n. 35, p. 65-77, 2017.

ANDERSON, B. **Comunidades imaginadas:** reflexões sobre a origem e a difusão do nacionalismo. São Paulo: Cia. das Letras, 2008.

ANPUH (Brasil). **Revista Brasileira de História**, São Paulo, v. 3, n. 5, p. 1-151, 1983.

ANTUNES, G.; RIBEIRO, M. V. T.; SOLIS, S. O Programa Nacional de Preservação Histórica – Equipe Pró-Documento. **Revista do Patrimônio Histórico e Artístico Nacional – RPHAN**, Rio de Janeiro, n. 21, 1986.

ANTUNES, G.; SOLIS, S. S. F. O cesarismo e os arquivos brasileiros. **Ciência Hoje**, Rio de Janeiro, v. 12, n. 69, p. 16-20, 1990.

ARQUIVO NACIONAL (Brasil). Entrevista com Celina Vargas do Amaral Peixoto. **Acervo**, Rio de Janeiro, v. 26, n. 2, p. 7-30, 2013.

ARQUIVO NACIONAL (Brasil). **Dicionário Brasileiro de Terminologia Arquivística**. Rio de Janeiro, 2005. Disponível em: https://www.gov.br/conarq/pt-br/centrais-de-conteudo/publicacoes/dicionrio_de_terminologia_arquivistica.pdf. Acesso em: 7 set. 2023.

ARANTES, A. A. (org.). **Produzindo o passado:** estratégias de construção do patrimônio cultural. São Paulo: Brasiliense, 1984.

ARENDT, H. Prefácio: A Quebra entre o passado e o futuro. *In*: ARENDT, H. **Entre o passado e o futuro.** São Paulo: Perspectiva, 2003. p. 28-42.

BACELLAR, C. Uso e mau uso dos arquivos. *In*: PINSKY, C. B. (org.). **Fontes Históricas**. São Paulo: Contexto, 2011. p. 23-79.

BARBOSA, F. H.; POPE, Z. C. (org.). **Programa de Gestão Documental do IPHAN**. Rio de Janeiro: IPHAN/Copedoc, 2008.

BARBOSA, A. C. O. **Arquivo e sociedade**: experiências de ação educativa em Arquivos brasileiros (1980-2011). 2013. Dissertação (Mestrado em História) – Pontifícia Universidade Católica de São Paulo, São Paulo, 2013.

BARRIGUELLI, J. C. Preservação de acervos documentais no Brasil. *In*: SIMPÓSIO NACIONAL DE HISTÓRIA, 13., 1985, Curitiba. **Anais** [...]. Curitiba: Anpuh, 1985. p. 151-152.

BASTARDIS, J. **O Programa Nacional de Preservação da Documentação Histórica e seu significado para a preservação de arquivos no IPHAN**. 2012. Dissertação (Mestrado em Preservação do Patrimônio Cultural) – Instituto do Patrimônio Histórico e Artístico Nacional, Rio de Janeiro, 2012.

BASTOS, A. W. A ordem jurídica e os documentos de pesquisa no Brasil. **Arquivos & Administração**, Rio de Janeiro, v. 8, n. 1, p. 3-18, 1980.

BELLOTTO, H. L. A função social dos arquivos e o patrimônio documental. *In*: PINHEIRO, Á. P.; PELEGRINI, S. C. A. (org.). **Tempo, memória e patrimônio cultural**. Teresina: EDUFPI, 2010. p. 73-85.

BELLOTTO, H. L. **Arquivos permanentes**: tratamento documental. Rio de Janeiro: FGV, 2007.

BELLOTTO, H. L. Arquivos pessoais em face da teoria arquivística tradicional: debate com Terry Cook. **Estudos Históricos**, Rio de Janeiro, v. 11, n. 21, p. 201-207, 1998.

BELLOTTO, H. L. Problemática atual dos arquivos particulares. **Arquivo & Administração**, Rio de Janeiro, v. 6, n. 1, p. 5-9, 1978.

BENJAMIN, W. Sobre o conceito de História. *In*: BENJAMIN, W. **Magia e técnica, arte e política**: ensaios sobre literatura e história da cultura. Rio de Janeiro: Brasiliense, 2002. p. 222-232.

BELSUNCE, C. A. G. Legislação sobre proteção do patrimônio documental e cultural. **Acervo**, Rio de Janeiro, v. 1, n. 1, p. 29-39, 1986.

BLOCH, M. **Apologia da História ou o ofício do historiador**. Rio de Janeiro: Zahar, 2001.

BOSI, E. **Memória e sociedade**: lembranças de velhos. São Paulo: Cia. das Letras, 1994.

BOTTINO, M. **O legado dos congressos brasileiros de arquivologia (1972-2000)**. Rio de Janeiro: FGV, 2014.

BRASIL. **Diretrizes para operacionalização da política cultural do MEC**. Brasília: MEC, 1983.

BRITES, O. Memória, preservação e tradições populares. *In*: M. C. P. (org.). **O direito à memória**. São Paulo: DPH, 1991. p. 17-20.

CAMARGO, A. M. A. O público e o privado: contribuição para o debate em torno da caracterização de documentos e arquivos. **Arquivo**: boletim histórico e informativo, São Paulo, v. 9, n. 2, p. 57-64, 1988.

CAMARGO, A. M. A.; GOULART, S. **Tempo e circunstância**: a abordagem contextual dos arquivos pessoais. São Paulo: IFHC, 2007.

CAMARGO, C. R. **A margem do patrimônio cultural:** estudo sobre a rede institucional de preservação do patrimônio histórico no Brasil (1838-1980). 1999. Tese (Doutorado em História) – Universidade Estadual de São Paulo, São Paulo, 1999.

CAMARGO, C. R. Centros de documentação das universidades: tendências e perspectivas. *In*: SILVA, Z. L. (org.). **Arquivos, patrimônio e memória**: trajetórias e perspectivas. São Paulo: Unesp, 1999. p. 49-63.

CAMARGO, C. R. Centro de Documentação e Pesquisa Histórica: uma trajetória de décadas. *In*: CAMARGO, C. R. *et al.* **CPDOC 30 anos**. Rio de Janeiro: FGV, 2003. p. 21-44.

CASTRO, S. R. **O Estado na preservação dos bens culturais**: o tombamento. Rio de Janeiro: Renovar, 1991.

CAVALCANTI, M. T. **Os centros de documentação universitários como espaços de institucionalização de novas memórias**. 2014. Tese (Doutorado em Ciência da Informação) – Universidade Federal do Rio de Janeiro, Rio de Janeiro, 2014.

CHAUÍ, M. **Cidadania cultural:** o direito à cultura. São Paulo: Fundação Perseu Abramo, 2006.

CHOAY, F. **A alegoria do patrimônio**. São Paulo: Unesp, 2006.

CHUVA, M. R. M. **Os arquitetos da memória**: a construção do patrimônio histórico e artístico nacional no Brasil (anos 30 e 40). 1998. Tese (Doutorado em História Social das Ideias) – Universidade Federal Fluminense, Niterói, 1998.

COOK, T. Entrevista com Terry Cook. **CID: R. Ci. Inf. e Doc.**, São Paulo, v. 3, n. 2, p. 142-156, 2012.

COOK, T. A ciência arquivística e o pós-modernismo: novas formulações para conceitos antigos. **CID: R. Ci. Inf. e Doc.**, São Paulo, v. 3, n. 2, p. 3-27, 2012.

COOK, T. Arquivos pessoais e arquivos institucionais: para um entendimento arquivístico comum da formação da memória em um mundo pós-moderno. **Estudos Históricos**, Rio de Janeiro, v. 11, n. 21, p. 129-149, 1998.

CORÁ, M. A. J. **Do material ao imaterial**: patrimônios culturais do Brasil. São Paulo: Educ; Fapesp, 2014.

CORRÊA, A. F. **Patrimônio bioculturais**: ensaios de antropologia do patrimônio cultural e das memórias sociais. São Luís: EDUFMA, 2008.

COSTA, C. L. As novas tecnologias e os arquivos pessoais: a experiência do CPDOC. *In*: ANTUNES, B. (org.). **Memória, literatura e tecnologia**. São Paulo: Cultura Acadêmica, 2005. p. 73-84.

COSTA, C. L. Intimidade versus interesse público: a problemática dos arquivos. **Estudos Históricos**, Rio de Janeiro, v. 11, n. 21, p. 189-199, 1998.

COSTA, C. L.; FRAIZ, P. M. V. Acesso à informação nos arquivos brasileiros. **Estudos Históricos**, Rio de Janeiro, v.2, n.3, p. 63-76, 1989.

COSTA, C. M. L. **Memória e administração**: o Arquivo Público do Império e a consolidação do estado brasileiro. 1997. Tese (Doutorado em História Social) – Universidade Federal do Rio de Janeiro, Rio de Janeiro, 1997.

COSTA, C. M. L. O Arquivo Público do Império: o legado absolutista na construção da nacionalidade. **Estudos Históricos**, Rio de Janeiro, v. 14, n. 26, p. 217-231, 2000.

CPDOC - CENTRO DE PESQUISA E DOCUMENTAÇÃO DE HISTÓRIA CONTEMPORÂNEA DO BRASIL. **Estudos Históricos.** Rio de Janeiro, v.11, n.21, 1998.

CPDOC. **Procedimentos técnicos adotados para a organização de arquivos privados**. Rio de Janeiro: CPDOC, 1994.

CRUZ, H. F. Preservação e patrimonialização do Acervo do Comitê de Defesa dos Direitos Humanos CLAMOR- 1978-1990. **Memória em rede**, Pelotas, v. 5, n. 12, p. 19-32, 2015.

CRUZ, H. F. Direito à memória e patrimônio documental. **História e Perspectivas**, Uberlândia, v. 29, n. 54, p. 23-59, 2016.

CRUZ, H. F.; TESSITORE, V. Documentação, Memória e Pesquisa: o CEDIC faz 30 anos. **Projeto História**. São Paulo: v. 40, n. 1, p. 423-445, 2010.

DEPARTAMENTO DO PATRIMÔNIO HISTÓRICO (São Paulo). **Revista do Arquivo Municipal**. São Paulo, v. 200, 1991.

DUCHEIN, M. O respeito aos fundos em Arquivística: princípios teóricos e problemas práticos. **Arquivo & Administração**, Rio de Janeiro, v. 10-14, n. 2, p. 1-16, 1986.

DUCHEIN, M. Passado, presente e futuro do Arquivo Nacional do Brasil. **Acervo**, Rio de Janeiro, v. 3, n. 2, p. 91-97, 1988.

DURANTI, L. Registros Documentais contemporâneos como provas de ação. **Estudos Históricos**, Rio de Janeiro, v. 7, n. 13, p. 49-64, 1994.

ESPOSEL, J. P. P. Os Arquivos no Brasil: atualidade e perspectivas. *In*: SIMPÓSIO NACIONAL DOS PROFESSORES UNIVERSITÁRIOS DE HISTÓRIA, 6., 1971, Goiânia. **Anais** [...]. São Paulo: FFLCH-USP, 1973. p. 18-20.

FALCÃO, J. A. Política cultural e democracia: a preservação do patrimônio histórico e artístico nacional. *In*: MICELI, S. **Estado e cultura no Brasil**. São Paulo: Difel, 1984. p. 21-39.

FENELON, D. R. *et al*. **Muitas memórias, outras histórias**. São Paulo: Olho d'Água, 2004.

FENELON, D. R. Políticas culturais e patrimônio histórico. *In*: CUNHA, M. C. P. (org.). **O direito à memória**: patrimônio histórico e cidadania. São Paulo: Departamento do Patrimônio Histórico, 1992. p. 29-33.

FIGUEIRA, V. M. A viabilização de arquivos municipais. **Acervo**, Rio de Janeiro, v. 1, n. 2, 1986, p. 159-164.

FONSECA, M. C. L. Para além da pedra e cal: por uma concepção ampla de patrimônio cultural. *In*: ABREU, R.; CHAGAS, M. (org.). **Memória e patrimônio**: ensaios contemporâneos. Rio de Janeiro: DP&A, 2003. p. 56-76.

FONSECA, M. C. L. **O patrimônio em processo**: trajetória da política federal de preservação no Brasil. Rio de Janeiro: EDUFRJ; IPHAN, 2005.

FRAIZ, P. M. V.; COSTA, C. L. Acesso à informação nos arquivos brasileiros. **Estudos Históricos**, Rio de Janeiro, v. 2, n. 3, p. 63-76, 1989.

FRAIZ, P. M. V. **A construção de um eu autobiográfico**: o arquivo privado de Gustavo Capanema. 1994. Dissertação (Mestrado em Literatura Brasileira) – Universidade Estadual do Rio de Janeiro, Rio de Janeiro, 1994.

FRANCO, C. A. M. Por um sistema nacional de informações arquivísticas. **Ciência Hoje**, Rio de Janeiro, v. 11, n. 66, p. 54-56, 1990.

FRANCO, C. A. M.; BASTOS, A. W. Os arquivos nacionais: estrutura e legislação. **Acervo**, Rio de Janeiro, v. 1, n. 1, p. 7-28, 1986.

GALVES, B. L. **Cultura e patrimônio**. 2008. Tese (Doutorado em Ciências Sociais – Antropologia) – Pontifícia Universidade Católica de São Paulo, São Paulo, 2008.

GARCIA, M. M. A. de M. M. Os documentos pessoais no espaço público. **Estudos Históricos**, Rio de Janeiro, v. 11, n. 21, p. 175-188, 1998.

GAGNEBIN, J. M. **Lembrar, escrever e esquecer**. São Paulo: Editora 34, 2006.

GOMES, Â. de C. (org.). **Escritas de si, escritas da história**. Rio de Janeiro: FGV, 2004.

GOMES, Â. de C. Nas malhas do feitiço: o historiador e os encantos dos arquivos privados. **Estudos Históricos**, Rio de Janeiro, v. 11, n. 21, p. 121-127, 1998.

GOMES, Y. Q. **Processos de institucionalização do campo arquivístico no Brasil (1971-1978)**: entre a memória e a história. 2011. (Dissertação em Memória Social) – Universidade Federal do Estado do Rio de Janeiro, Rio de Janeiro, 2011.

GONÇALVES, J. Os arquivos no Brasil e sua proteção jurídico-legal. **Registro**, Indaiatuba, v. 1, n. 1, p. 28-43, 2002.

GONÇALVES, J. R. S. **A retórica da perda**: os discursos do patrimônio cultural no Brasil. Rio de Janeiro: UFRJ, 1996.

GUIMARÃES, M. L. S. Nação e civilização nos trópicos: o Instituto Histórico e Geográfico Brasileiro e o projeto de uma história nacional. **Estudos Históricos**, Rio de Janeiro, v.1, n. 1, p. 5-27, 1988.

HABERMAS, J. **Mudança estrutural da esfera pública**: investigações quanto a uma categoria da sociedade burguês. Rio de Janeiro: Tempo Brasileiro, 2003.

HALBWACHS, M. **A memória coletiva**. São Paulo: Vértice; Revista dos Tribunais, 1990.

HALL, S. Notas sobre a desconstrução do popular. *In*: HALL, S. **Da diáspora**: identidades e mediações culturais. Belo Horizonte: EDUFMG, 2003. p. 247-264.

HARTOG, F. Tempo e patrimônio. **Varia Historia**, Belo Horizonte, v. 22, n. 36, p. 261–273, 2006.

HEYMANN, L. Q. **As obrigações do poder:** relações pessoais e vida pública na correspondência de Filinto Müller. Dissertação (Mestrado em Antropologia Social do Museu Nacional) – Universidade Federal do Rio de Janeiro, Rio de Janeiro, 1997.

HEYMANN, L. Q. Arquivos e interdisciplinaridade: algumas reflexões. **Seminário CPDOC 35 anos:** a interdisciplinaridade nos estudos históricos. Rio de Janeiro, p. 5-15, 2008.

HEYMANN, L. Q. Estratégias de legitimação e institucionalização de patrimônios históricos e culturais: o lugar dos documentos. **VIII Reunião de Antropologia do Mercosul**, Buenos Aires, 2009.

HEYMANN, L. Q. Os fazimentos do arquivo Darcy Ribeiro: memória, acervo e legado. **Estudos Históricos**, Rio de Janeiro, v. 2, n. 36, p. 43-58, 2005.

HEYMANN, L. Q. **De 'arquivo pessoal' a 'patrimônio nacional'**: reflexões acerca da produção de 'legados'. Rio de Janeiro: CPDOC, p. 1-7, 2005.

HEYMANN, L. Q. **O lugar do arquivo**: a construção do legado de Darcy Ribeiro. Rio de Janeiro: Contra Capa; Faperj, 2012.

HEYNEMANN, C. Pesquisando a memória: o Arquivo Nacional entre a identidade e a história. **Acervo**, Rio de Janeiro, v. 5, n. 1-2, p. 69-84, 1990.

HILTON, S. O Estudo da História Contemporânea. *In*: CONGRESSO BRASILEIRO DE ARQUIVOLOGIA, 1.; 1972, Rio de Janeiro. **Anais** [...]. Rio de Janeiro: Associação dos Arquivistas Brasileiros, 1979. p. 259-270.

HIRST, M. Um guia para a pesquisa histórica no Rio de Janeiro – os arquivos privados. *In*: SIMPÓSIO NACIONAL DA ASSOCIAÇÃO DOS PROFESSORES UNIVERSITÁRIOS DE HISTÓRIA, 9,; 1977, Florianópolis. **Anais** [...]. Florianópolis: Associação dos Professores Universitários de História, 1979. p. 1286-1287.

HOBSBAWM, E.; RANGER, T. (org.). **A invenção das tradições**. São Paulo: Paz e Terra, 2012.

HOLLÓS, A. L. C. **Entre o passado e o futuro**: limites e possibilidades da preservação documental no Arquivo Nacional do Brasil. 2006. Dissertação (Mestrado em Memória Social) – Universidade Federal do Estado do Rio de Janeiro, Rio de Janeiro, 2006.

JARDIM, J.M. Instituições arquivísticas: estrutura e organização; a situação dos arquivos estaduais. **Revista Do Patrimônio Histórico e Artístico Nacional – Rphan**. Rio de Janeiro, v.1, n. 21, p.39, 1986.

JARDIM, J. M. A invenção da memória nos arquivos públicos. **Ciência da Informação**, v. 25, n. 2, p. 1-13, 1996.

JARDIM, J. M. **Sistemas e políticas públicas de arquivos no Brasil**. Rio de Janeiro: Niterói, EDUFF, 1995.

JARDIM, J. M. Políticas públicas de informação: a (não) construção da política nacional de arquivos públicos e privados (1994-2006). *In*: ENCONTRO NACIONAL DE PESQUISA EM CIÊNCIA DA INFORMAÇÃO, 9., 2008, São Paulo. **Anais** [...]. São Paulo: Universidade de São Paulo, 2008. p. 1-17.

KNAUSS, P. Usos do passado, arquivos e universidade. **Cadernos de Pesquisa do CDHIS**, v. 1, n. 40, p. 9-16, 2010.

LAURENTINO, F. P. Espaço público: espaço de conflitos. **Projeto História**, São Paulo, v. 33, n. 1, p. 307-317, 2006.

LE GOFF, J. Documento/Monumento. *In*: LE GOFF, J. **História e memória**. São Paulo: Unicamp, 2003. p. 535-553.

LEMOS, C. A. C. **O que é patrimônio histórico**. São Paulo: Brasiliense, 2010.

LEVILLAIN, P. Os protagonistas: da biografia. *In*: RÉMOND, R. **Por uma história política**. Rio de Janeiro: FGV, 2003. p. 168-170.

MACIEL, L. A.; ALMEIDA, P. R.; KHOURY, Y. A. (org). **Outras histórias**: memórias e linguagens. São Paulo: Olho d'Água, 2006.

MARTINS, A. L. Patrimônio cultural: uma abordagem preliminar. **Boletim do Arquivo Histórico Contemporâneo**, São Paulo, p. 5-7, 1985.

MARTINEZ, S. A.; FAGUNDES, P. E. As memórias liceistas: o arquivo do Liceu de Humanidades de Campos (Rio de Janeiro). **Cadernos de História da Educação**, Minas Gerais, v. 9, n. 1, p. 239-249, 2010.

MENESES, U. T. B. Memória e cultura material: documentos pessoais no espaço público. **Estudos Históricos**, Rio de Janeiro, v. 11, n. 21, p. 89-103, 1998.

MERLO, F.; KONRAD, G. V. R. Documento, história e memória: a importância da preservação do patrimônio documental para o acesso à informação. *Inf. Inf.*, Londrina, v. 20, n. 1, p. 26-42, 2015.

MICELI, S. (org.). **Estado e cultura no Brasil.** São Paulo: Difel, 1984.

MICELI, S. O processo de 'construção institucional' na área cultural federal (anos 70). *In*: MICELI, S. (org.). **Estado e cultura no Brasil.** São Paulo: Difel, 1984. p. 53-83.

MIRANDA, M. E. Historiadores, arquivistas e arquivos. SIMPÓSIO NACIONAL DE HISTÓRIA, 26., 2011, São Paulo. **Anais** [...]. São Paulo: Universidade de São Paulo, 2011.

MOLINA, T. S. **Arquivos privados e interesse público:** caminhos da patrimonialização documental. 2013. Dissertação (Mestrado em História Social) – Pontifícia Universidade Católica de São Paulo, São Paulo, 2013.

MOLINA, T. S. Arquivos privados e interesse público: caminhos da patrimonialização documental. **Acervo**, Rio de Janeiro, v. 26, n.2, p. 169-174, 2013.

MOLINA, T.S. **Caminhos e concepções da patrimonialização documental.** Curitiba: Appris, 2022.

MOLINA, T. S. **Arquivos privados e patrimônio documental**: o Programa de Preservação da Documentação Histórica – Pró-Documento (1984-1988). 2018. Tese (Doutorado em História Social) – Pontifícia Universidade Católica de São Paulo, São Paulo, 2018.

MONTEIRO, N. G. O desafio dos arquivos nos Estados Federalistas. **Acervo**, Rio de Janeiro, v. 1, n. 2, p. 159-164, 1986.

MOREIRA, R. L. **Arranjo e descrição em arquivos privados pessoais**: ainda uma estratégia a ser definida? Rio de Janeiro: CPDOC, 1990.

NASCIMENTO, R. M. **Poder público e patrimônio cultural**: estudo sobre a política estadual de preservação no Oeste Paulista (1969-1999). 2006. Dissertação (Mestrado em História Social) – Universidade Estadual Paulista, Assis, 2006.

NORA, P. Entre memória e história: a problemática dos lugares. **Projeto História**, São Paulo, v. 1, n. 10, p. 7-28, 1993.

NOVAES, L. H. Patrimônio Histórico, Patrimônio Documental: Uma Experiência no Centro de Documentação e Memória do TUCA (Teatro da Universidade Católica de São Paulo). In: CONGRESSO DE ARQUIVOLOGIA DO MERCOSUL, 8; 2009, Montevidéu. **Anais** [...]. Montevidéu: Teatro da Universidade Católica, 2009.

NUNES, A. A. Relacionamento entre cursos universitários de História e Arquivos e Museus. *In*: SIMPÓSIO NACIONAL DOS PROFESSORES UNIVERSITÁRIOS DE HISTÓRIA, 6., 1971, Goiânia. **Anais** [...] São Paulo: USP, 1973. p. 101-102.

OLIVEIRA, L. L. **Cultura é patrimônio**: um guia. Rio de Janeiro: FGV, 2008.

PAGNOCCA, A. M. P. M; BARROS, C. B. Avaliação da produção documental do município de Rio Claro: proposta para a discussão. **Arquivo & Administração**, Rio de Janeiro, v. 10-14, n. 2, p. 22-35, 1986.

PAOLI, M. C. Memória, história e cidadania: o direito ao passado. *In*: CUNHA, M. C. P. (org.). **O direito à memória**: patrimônio histórico e cidadania. São Paulo: Departamento do Patrimônio Histórico, 1992. p. 26-27.

PAULA, Z. C. P.; MENDONÇA, L. G.; ROMANELLO, J. L. (org.). **Polifonia do patrimônio**. Londrina: EDUEL, 2012.

PELEGRINI, S. C. A. **Patrimônio cultural**: consciência e preservação. São Paulo: Brasiliense, 2009.

PELEGRINI, S. C. A.; FUNARI, P. P. **O que é patrimônio cultural imaterial**. São Paulo: Brasiliense, 2008.

PEREIRA, M. B. O direito à cultura como cidadania cultural (São Paulo, 1989/1992). **Projeto História**, São Paulo, v. 33, n. 2, p. 205-227, 2006.

PINHEIRO, Á. P.; PELEGRINI, S. C. A. (org.). **Tempo, memória e patrimônio cultural**. Teresina: EDUFPI, 2010.

PINSKY, C. B (org.). **Fontes históricas**. São Paulo: Contexto, 2011.

PINSKY, C. B.; LUCA, T. R. (org.). **O historiador e suas fontes**. São Paulo: Contexto, 2002.

PITTALUGA, R. Notas a la relación entre archivo e historia. **Políticas de la memoria. Anuario de Investigación e Información del CeDInCI**, Buenos Aires, v. 1, n. 6/7, 2006-2007.

POLLAK, M. Memória e identidade social. **Estudos Históricos**, Rio de Janeiro, v. 5, n. 10, p. 200-212, 1992.

POLLAK, M. Memória, esquecimento e silêncio. **Estudos Históricos**, v. 2, n. 3, p. 3-15, 1989.

RIBEIRO, W. C.; ZANIRATO, S. H. Patrimônio cultural: a percepção da natureza como um bem não renovável. **Revista Brasileira da História**, São Paulo, v. 26, n. 51, p. 251-262, 2006.

RODRIGUES, G. M. Legislação de acesso aos arquivos no Brasil: um terreno de disputas políticas pela memória e pela história. **Acervo**, Rio de Janeiro: v. 24, n.1, p. 257-286, 2011.

RODRIGUES, J. Arquivo 'Geraldo Horácio de Paula Souza': um acervo sobre História e Saúde. **Patrimônio e memória**, Assis, v. 4, n. 1, p. 1-15, 2008.

RODRIGUES, M. **Imagens do passado**: a instituição do patrimônio em São Paulo, 1969-1987. São Paulo: Unesp; Imprensa Oficial; CONDEPHAAT, 2000.

RODRIGUES, A. E. M.; MELLO, J. O. B. de. As reformas urbanas na Cidade do Rio de Janeiro: uma História de Contrastes. **Acervo**, Rio de Janeiro, v. 28, n. 1, p. 19-53, 2015.

SAMUEL, R. Teatros da memória. **Projeto História**, São Paulo, v.1, n. 14, p. 41-88, 1997.

SALLES, P. R. Documentação e comunicação popular: a experiência do CPV - Centro de Pastoral Vergueiro (São Paulo/SP, 1973-1989). 2013. (Mestrado em História Social) – Pontifícia Universidade Católica de São Paulo, São Paulo, 2013.

SARLO, B. A. História contra o esquecimento. *In*: SARLO, B. A. **Paisagens imaginárias**. São Paulo: Edusp, 2006. p. 36-42.

SCHELLENBERG, T. R. **Arquivos modernos**: princípios e técnicas. Rio de Janeiro: FGV, 2006.

SECRETARIA MUNICIPAL DA CULTURA. Departamento do Patrimônio Histórico. **O direito à memória**: patrimônio histórico e cidadania. São Paulo: DPH, 1992.

SENA, T. C. **Relíquias da Nação**: a proteção de coleções e acervos no Patrimônio (1937 – 1979). 2011. (Dissertação em História, Política e Bens Culturais) – Centro de Pesquisa e Documentação de História Contemporânea do Brasil, Rio de Janeiro, 2011.

SILVA, G. A. Breve histórico do Centro de Memória Social Brasileira. **Revista Brasileira de História**, v. 3, n. 5, p. 23-30, 1983.

SILVA, M. Cultura como Patrimônio Popular (Perspectivas de Câmara Cascudo). **Projeto História**, São Paulo, v. 33, n. 1, p. 195-204, 2006.

SILVA, M. C. S. **Visitando laboratórios**: o cientista e a preservação de documentos. 2007. Tese (Doutorado em História) – Universidade de São Paulo, São Paulo, 2007.

SILVA, Z. L. (org.). **Arquivos, patrimônio e memória**: trajetória e perspectivas. São Paulo: Unesp; Fapesp, 1999.

SOLIS, S. S. F.; ISHAQ, V.; Proteção do patrimônio documental: tutela ou cooperação? **Revista do Patrimônio Histórico e Artístico Nacional**, Rio de Janeiro, v. 1, n. 22, p. 186-190, 1987.

TAMASO, I. Por uma distinção dos patrimônios em relação à história, à memória e à identidade. *In*: PAULA, Z. C. P.; MENDONÇA, L. G.; ROMANELLO, J. L. (org.). **Polifonia do patrimônio**. Londrina: EDUEL, 2012. p. 21-45.

THOMPSON, E. **A miséria da teoria ou um planetário de erros**: uma crítica ao pensamento de Althusser. Rio de Janeiro: Zahar, 1981.

VIANA, A.; LISSOVSKY, M.; MORAES de SÀ, P. S. A vontade de guardar: lógica da acumulação em arquivos privados. **Arquivo & Administração**, Rio de Janeiro, v. 10-14, n.2, p. 62-76, 1986.

VIDAL, L. Acervos pessoais e memória coletiva: alguns elementos de reflexão. **Patrimônio e Memória**, Assis, v. 3, n.1, p. 3-13, 2007.

VITORIANO, M. C. C. P. **Obrigação, controle e memória**: aspectos legais, técnicos e culturais da produção documental de organizações privadas. 2011. Tese (Doutorado em História) – Universidade de São Paulo, São Paulo, 2011.

VITORIANO, M. C. C. P. Acervos privados no Arquivo Público do Estado de São Paulo: uma visão sobre os fundos institucionais. **Revista do Arquivo**, São Paulo, v. 2, n. 4, p. 1-14, 2017.

WANDERLEY, R. M. M. P. A popularização dos arquivos. **Acervo**, Rio de Janeiro: v. 5, n.1-2, p. 85-90, 1990.

WILLIAMS, R. **Marxismo e literatura**. Rio de Janeiro: Zahar, 1997.

ZÚÑIGA, S. S. G. A importância de um programa de preservação em Arquivos Públicos e Privados. **Registro**, Indaiatuba, v.1, n. 1, p. 71-89, 2002.

ANEXOS

ANEXO I

TEXTO BASE DO PROGRAMA NACIONAL DE PRESERVAÇÃO DA DOCUMENTAÇÃO HISTÓRICA – PRÓ-DOCUMENTO[415]

PROGRAMA NACIONAL DE PRESERVAÇÃO DA DOCUMENTAÇÃO HISTÓRICA

Ministério da Educação e Cultura
Secretaria da Cultura
Subsecretaria do Patrimônio Histórico e Artístico Nacional
Fundação Nacional Pró-Memória

Maio de 1984

---

[415] A transcrição desse documento foi feita exatamente como está no original, inclusive as notas de rodapé que consta no texto-base.

PROGRAMA NACIONAL DE PRESERVAÇÃO DA DOCUMENTAÇÃO HISTÓRICA – PRÓ-DOCUMENTO

Ministério da Educação e Cultura
Secretaria da Cultura
Subsecretaria do Patrimônio Histórico e
Artístico Nacional Fundação Nacional Pró-Memória

Elaborado pela equipe do IHSOB

Rio de Janeiro
- 1984 -
Publicação da Fundação Nacional Pró-Memória

Ministra da Educação e Cultura
Esther de Figueiredo Ferraz

Secretário de Cultura e Presidente da
Fundação Nacional Pró-Memória
Marcos Vinicios Vilaça

Este programa foi elaborado com apoio do Instituto de História Social Brasileira (IHSOB) em decorrência de convênio firmado entre a Secretaria de Cultura do Ministério da Educação e Cultura, através da Fundação Nacional Pró-Memória, e o Conjunto Universitário Cândido Mendes / Instituto de História Social Brasileira.

Capa: Extrato de um Processo de Casamento, Rio de Janeiro, 1862. Original gentilmente cedido pelo Arquivo da Cúria Metropolitana do Rio de Janeiro[416].

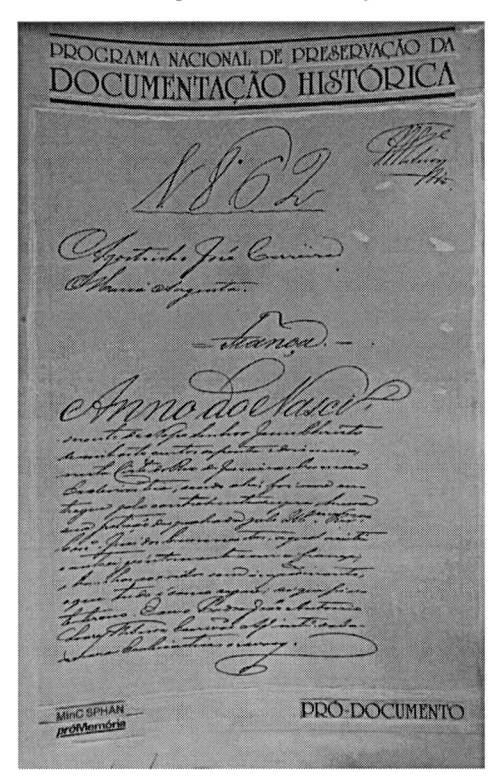

---

[416] Arquivo Noronha Santos – ACI/RJ – IPHAN. **Fundo Arquivo Intermediário.** Fundo Sphan/Pró-Memória (1969-1992). Caixa 257: Pasta 01: Texto Base do Pró-Documento.

- ÍNDICE [417] -

PÁGINA

1. INTRODUÇÃO   3
1.1 O Ministério da Educação e Cultura e a Preservação Documental 4
1.2 O Estado e a Proteção da Documentação Privada 6

2. DIRETRIZES DO PROGRMA NACIONAL DE PRESERVAÇÃO DA DOCUMENTAÇÃO HISTÓRICA (PRÓ-DOCUMENTO)   10

3. OBJETIVOS   14
3.1 Objetivos Gerais   14
3.2 Objetivos específicos   14

4. SIGNIFICADOS DO PROGRAMA   18
4.1 Demarcação e Relevância dos Grupos Documentais   19

5. ESTRUTURA DO PRÓ-DOCUMENTO   26
5.1 Coordenação Nacional   26
5.2 Coordenações Regionais   27
5.3 Subcoordenações   27
5.4 Conselho Nacional Consultivo   28
5.5 Conselhos Regionais de Apoio à Preservação dos Arquivos Privados   29

6. METODOLOGIA   30
6.1 Cadastro de Arquivos   30
6.2 Guias de Arquivos   32

7. AVALIAÇÃO DE PROJETOS   37
7.1 Apresentação dos Projetos   37
7.2 Seleção   37

---

[417] Paginação de acordo com o texto do projeto e não da estrutura desta Tese.

7.3 Critérios de Aprovação 38
7.4 Recursos 38

8. CONCLUSÃO 40

ANEXO 1 – ENDEREÇOS DAS DIRETORIAS REGIONAIS DA SPHAN /PRÓ MEMÓRIA 42

ANEXO 2 – ENDEREÇOS DOS ESCRITÓRIOS TECNICOS DA FUNDAÇÃO NACIONAL PRÓ MEMÓRIA 44

1. INTRODUÇÃO

O Programa Nacional de Preservação da Documentação Histórica (Pró-Documento) tem por finalidade preservar, em todo o território nacional, os acervos documentais privados de valor permanente. Ele é uma iniciativa da Secretaria de Cultura do Ministério da Educação e Cultura, através da Subsecretaria do Patrimônio Histórico e Artístico Nacional e da Fundação Nacional Pró-Memória

Sua proposição deve-se à importância dos acervos documentais privados para a recuperação da memória e identidade nacionais e para a pesquisa e a cultura no País e também ao fato de grande parte dessa documentação encontrar-se em estado precário de conservação e inacessível aos pesquisadores e interessados.

Esta situação afeta tanto a documentação pública quanto a privada. Para a documentação pública, apesar das dificuldades encontradas, existem, em âmbito nacional e regional, instituições destinadas ao seu recolhimento e preservação

Quanto à documentação privada de valor permanente a situação é outra. Carente de uma política integrada de proteção de acervos, esta documentação está ameaçada de deterioração e perda, seja pelo desconhecimento de seu valor, seja pelas precárias condições de armazenagem, seja ainda pelo despreparo para a sua conservação por parte de muitos de seus detentores.

Por esses motivos, a SPHAN e a Fundação Nacional Pró-Memória no uso das suas atribuições em prol da preservação da memória e identidade nacional, resolveram ampliar e sistematizar a sua ação em defesa da documentação privada de valor permanente. Isto se fara através de uma política nacional, que está consubstanciada neste Programa.

1.1 O Ministério da Educação e Cultura e a Preservação Documental

A proteção ao patrimônio histórico e artístico nacional foi estabelecido pelo Decreto-Lei nº 25, de 30 de novembro de 1937.

Segundo seu artigo 1º "constitui o patrimônio histórico e artístico nacional o conjunto dos bens moveis e imóveis existentes no país e cuja conservação seja de interesse público, quer por sua vinculação a fatos memoráveis da História do país, quer por seu excepcional valor arqueológico ou etnográfico, bibliográfico ou artístico"[418].

---

[418] Fundação Nacional Pró Memória. Proteção e revitalização do patrimônio cultural do Brasil: uma trajetória. Brasília, 1980, p.111.

O Decreto-Lei nº 8534, de 02 de janeiro de 1946, ao criar a Diretoria do Patrimônio Histórico e Artístico Nacional, por transformação do antigo Serviço do Patrimônio Histórico e Artístico Nacional, reafirmava a competência do então Ministério da Educação e Saúde para atuar no campo da preservação documental.

De acordo com o artigo 2º, era finalidade da Diretoria "inventariar, classificar, tombar e conservar monumentos, obras, documentos e objetos de valor histórico e artístico existentes no país [...]" [419].

Na mesma data, o Decreto nº 20.303 aprovava o Regimento da Diretoria do Patrimônio Histórico e Artístico Nacional.

Segundo o seu artigo 9º, relativo à competência da Divisão de Estudos e Tombamento, cabia pela letra b, à Seção de História, o "inventário continuado de textos manuscritos ou impressos de valor histórico ou artístico [...]", assim como a sua "catalogação sistemática" [420].

Essa regulamentação foi confirmada no Artigo 2º, do Decreto nº 84.198, de 13 de novembro de 1979, que criou, na estrutura do Ministério da Educação e Cultura, a Subsecretaria do Patrimônio Histórico e Artístico Nacional - SPHAN:

"A SPHAN tem por finalidade inventariar, classificar, tombar e restaurar monumentos, obras, documentos e demais bens de valor histórico, artístico e arqueológico existentes no país, bem como tombar e proteger o acervo paisagístico do País [421].

A Fundação Nacional Pró-Memória, por sua vez, de acordo com o Artigo 1º, da Lei nº 6.757, de 17 de dezembro de 1979, está "... destinada a contribuir para o inventário, a classificação, a conservação, a proteção, a restauração e a revitalização dos bens de valor cultural e natural existentes no País"[422].

Assim, o presente Programa destina-se a realizar os objetivos previstos na legislação referida, no que toca estritamente à documentação privada de valor permanente, e também concretizar as intenções manifestadas em diversas oportunidades no âmbito do Ministério da Educação e Cultura, tais como a conservação do acervo documental nacional, o cadastramento

---

[419] Brasil. Diretoria do Patrimônio Histórico e Artístico Nacional. Legislação brasileira de proteção aos bens culturais s.l., 1967, p.35-7.
[420] Idem, Ibidem, p. 39 e 43.
[421] Fundação Nacional Pró Memória. Ibid., p.175.
[422] Id. Ibid., p. 177.

dos arquivos privados, e a criação de suportes para a realização de estudos acerca dos aspectos sócio econômicos regionais e de valores compreendidos nos respectivos patrimônios histórico e artístico[423].

A consecução desses objetivos, além de marcar a atuação do Estado brasileiro na defesa da documentação de origem privada, atenderá as expectativas e interesses de uma gama variada de segmentos da sociedade: as universidades e demais cursos de nível superior, as instituições públicas comprometidos com o progresso da ciência no País, as instituições públicas e privadas preocupadas com a defesa e a preservação do patrimônio nacional, as empresas e outras organizações da sociedade civil, que terão seus acervos documentais, organizados e conservados, enfim, a comunidade nacional que ganhará com a preservação de uma parcela significativa do seu patrimônio histórico, cultural e científico.

1.2 O Estado e a Proteção da Documentação Privada

O objetivo desde Programa é a documentação dos <u>arquivos privados</u>.

Os arquivos privados reúnem o conjunto de documentos produzidos e recolhidos pelas instituições privadas e pessoas físicas no decurso de suas atividades, formando um conjunto orgânico de reconhecido valor informativo.

Apesar da existência da legislação citada anteriormente, nem o Estado, nem a sociedade civil no Brasil ofereceram até agora uma proteção efetiva à documentação privada de valor permanente. Não há um cadastramento sistemático dos arquivos nem há uma ação eficiente contra a alienação da documentação de valor histórico - em muitos casos, sua exportação -, malgrado as inúmeras denúncias e protestos consignados por instituições, pesquisadores e outras pessoas preocupadas com a questão.

Países como a França e a Itália, dispõem de legislação regulamentando sobre a obrigação de se declarar a propriedade de arquivos privados, de se notificar o seu valor histórico e o interesse em sua alienação, para o que deve dar-se direito de preferência ao Estado, além da proibição de exportar.

Na Inglaterra, na Escócia e na Irlanda do Norte, há total ausência de legislação, mas, em contrapartida, instituições civis, como a "British Records Association", e a "Royal Comission on historical Manuscripts", desenvolvem ações tutelares sobre os arquivos privados, realizam e publicam inventários, aconselham a boa conservação ou o depósito, realizam inspeções e dão assistência a todos os proprietários de arquivos.

---

[423] Id. Ibid., p. 139 a 146.

Dessa forma, os países da Europa Ocidental dividem-se entre os que privilegiaram o controle pelo Estado dos arquivos privados (incluindo-se neste grupo os países socialistas) e os que, sem elaborar legislação a respeito, transferiram o controle para instituições da sociedade civil. Em muitos países do primeiro grupo, porém, à exceção de alguns países socialistas, não deixaram de ser criadas instituições arquivísticas privadas incumbidas, elas também, da preservação dos documentos históricos particulares.

Nos estados unidos, são instituições privadas, basicamente, que cuidam dos arquivos privados: a "American Historical Association's Historical Manuscripts Comission" e a "National Historical Publication Comission", entre outras.

Há duas formas de se conduzir uma política de preservação documental, no que diz respeito às relações entre o Estado e as instituições da sociedade: ou o Estado amplia o seu controle por meio de legislação específica e de uma política de estímulo à doação ou ao depósito; ou se reconhece às instituições civis o direito e o dever de conservar seus arquivos permanentes, com o apoio do Estado, garantindo-se, em contrapartida, o acesso para a consulta.

A adoção de leis e políticas que ampliem o controle sobre os arquivos privados poderá gerar incompreensão e conflito entre as instituições civis e do Estado. A ação do Estado correria o risco de se revestir de um caráter excessivamente coercitivo, resultando em reações que a tornariam sem efeito e, por consequência, ineficaz.

Por outro lado, ao assumir uma postura tutelar o Estado estaria acarretando a inibição das iniciativas preservacionistas assumidas pela sociedade civil, cuja importância não pode ser subestimada.

São conhecidas também as dificuldades dos arquivos públicos, em tratar a imensa quantidade de documentos de origem estatal já recolhidos os a sê-lo. Desenvolver, pois, uma política de amplo incentivo à doação ou depósito da documentação privada nos arquivos públicos agravaria a sua situação. A maioria deles dificilmente iria assegurar uma recuperação documental ágil, além de correr o risco de ver inviabilizado até mesmo o tratamento da documentação proveniente da administração pública.

Mesmo em alguns países onde se ampliou o controle estatal sobre os arquivos privados isto está sendo repensado. As enormes demandas pela administração do Estado de informações sobre a documentação de origem pública vêm prejudicando o tratamento arquivístico dos documentos particulares e o acesso a informações neles contida.

A excessiva tendência à centralização das diretrizes, que quase sempre acompanha este modelo, tem dificultado a regionalização e a especificidade das políticas e das ações, quando se sabe que a documentação proveniente das instituições civis, quando se sabe que a documentação proveniente das instituições civis possui marcas características regionais, acompanhando a particularidade dos processos e estruturas sociais de cada região. Este fato tem contribuído para a revisão das fórmulas centralizadoras em prol das políticas descentralizadoras na ação, embora harmonizadas em seus procedimentos técnicos.

No caso do Brasil, dado alguns fatores como suas dimensões continentais, as profundas diversidades regionais e a escassez de recursos, a adoção de uma via centralizadora seria particularmente problemática.

Deve-se acrescentar a estes fatores a atualidade das novas demandas provenientes da sociedade civil brasileira. Na área cultural e científica, amplia-se a cada dia o desejo de participação ativa das instituições e profissionais nas promoções e decisões de seu interesse.

Essas demandas, dadas a legitimidade e o potencial criativo de que se revestem, não podem ser ignoradas, sobretudo num programa cujo objetivo básico - a documentação privada - origina-se da própria sociedade.

Assim, pois, ajusta-se melhor à realidade brasileira uma ação do Estado cujo sentido principal seja o de coordenar os esforços das instituições públicas e privadas e estimular e apoiar as múltiplas e crescentes iniciativas da sociedade civil.

2. DIRETRIZES DO PROGRAMA NACIONAL DE PRESERVAÇÃO DA DOCUMENTAÇÃO HISTÓRICA (PRÓ-DOCUMENTO)

O **Pró-Documento** tem duas diretrizes básicas:

1ª – Atuar de forma descentralizada respeitando o princípio federativo e buscando a participação ativa e integrada, em seu planejamento e execução, das instituições públicas e privadas relacionadas com a preservação e utilização da documentação privada de valor permanente.

2ª – Orientar sua ação no sentido de tornar acessível a documentação privada de valor permanente, e de estimular o seu uso social.

Ao pretender constituir uma ação permanente visando a preservação da documentação privada, o **Pró-Documento** seguirá as diretrizes gerais da Secretaria de Cultura do MEC para o setor cultural.

Assim, ao tratar da operacionalização de sua política cultural a SEC/MEC, prevê a criação de um "sistema de ações descentralizadas":

> "O mecanismo fundamental dessa diretriz é a articulação dos níveis municipal, estadual e federal, através da efetiva interação de instituições oficiais, entidades privadas e representantes do fazer e do pensamento das comunidades – os legítimos portadores do conhecimento de contextos específicos [...]
> Essa é a competência que apreciamos adquirir e promover, para levar ao máximo desenvolvimento e encontro entre as experiências das instituições e as dos cidadãos que convivem com o bem cultural ou o produzem, tendo, também, a consciência de que se não transferirmos mais a decisão e a gerencia das ações para a fonte de onde emergem e onde se situam os bens não chegaremos a assegurar sua trajetória consequente"[424].

A participação da população na produção, usufruto e gerência dos bens culturais, segundo essas diretrizes, tem um papel primordial:

> "É fato incontestável que a população brasileira, em sua quase totalidade, não tem garantia a posse dos bens culturais que lhe pertencem, e que sua potencialidade de criação e produção individual e/ou coletiva, a partir das especifici-

---

[424] Ministério da Educação e Cultura. <u>Diretrizes para operacionalização da política cultural do MEC</u>. Documento elaborado pela Secretaria da Cultura, [S.l.], setembro de 1981, p.9. [304] Idem, Ibidem, p.11.

dades culturais que lhe são próprias, vê-se continuamente ameaçada ou inferiorizada por valores e interesses ditos de maior importância ou pertinência.

É adequado, pois, chamar-se devolução à orientação que deve presidir os trabalhos - desde seu planejamento até a sua execução - buscando reintegrar aos contextos que os possibilitaram, tanto os seus resultados materiais quanto os reflexivos cuidados a participação nestes benefícios sejam ampla e democrática" [...].

"[...] quem está próximo do bem cultural ou o produz é, verdadeiramente, quem deve cultivá-lo. É preciso, nesse sentido, criar canais adequados e formas que assegurem a efetiva participação da comunidade nas decisões e no trato dos problemas afetos à produção e preservação cultural, de modo a favorecer a preconizada distribuição de responsabilidades entre todos os envolvidos (organismos do poder público, entidades privadas e, sobretudo, a população)[304].

O **Pró-Documento** tem também como pressuposto o fato de que os bens culturais e, em especial, a documentação histórica não se preservam se não forem valorizadas e efetivamente utilizadas pela sociedade.

No caso da documentação histórica privada, o sentido de sua preservação é o de conservar informações indispensáveis não só ao desenvolvimento cultural e científico, quanto ao desenvolvimento social global. O valor dessa documentação, portanto, só se manifesta quando ela recebe o tratamento devido que a torna disponível para os diversos usos sociais.

Sua valorização e uso social, condições básicas de preservação, implicam, portanto, a formação de uma ampla consciência social sobre a significação e a utilidade dos acervos documentais privados e sobre a necessidade de sua preservação e disponibilidade para a consulta em geral.

Além dos argumentos já expostos, cabe ressaltar a importância da sensibilização dos detentores dos acervos face ao estado de abandono e desorganização documental predominante e ao desconhecimento generalizado a respeito de seu valor para ciência, a pesquisa e a informação em geral. Sem o atendimento dessa condição, dificilmente um programa de preservação documental terá êxito.

Para tanto é decisiva a participação ativa no **Pró-Documento** das instituições por serem elas polos de dinamização da cultura e da pesquisa nas diversas regiões do País, em especial os órgãos estaduais de cultura, as universidades e os centros de documentação.

A participação do Estado, através da SEC/MEC, deve pautar-se pelo seu papel de estímulo, apoio e coordenação dos esforços que a sociedade dirige para resgatar a documentação que é testemunho de sua história.

Para melhor desemprenhar este papel, a SEC/MEC estimulará a integração do **Pró-Documento** com outras iniciativas afins desenvolvidas no âmbito do Ministério da Educação e Cultura e buscará formas de cooperação com as demais instituições públicas e privadas que dirigem seus esforços para a tarefa de preservação documental.

3. OBJETIVOS

3.1 Objetivos gerais

Os objetivos gerais do **Pró-Documento** são:

3.1.1 Criar os meios que assegurem o amplo acesso e uso social dos acervos documentais privados de valor permanente;

3.1.2 Contribuir para a criação dos suportes necessários ao trabalho de conservação física e estabilização dos acervos documentais privados de valor permanente;

3.1.3 Estimular e apoiar iniciativas voltadas para a organização e preservação de acervos documentais de valor permanente.

3.2 Objetivos específicos:

São objetivos específicos do **Pró-Documento:**

3.2.1 Identificar e avaliar acervos privados de interesse histórico para fins de proteção especial.

Com base na legislação existente, pretende-se garantir, segundo o interesse público a sobrevivência de acervos de excepcional valor.

3.2.2 Identificar e cadastrar os acervos documentais privados: esta atividade propiciará o conhecimento do universo existente de acervos privados que são objeto do Pró-Documento, como condição para orientar as ações preservacionistas.

3.2.3 Influir junto às instituições detentoras de acervos documentais privados de interesse histórico no sentido de torná-los acessíveis ao público em geral.

A documentação privada de valor histórico é um patrimônio que interessa a toda a coletividade. Em nosso país, entretanto, a desinformação que ainda predomina sobre a importância dessa documentação, mesmo entre seus detentores, aliada a inexistência de uma sólida tradição de pesquisa tem contribuído para dificultar o acesso aos mesmos.

O **Pró-Documento** atuará no sentido de reverter este quadro, associando iniciativas de apoio aos arquivos privados e campanhas de esclarecimento sobre a necessidade de abertura dos mesmos à consulta em geral.

3.2.4 Elaborar e divulgar instrumentos básicos de pesquisa em arquivos: guias e inventários.

Esses instrumentos informam os usuários sobre a natureza das fontes documentais existentes e possibilitam uma consulta ágil das mesmas.

A divulgação desses instrumentos de pesquisa junto aos intelectuais, instituições e segmentos sociais interessados, alertará sobre a existência e o valor da documentação histórica, constituindo-se num forte incentivo à sua utilização e preservação.

3.2.5 Promover campanhas publicitarias destinadas a divulgar os objetivos e realizações do Pró-Documento.

As campanhas deverão esclarecer a população e as instituições sobre a importância social e cientifica da documentação proveniente da sociedade civil, assim como incentivar a sua participação no Programa.

3.2.6 Prestar assessoria técnica as atividades de organização e conservação dos acervos permanentes, inclusive no que diz respeito a adaptação de prédios e melhoria da infraestrutura de armazenagem e acondicionamento.

3.2.7 Aproveitar os prédios tombados pela Subsecretaria do Patrimônio Histórico e Artístico Nacional ou por seus similares estaduais e municipais, para fins de recolhimento de acervos.

A adaptação e o uso de prédios tombados como centros de documentação, além de dar-lhes um emprego adequado do ponto de vista cultural, favorece a redução de custos, sobretudo quando já tem documentos sob sua guarda. Nos casos dos prédios pertencentes aos Estados e Municípios, o aproveitamento será decidido mediante negociações.

3.2.8 Manter atividade permanente de desinfestação de documentos.

Para tanto serão lotados nas Diretorias Regionais da SPHAN/Pró-Memória, em caráter experimental, unidade moveis de fumigação destinadas a conservação dos acervos privados de interesse histórico localizadas na região. Pretende-se em seguida, ampliar essa ação para todos os Estados, tendo-se em conta que o combate aos microrganismos constitui-se, talvez, a tarefa mais urgente - e mais carente de apoio - para garantir a sobrevivência da documentação histórica.

3.2.9 Incentivar a formação e o treinamento, nos diversos Estados da Federação, de profissionais em arquivística.

A iniciativa contribuirá para o desenvolvimento do **Pró-Documento** nos Estados da Federação, além de vir a suprir a acentuada carência de profissionais no setor.

3.2.10 Prestar apoio financeiro e técnico à criação e desenvolvimento de centros de documentação e pesquisa histórica voltados para a organização da documentação privada e realização e transferência de acervos privados de valor permanente.

Através dessa atividade pretende-se estimular as iniciativas dos meios intelectuais e das instituições detentoras de acervos no sentido de descentralizar a tarefa de preservação da documentação privada. Os projetos de organização de acervos que envolvem arranjo e seriação de documentos, em função de sua complexidade, serão realizados através de projetos específicos. Quanto à transferência de acervos, só serão realizadas quando for comprovada a ameaça de sobrevivência dos mesmos, coso em que serão destinados a instituições capacitadas a preservá-los e administrá-los.

3.2.11 Organizar, nas áreas das Diretorias Regionais da SPHAN/Pró-Memória, Conselho de Apoio a Preservação dos Arquivos Privados.

Os Conselhos atuarão como órgãos consultivos e de acompanhamento o **Pró- Documento,** constituindo-se em poderosos instrumentos de articulação entre os seus objetivos e os interesses das instituições civis envolvidas em sua execução.

4. SIGNIFICADO DO PROGRAMA

O **Pró-Documento** integra o esforço da preservação da memória nacional desenvolvido pela Subsecretaria de Patrimônio Histórico e Artístico Nacional e pela Fundação Nacional Pró-Memória.

Ao cuidar da documentação privada de interesse histórico, que constitui patrimônio cultural do país, o **Pró-Documento** deverá suprir a grave lacuna existente na política preservacionista para este setor.

A documentação privada de caráter permanente, apesar do seu interesse para a nação, é hoje a mais carente de atenção por parte do poder público e da sociedade em geral. Além da inexistência de uma sistemática geral de preservação, esta documentação sofre os efeitos do desconhecimento generalizado a respeito de sua importância para a história e o desenvolvimento do país.

São documentos que, de modo geral, contém informações substantivas sobre a organização e o funcionamento das instituições civis, tais como empresas, associações, sindicatos, paróquias, centros de pesquisa, hospitais, farmácias, entidades beneficentes e previdenciárias, escolas, orfanatos, dentre outras, além de registrarem o dia a dia das relações sociais que se expressam nessas instituições.

Tendo sido produzidos, na maioria dos casos, sem a pretensão de se tornarem registros históricos, esses documentos contém os rastros relevantes deixados pela prática social dessas organizações que fizeram e fazem, nossa história social e econômica.

Para seus proprietários, contudo, o interesse por esses registros cessa tão logo cumpram a função administrativa para a qual foram produzidos. Um sem-número de documentos, como livros de atas, livros contábeis, livros de registros de empregados, correspondência comercial e epistolar etc, foram destruídos - e continuam sendo – depois que termina o seu uso corrente ou prescreve o seu valor probatório. Sem essa documentação perde-se grande parte dos registros indispensáveis à recuperação da memória nacional, o que faz ressaltar a necessidade de um programa de preservação.

Em sua fase inicial o **Pró-Documento** atuará preferencialmente sobre alguns grupos documentais escolhidos em função de critérios operacionais e da sua importância para a pesquisa histórica e o desenvolvimento econômico e social.

4.1 Demarcação e relevância dos grupos documentais

O **Pró-Documento** deverá atuar prioritariamente sobre os seguintes grupos documentais [425].

a. Documentação Eclesiástica;

b. Documentação Empresarial;

c. Documentação corporativa;

d. Documentação Sanitária;

e. Documentação Científica;

f. Documentação Educacional.

O Pró-Documento atuará sobre a documentação permanente de valor informativo e de interesse exclusivo da cultura e da ciência - pertencente às instituições que, voluntariamente, a ele expressarem a sua adesão.

O Programa não abrangerá a documentação corrente das instituições, procurando assim respeitar o seu direito à privacidade sobre as informações nela contidas. Mesmo no tocante à documentação permanente, o acesso e o uso dos documentos serão estabelecidos pelos proprietários e firmados mediante convênio com a Fundação Nacional Pró-Memória.

4.1.1 Documentação Eclesiástica

Esta documentação abrange os acervos das paróquias, cúrias, ordens e confrarias religiosas e associações católicas, entre outros.

Entre os documentos encontrados destacam-se os registros paroquiais (nascimentos e mortes), os livros de tombo, as cartas pastorais, os processos de genere, os testamentos, os documentos da justiça eclesiástica, as plantas cartográficas.

Trata-se de uma documentação de primeira importância não só para a História da Igreja Católica, mas também para a recuperação de informações fundamentais para os estudos demográficos, culturais, étnicos e políticos.

---

[425] Cada grupo documental deverá constituir um módulo do **Pró-Documento**, ao qual corresponderá uma equipe de trabalho específica. Esta divisão tem caráter apenas funcional, pois as atividades previstas, especialmente as que envolvem organização e transferência de acervos, deverão obedecer ao princípio de proveniência que orienta a arquivística moderna. Caso seja do interesse do **Pró-Documento**, outros grupos documentais poderão ser criados, em escala nacional ou regional. Serão também objeto do **Pró-Documento** os arquivos de titulares considerados relevantes para fins de preservação.

Deve-se ressaltar que, até a colocação em prática do Código Civil de 1891, a documentação paroquial no país, o que a situa como uma fonte indispensável para o conhecimento da formação social brasileira.

4.1.2 Documentação empresarial

Esta documentação compreende, em síntese, os arquivos e coleções de fábricas, fazendas, empresas comerciais e de serviços. Trata-se de documentação em geral administrativa, que uma vez cessado o seu uso corrente – é, muitas vezes, transferida para depósitos inadequados ou simplesmente destruída, sem obedecer a critérios técnicos da arquivologia.

De acordo o regime de propriedade e a forma de organização das empresas elas geram documentos de natureza diversificada.

As empresas por ações produzem os livros de atas – das reuniões de diretorias, assembleias de acionistas e conselhos fiscais - a documentação contábil, os registros de empregados (fornecem informações sobre a organização da empresa, organização do trabalho etc) e outros.

Nas empresas patrimoniais encontramos a documentação contábil, a correspondência comercial e epistolar dos titulares, os registros de empregados, os contratos sociais, etc.

A documentação empresarial fornece informações sobre a organização econômica (comercial, industrial e agrária) do país, a inovação técnica e a difusão tecnológica na produção e na prestação de serviços, a organização e as condições de trabalho, as relações entre empregados e destes com o Estado, etc.

A experiência de outros países demonstra-nos este fato. Como exemplo, os registros das companhias mineradoras produzidos nos séculos XVIII e XIX na Europa, indicavam, além do indispensável a sua atividade fim, o perfil geológico das camadas de solo atravessadas pelas geleiras. Minerais considerados "inaproveitáveis" ou "sem interesse", quando da exploração econômica original, tornaram-se mais tarde, de caráter estratégicos ou de grande utilidade econômica. Com base nos registros que haviam sido feitos, jazidas minerais de grande importância puderam ser localizadas e economizando-se enorme quantidade de recursos financeiros em prospecção.

No Brasil, a simples preservação e abertura à pesquisa dos arquivos das empresas mineradoras, inclusive as já desativadas, poderia trazer considerável economia de investimentos em pesquisas genealógicas.

4.1.3 Documentação corporativa

A documentação corporativa é repositória de informações sobre a vida associativa de nosso povo e de algumas de suas atividades mais significativas, tais como os seus movimentos reivindicatórios, a participação política, as comemorações e festas cívicas etc. Trata-se de material de relevo para o desenvolvimento da ciência da história, da ciência política, da sociologia e da antropologia.

Esta documentação encontra-se, principalmente nos arquivos das associações profissionais e classistas. Os documentos mais importantes dessas instituições, de caráter congregacional e representativo, são os livros de atas, os registros de associados, os livros contábeis e de guarda da tesouraria, os livros de auxílios e benefícios, a correspondência epistolar, os processos e requisições dos associados etc.

4.1.4 Documentação Sanitária

A documentação sanitária compreende os acervos documentais de inúmeras instituições médicas privadas, tais como as organizações hospitalares, as farmácias, as sociedades filantrópicas e as beneficentes, as escolas médicas, os institutos de pesquisa sanitárias etc, além de arquivos particulares relacionados com a história da assistência médico sanitária em nosso país.

Essa documentação, que há muito vem-se perdendo em decorrência do seu abandono, é indispensável à reconstituição da história social do país, como também para a compreensão da atual realidade sanitária e o estabelecimento de planos e políticas de saúde para o futuro. Seu valor informativo é relevante tanto do ponto de vista acadêmico e científico, quanto do ponto de vista da elaboração de políticas sociais.

Estão nesse caso os documentos relativos à morbidade e à mortalidade da população, às suas condições de vida e de saúde, à dinâmica e ao funcionamento das organizações médicas, às mudanças nas práticas e técnicas médicas, os "registros de pobreza", feitos para fins de seleção de pacientes, as fichas de atendimento individual, com prospecção sobre a história social e familiar, entre outras. Tais informações constituem matéria prima básica para a pesquisa nos campos das ciências médicas e sociais, e também fornecem subsídios indispensáveis à formulação de pesquisas, planejamentos e políticas no setor de saúde

Cabe ressaltar o crescente interesse nos centros mais avançados de pesquisa por estudos que tem como base a documentação referente à saúde pública, aos hospitais, asilos, escolas, associações médicas etc. As concepções sobre saúde e doença, educação infantil, higiene física e moral, os "desvios sociais", a pobreza, as regras de comportamento familiar etc., têm uma relação direta com as práticas daquelas instituições, o que confere a sua documentação uma importância especial.

4.1.5 Documentação Científica

Esta documentação reúne informações sobre a história da produção cientifica e tecnológica nacional, abrangendo a produção das universidades e institutos de pesquisa, arquivos e coleções de cientistas e de associações civis de indiscutível relevância nacional como a Sociedade Brasileira pra o Progresso da Ciência (SBPC) e a Sociedade Brasileira de pesquisa física (SBPF), parte do acervo tecnológico de algumas empresas ligadas às origens da indústria brasileira – em especial os ramos têxtil, químico farmacêuticos e alimentício. Ela constitui-se, portanto, num acervo de inestimável importância para as ciências exatas, a tecnologia e as ciências humanas no Brasil.

Através da consulta a esta documentação, poderão ser recuperadas tecnologias que foram desprezadas em decorrência do sentido que tomou nosso desenvolvimento tecnológico, médico-sanitário e químico-farmacêutico, para citar alguns exemplos, e que hoje, face à conjuntura de crise mundial, tornaram-se alternativas viáveis. A recuperação da tecnologia além de economizar custos em novas pesquisas – que muitas vezes refazem caminhos já percorridos – revelaria aspectos da criatividade tecnológica nacional, contribuindo para o nosso esforço de desenvolvimento.

Tecnologias energéticas abandonadas pela predominância econômica do petróleo – como aquelas ligadas à utilização do carvão mineral e vegetal –, registros de práticas médicas deixadas à margem pela medicina moderna, farmacopeias valiosíssimas postergadas pela ação dos grandes laboratórios, são bons exemplos do que pode ser auferido desses arquivos, além de informação histórica.

4.1.6 Documentação Educacional

Esse grupo documental abrange os arquivos de colégios e escolas do 1º e 2º graus, os arquivos das escolas normais, técnicas e profissionais, dos cursos supletivos, dos asilos de órfãos e os arquivos e coleções particulares de educadores, entre outros.

Os tipos de documentos mais importantes são estatutos e regulamentos das escolas, os livros de matrículas e acompanhamento da vida escolar dos alunos, os livros de atas de reuniões dos professores e pais de alunos e das diretorias, as fichas individuais dos alunos, os livros de registros dos professores, os relatórios dos funcionários da escola (diretores, supervisores, professores, inspetores) os planos curriculares, os programas de disciplinas, os registros das festas cívicas e outras comemorações escolares, os cadernos e provas de alunos, os compêndios didáticos, a correspondência diversa etc.

O principal mérito dessa documentação é fornecer informações essenciais à compreensão da organização escolar no Brasil, de um ângulo raramente explorado pelos estudiosos e que enriquecem substancialmente todas as tentativas de reconstituição das iniciativas voltadas para o ensino no país. É na escola afinal, que as propostas pedagógicas, seja qual for a sua proveniência, se concretizam, transformando-se em ações teóricas e práticas efetivas, muitas vezes alteradas de acordo com as características regionais e locais de cada estabelecimento escolar.

Além das informações referentes à vida educacional, essa documentação fornece dados valiosos para os estudos demográficos, para as pesquisas sobre migrações, sobre a vida cultural nos locais onde se situam as escolas, sobre a constituição e qualificação de força de trabalho. Neste último caso, por exemplo, destaca-se a documentação das escolas técnicas e profissionais.

Todavia, como acontece m relação aos demais grupos documentais considerados pelo **Pró-Documento,** grande parte desses acervos está sujeita a deterioração e a perda pela destruição.

A atuação do **Pró-Documento** responderá, portanto, a uma necessidade urgente de identificação e preservação dos corpos de fontes abrangidos pelos grupos documentais considerados e terá efeito multiplicador sobre a qualidade e o volume de pesquisas em torno desses temas.

5. ESTRUTURA DO PRÓ-DOCUMENTO

O **Pró-Documento** será desenvolvido sob a orientação geral da Coordenação Nacional - a cargo da SPHAN /Pró-Memória e com o apoio técnico do IHSOB - e de Coordenações e Subcoordenações Regionais. Ele terá como órgão consultivo o Conselho Nacional Consultivo composto por figuras eminentes do mundo científico e cultural, e Conselhos Regionais de Apoio à Preservação de Arquivos Privados.

5.1 Coordenação Nacional

Caberá à Coordenação Nacional a implantação e coordenação do **Pró-Documento** a nível nacional, assim como o acompanhamento das atividades desenvolvidas regionalmente, segundo prioridades e critérios que configurem uma unidade de objetivos e métodos de ação.

São atribuições da Coordenação Nacional:

a. Integrar as iniciativas regionais do **Pró-Documento** no sentido de estabelecer prioridades e conjugação de esforços a nível nacional;

b. Elaborar e padronizar metodologias de constituição dos instrumentos de pesquisa e de recenseamento documental;

c. Elaborar projetos de organização e preservação documentais;

d. Avaliar e apoiar projetos de organização e preservação documentais;

e. Avaliar acervos privados para fins de proteção especial;

f. Promover a captação de recursos destinados a apoiar a implementação do **Pró-**

g. **Documento**;

h. Assinar convênios necessários à execução do **Pró-Documento**;

i. Executar as atividades permanentes e os projetos documentais na região de competência da 6ª Diretoria Regional da SPHAN/Pró-Memória.

5.2 Coordenações Regionais

Caberá às Coordenações Regionais

Pró-Documento nos Estados e Territórios abrangidos pelas respectivas Diretorias Regionais da SPHAN/Pró-Memória.

A Coordenação Regional será composta por um Coordenador Regional que atuará junto às Diretorias Regionais da SPHAN/Pró-Memória[426]. Na área abrangida por cada Coordenador Regional funcionará um Conselho Regional de Apoio à Preservação dos Arquivos Privados, constituído por instituições de documentação e/ou pesquisa, além de profissionais de reconhecido saber na área de interesse do **Pró-Documento**.

São atribuições da Coordenação Regional:

a. Desenvolver o **Pró-Documento** a nível regional;

b. Estimular a elaboração de projetos e a formação de equipes destinadas à sua execução;

c. Estabelecer, ouvido o Conselho Regional de Apoio à Preservação dos Arquivos, as prioridades nas iniciativas de recuperação e conservação de acervos;

d. Apoiar e acompanhar a execução de projetos;

e. Captar recursos complementares, a nível regional, destinados à realização de projetos específicos;

f. Fiscalizar o emprego dos recursos destinados aos projetos;

g. Formar, em colaboração com o Representante Regional da Pró--Memória, o Conselho Regional de Apoio à Preservação dos Arquivos Privados.

5.3 Subcoordenações

Junto às Diretorias Regionais, além das Coordenações Regionais, serão criadas Subcoordenações que abrangerão os outros Estados e Territórios compreendidos em suas jurisdições ou regiões de um mesmo Estado, onde isto se faça necessário. Assim, como exemplo, junto à 1ª Diretoria Regional

---

[426] Os endereços das Diretorias Regionais da SPHAN/Pró-Memória e dos Escritórios Técnicos da Pró-Memória estão em anexo (somente no documento original disponível no Arquivo do IPHAN).

funcionará uma Coordenação Regional no Pará, e Subcoordenações no Amazonas e no Acre etc. Em Minas Gerais, por outro lado, haverá Sub-coordenações nas regiões de Juiz de Fora e Outro Preto/Mariana.

As subcoordenações regionais serão presididas pelo subcoordenador regional.

Caberá às subcoordenações regionais:

a. Apoiar o desenvolvimento do **Pró-Documento** a nível local;

b. Estimular a elaboração de projetos e a formação de equipes destinadas a sua execução na área de sua competência;

c. Apoiar e acompanhar a execução de projetos locais;

d. Captar recursos complementares, a nível local, destinados à realização de projetos específicos;

e. Presidir o Conselho de Apoio à Preservação dos Arquivos Privados, nos casos em que ele existir a nível local.

Nas áreas abrangidas pelas subcoordenações poderá ser criado também um Conselho de Apoio à Preservação dos Arquivos Privados.

5.4 Conselho Nacional Consultivo

O **Pró-Documento** terá um corpo de consultores, a nível nacional, constituído de profissionais de notório saber nas áreas de ciências sociais e arquivologia.

Sua composição atenderá às necessidades de conhecimento especializado a respeito dos grupos documentais e dos diversos aspectos da prática arquivística relacionados às atividades e projetos do Programa.

Sempre que necessário, a Coordenação Nacional solicitará o pronunciamento dos consultores para a avaliação de projetos e a definição de prioridades.

5.5 Conselhos Regionais de Apoio à Preservação dos Arquivos Privados

Os Conselhos Regionais de Apoio à Preservação dos Arquivos Privados terão a finalidade de atuar como órgãos consultivos e de acompanhamento do **Pró-Documento** na área abrangida pela Representação Regional.

Os Conselhos serão constituídos pelo Diretor Regional da SPHAN/Pró-Memória, pelo Coordenador Regional do Programa e por representantes de instituições civis e órgãos públicos, além de profissionais de reconhecido saber com atuação no campo de interesse do **Pró-Documento**. Os Conselhos serão presididos pelo Diretor Regional da SPHAN/Pró-Memória e, na sua ausência, pelo Coordenador Regional do Programa[427].

São atribuições do Conselho Regional:

a. Informar à Coordenação Regional sobre a situação geral dos arquivos privados existentes na área de sua atuação;

b. Fazer recomendações à Coordenação Regional relativas às prioridades nas iniciativas de recuperação e conservação de acervos;

c. Ajudar a Coordenação Regional na captação de recursos para a implementação do **Pró-Documento** e a realização de projetos;

d. Atuar junto às instituições civis possuidoras de acervos no sentido de integrá-las ao **Pró-Documento** e obter a sua colaboração;

e. Estabelecer a cooperação e a troca de informações entre seus membros;

f. Colaborar com a Coordenação Regional emitindo pareceres sobre os projetos e sua execução.

g. Desenvolver outras ações cabíveis visando a defesa dos acervos documentais privados na região de competência da Coordenação Regional.

---

[427] No caso da 6ª DR o Conselho será presidido pelo Coordenador ou Subcoordenador Nacional do Programa.

6. METODOLOGIA

O **Pró-Documento** será implantado gradativamente de acordo com a maior ou menor necessidade ditada pelas condições dos arquivos documentais privados e a importância e representatividade dos acervos.

Por suas características os arquivos privados requerem urgente localização e identificação. Estas tarefas prioritárias, concretizadas em cadastros, permitirão avaliar não apenas a importância desses acervos documentais, mas também o estado físico dos mesmos e sua organização.

Além dos cadastros dos acervos, serão também elaborados instrumentos de pesquisa – guias, inventários etc – para facultar o acesso aos documentos.

Neste tópico serão indicadas apenas as diretrizes metodológicas e os procedimentos básicos destinados à elaboração dos cadastros e dos guias de arquivos e coleções.

6.1 Cadastro de Arquivos

6.1.1 Natureza

A elaboração de um cadastro de arquivos privados, referentes aos grupos documentais que são objeto do **Pró-Documento**, é requisito básico para sua execução face à ausência de informações sistematizadas a esse respeito em nosso país.

O cadastro permitirá o diagnóstico do estado geral dos arquivos e de sua relevância, condição para a definição das prioridades nas ações de preservação e tratamento arquivísticos.

Trata-se, ademais, de um primeiro passo – a ser completado pela preparação dos outros instrumentos de pesquisa – no sentido de divulgar as informações e facilitar o acesso às fontes documentais privadas.

6.1.2 Pesquisa Prévia

O cadastramento deve ser procedido de pesquisa destinada à localização dos arquivos. Será realizada de duas maneiras;

    a. Pesquisa direta sobre instituições privadas detentoras de documentação permanente de interesse histórico.

Feita com base em levantamentos bibliográficos e em informações sobre a história regional relativa aos diferentes agrupamentos documentais, permitirá a avaliação prévia das instituições de maior relevância para o **Pró-Documento**.

Em seguida, estas instituições serão localizadas, dando-se prosseguimento ao cadastramento, de acordo com o roteiro apresentado adiante.

b. Pesquisa indireta sobre instituições alcançadas pela divulgação do **Pró-Documento**.

A pesquisa indireta pressupõe a ampla divulgação do **Pró-Documento** através dos principais meios de comunicação escrita, falada e televisada. Essa divulgação é indispensável, no caso, à sensibilização da comunidade envolvida e subsequente indicação da existência de arquivos muitas vezes desconhecidos. Essas informações serão acrescidas àquelas obtidas através da pesquisa direta.

Os Coordenadores Regionais do **Pró-Documento** ficarão incumbidos dos contatos necessários ao agenciamento dos projetos de cadastramento e de elaboração dos instrumentos de pesquisa, assim como a supervisão das atividades subsequentes.

6.1.3 Atualização

O cadastro será feito gradual e cumulativamente. A fim de mantê-lo atualizado será solicitado aos proprietários a notificação sobre qualquer alteração dos dados já coletados.

Pretende-se assim que as características básicas cadastradas – localização, organização, etc – permaneçam válidos.

6.1.4 Roteiro

O cadastro terá como base o seguinte roteiro:

1. Nome da Instituição;
2. Endereço (rua, número, município, cidade, Estado, etc.);
3. Dados Históricos (data de fundação, mudanças de sede, etc.);
4. Classe de Documento (textual, audiovisual e cartográfico);
5. Tipos de Documentos (registro civil, correspondência, relatório, etc.);

6. Composição (maço, livro, códice, avulso, etc.);
7. Tipo de Organização ou Forma de Arranjo e Seriação dos Documentos;
8. Tipo de Meios de Busca (Inventário sumário, catálogo, etc.);
9. Quantidade (número de volumes, número de livros e códices, metragem de documentos avulsos, etc.);
10. Condições de Armazenagem (área, localização no prédio, ambiência, luz, temperatura e umidade);
11. Tipo de Armazenagem (arquivo vertical, caixa-arquivo, pasta, armário etc.);
12. Estado Físico dos Documentos (bom, deteriorado, sujo, rasgado etc.);
13. Condições de Acesso para Pesquisa (horário, restrições aos usuários etc.).

6.2 Guias de Arquivos

Os guias de arquivos destinam-se a orientar os consulentes na identificação e utilização das fontes disponíveis em cada acervo. Eles representam o principal instrumento de pesquisa em arquivos, constituindo-se no primeiro ponto de referência para o pesquisador, e respondem a duas necessidades básicas: (1) Obtenção de informações gerais sobre o acervo do repositório e (2) Acesso a dados específicos sobre cada arquivo ou coleção existente no repositório.

Os acervos serão tratados, sempre obedecendo o princípio de proveniência, com a finalidade de gerar informações sobre a natureza, história, abrangência temporal, quantidade e conteúdo de sua documentação.

O trabalho terá as seguintes fases:

1. Arranjo
2. Descrição
3. Indexação e Listagem
4. Preparação dos Guias de Arquivos.

6.2.1 Arranjo

Esta atividade será realizada apenas nos casos em que a organização existente nos acervos inviabilize o acesso e a recuperação da informação.

Ela será antecedida de uma avaliação do acervo para definir a melhor forma de arranjo.

Quaisquer que sejam as "linhas" de arranjo adotadas no tratamento do acervo, serão consideradas as particularidades técnicas próprias a cada classe de documento (textual, cartográfica e audiovisual).

6.2.2 Descrição

A descrição da documentação, feita com base no modelo de inventário sumário, levará em conta apenas unidades de arquivamento (pastas, maços, volumes etc).

Os caracteres essenciais da descrição referem-se tanto à estrutura física quanto à substância do documento.

Estes caracteres estão identificados no quadro abaixo:

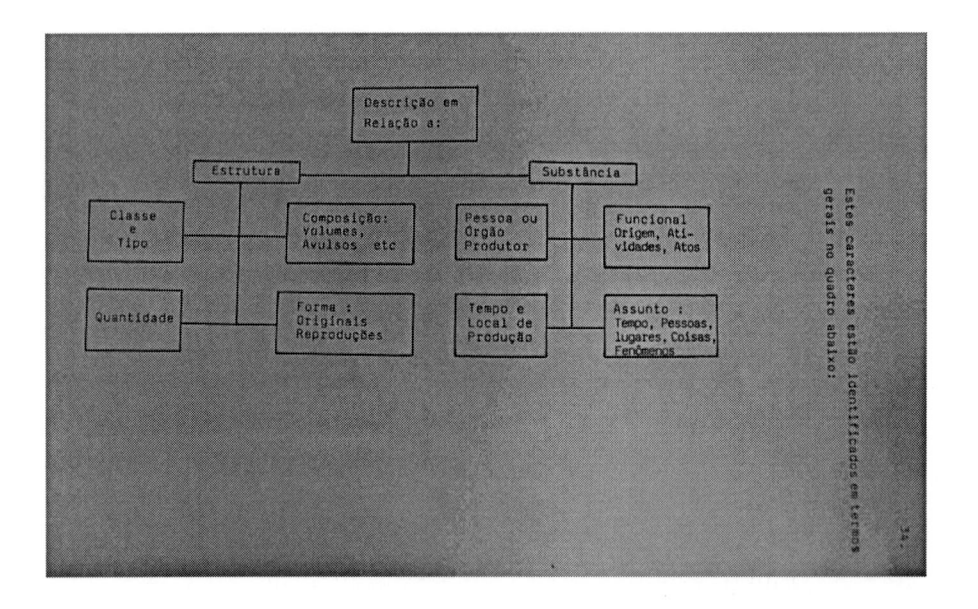

6.2.3 Indexação e Listagem

As fichas de descrição apresentam uma série de elementos que informaram sobre a natureza, conteúdo, quantidade, data e localização física da documentação.

Coletadas essas informações, uma equipe especializada de documentalistas preencherá os formulários padronizados, segundo as normas técnicas estabelecidas pelo serviço de computação.

Esses dados serão indexados mediante processamento eletrônico, produzindo listagens de referência. A indexação visa basicamente ordenar as informações para a elaboração dos guias de arquivos e para facilitar a edição dos inventários sumários dos acervos.

6.2.4 Preparação dos Guias de Arquivos

A elaboração dos guias de arquivos envolverá duas etapas, a saber:

a. Produção de um texto sumário sobre a história da instituição da qual provem a massa documental em questão.

Para tanto serão efetuadas pesquisas com base na bibliografia pertinente e nos registros documentais da instituição analisada. Quando necessário, estas pesquisas serão complementadas por entrevistas com personalidades vinculadas a história daquela instituição.

b. Elaboração de uma síntese informativa sobre a massa documental da instituição analisada.

As informações serão elaboradas considerando as classes e tipos de documentos, a quantidade, a abrangência temporal, os assuntos e outros dados que facilitam seu acesso e uso. O trabalho de síntese, sempre que possível, será feito com base no inventário sumário dos acervos.

Assim, os guias de arquivos deverão prestar as seguintes informações:

1. Informações genérica sobre a totalidade dos fundos que integram os arquivos e coleções privadas, fornecendo os dados – natureza dos documentos, estrutura, período de tempo abrangido quantidade etc – que permitam a identificação de cada fundo isoladamente.

2. Informações sobre a história dos órgãos e instituições privadas cujos acervos tenham sido objeto do **Pró-Documento**.

3. Exposição da metodologia e técnicas empregadas no tratamento da documentação.

7. AVALIAÇÃO DE PROJETOS

O **Pró-Documento** apoiará projetos de cadastramento, inventário, organização e higienização de acervos privados.

O **Pró-Documento** dará ainda apoio técnico aos projetos destinados da infraestrutura de arquivos e equipagem de centros de documentação na área de documentação privada.

7.1 Apresentação dos Projetos

Os projetos devem ser apresentados às Coordenações Regionais do **PróDocumento**, às Subcoordenações Regionais ou ainda aos Conselhos Regionais de Apoio à Preservação dos Arquivos Privados.

7.2 Seleção

A seleção dos projetos ficará a cargo, a nível regional, da Coordenação Regional de Apoio à Preservação dos Arquivos Privados. Os projetos provenientes das Subcoordenadorias serão selecionados, em comum acordo, pelo Coordenador Regional e os demais Subcoordenadores.

Os projetos selecionados regionalmente serão enviados pelos Representantes Regionais à Administração Central da Pró-Memória a fim de apreciação e financiamento.

A Coordenação Nacional do **Pró-Documento** caberá emitir pareceres sobre a sua aprovação. Os projetos poderão serão recusados, caso não se enquadrem nas prioridades nacionais ou fujam aos objetivos do **Pró-Documento**, ou ainda na hipótese de não estarem ajustados tecnicamente à metodologia estabelecida por este.

Neste último caso serão devolvidos para reformulação às suas instituições de origem, podendo receber para tanto a assessoria técnica do **Pró-Documento**.

Os projetos selecionados, mas que não tenham obtido recursos para a sua execução, poderão ser representados nos exercícios posteriores.

Deverão seguir estes procedimentos os projetos a serem financiados com recursos ordinários da Pró-Memória, assim como os projetos financiados com recursos extraordinários, sob a chancela do **Pró-Documento**.

7.3 Critérios de Aprovação

A aprovação dos projetos obedecerá aos seguintes critérios:

a. relevância histórica, científica e cultural do acervo;

b. grau de urgência da ação preservacionistas;

c. adequação técnica do projeto;

d. disponibilidade de recursos.

7.4 Recursos

Os projetos serão realizados com recursos ordinários da Pró-Memória, através dos seus Planos Anuais de Ação, e com recursos extraordinários oriundos de agências de fomento à pesquisa e à cultura.

A captação de recursos extraordinários ficará a cargo da atuação conjunta da Administração Central da Pró-Memória, da Coordenação Nacional e da Coordenações Regionais do **Pró-Documento**. Caberá a Administração Central da Pró-Memória, junto com a Coordenação Nacional do **Pró-Documento**, a coordenação dos esforços de captação de recursos, a fim de assegurar a sua compatibilização e racionalização.

Entre os recursos extraordinários estão também aqueles provenientes de doações de pessoas físicas e instituições civis que poderão ser computadas para fins de dedução do Imposto de Renda, conforme prevê o Artigo 242 da Consolidação das Leis do Imposto de Renda.

8. CONCLUSÃO

O **Pró-Documento** marca a atuação da Secretaria de Cultura do MEC, no âmbito de sua competência, através de um conjunto de ações destinadas à preservação de uma imensa parcela de nosso patrimônio documental de valor histórico: os arquivos privados.

Seu objetivo maior é dar respostas às necessidades de preservação da documentação privada através do envolvimento da comunidade interessada. Desta forma, pretende-se garantir a principal condição para a eficácia de qualquer política preservacionista: seu uso social.

Através da participação da comunidade interessada na definição de suas demandas prioritárias, o **Pró-Documento** agirá como polo aglutinador e gerador de uma consciência social sobre a importância da preservação dos arquivos privados para a memória nacional. Por outro lado, fará da tarefa de preservar este patrimônio uma responsabilidade comum a toda a parcela envolvida da sociedade civil, promovendo a soma de esforços e a socialização dos custos.

A expectativa do Programa é que a preservação dos arquivos privados de interesse histórico garanta, paralelamente, o acesso democrático à informação neles contido, sem perder de vista, contudo, o direito das instituições e/ou pessoas possuidoras ou geradoras desses acervos, de verem preservadas sua privacidade e sua propriedade sobre os documentos.

O **Pró-Documento** reveste-se, portanto, de um caráter essencialmente civilizatório, no qual a participação da sociedade civil, a descentralização das ações e a harmonia técnica e metodológica desempenha papel fundamental para a execução de tão magna tarefa.

É o espírito de ver preservada a identidade social e cultural de nosso povo, registrada no seu cotidiano pelos arquivos privados, que anima a Secretaria da Cultura do MEC, através da Subsecretaria do Patrimônio Histórico e Artístico Nacional e da Fundação Nacional Pró-Memória, a apresentar à comunidade acadêmica e cultural este Programa Nacional de Preservação da Documentação Histórica – **Pró-Documento**[428].

---

[428] No texto-base do Pró-Documento, da página 42 até a página 47 temos um anexo que descreve os endereços das diretorias regionais da SPHAN/Pró-Memória e dos escritórios técnicos da Fundação Nacional Pró-Memória.

ANEXO II

TRANSCRIÇÃO DO ESTATUTO DA ASSOCIAÇÃO DE ARQUIVOS PRIVADOS (ARQPRI)[429]

TÍTULO I
DA NATUREZA, SEDE, DURAÇÃO E FINS
Capítulo Único
Da Natureza, Sede, Duração e Fins

Art. 1º - A Associação Brasileira de Arquivos Privados, cuja sigla será ArqPri, criada na cidade de Brasília, é uma entidade de direito privado, com personalidade jurídica, sem fins lucrativos.

Art. 2º - A ArqPri tem sede e foro na capital da República.

Art. 3º - São finalidades da ArqPri:

I – Postular pelos direitos e interesses das instituições filiadas;

II – Promover estudos e propor soluções para os problemas relativos ao desenvolvimento dos arquivos privados;

III – Colaborar com os poderes públicos, visando ao aprimoramento da política arquivística nacional;

IV – Funcionar como órgão permanente de coordenação das pessoas jurídicas de Direito Privado que tenham como objetivo o desenvolvimento e o aprimoramento dos acervos arquivísticos privados;

V – Propiciar assessoria técnica e jurídica às instituições filiadas;

VI – Incentivar a organização jurídica dos acervos arquivísticos privados existentes no Brasil;

VII – Defender a iniciativa privada na organização dos acervos arquivísticos privados;

---

[429] Arquivo Noronha Santos – ACI/RJ – IPHAN. **Fundo Arquivo Intermediário.** Fundo Sphan/Pró-Memória (1969-1992). Caixa 262: Projetos e documentos administrativos do Pró-Documento. Pasta 06: Documentos administrativos do Pró-Documento.

VIII – Representar os Arquivos Privados junto aos poderes públicos;

IX – Organizar congressos, seminários, fóruns de debates, pesquisas e cursos de aperfeiçoamento nas áreas administrativas e técnicas para os associados.

Art. 4º - A ArqPri terá duração indeterminada.

TÍTULO II
DA CONSTITUIÇÃO
Capítulo I
Dos Associados

Art. 5º - Os sócios da ArqPri podem ser:

I – Fundadores;

II – Efetivos;

III – Honorários;

Art. 6º - São sócios fundadores as pessoas jurídicas de direito privado que mantendo acervos de arquivos privados subscreveram esta ata da fundação.

Art. 7º - São sócios efetivos as pessoas jurídicas de direito privado que, mantendo acervos de arquivos privados, tenha reconhecida esta qualidade pela Presidência ad referendum da Assembleia Geral da ArqPri.

Art.8º - São sócios honorários as pessoas físicas ou jurídicas de direito privado que tenham reconhecido esta qualidade pela Assembleia Geral da ArqPri.

Art.9º - As pessoas jurídicas de direito privado, inclusive Fundações, que têm atividades múltiplas, serão necessariamente representadas pelo órgão institucional que se responsabiliza pela guarda, manutenção e política dos acervos arquivísticos.

§ Único – Serão indicados no ato de Subscrição desta ata ou admissão, os órgãos delegados das pessoas jurídicas de atividades múltiplas bem como as pessoas físicas dotadas do poder de representações respeitada a unicidade do mandato.

Art. 10º - A admissão de que tratam os art. 6º e 7º, devem ser formalizada pela Presidência da ArqPri, mediante pagamento de contribuição social.

Art. 11 – Somente os sócios fundadores e efetivos têm direito a voz e voto.

Art. 12 – Os sócios da ArqPri não respondem solidariamente ou subsidiariamente pelas obrigações sociais da sociedade.

Art.13 – São deveres dos sócios:

I – Cumprir e fazer respeitar este Estatuto e as demais disposições normativas emanadas dos órgãos competentes;

II – Defender os princípios e as finalidades da Associação;

III – Cumprir o Código de Ética da Associação;

IV – Pagar as contribuições que vierem a ser fixadas.

Art. 14 – São direitos dos sócios:

I – Receber a assistência da ArqPri no âmbito das finalidades definidas neste Estatuto;

II – Votar e ser votado pelos seus representantes legais;

III – Participar pelos representantes legais das Assembleias Gerais;

Parágrafo Primeiro: Os representantes desligados da respectiva instituição perdem automaticamente seus direitos junto à ArqPri.

Parágrafo Segundo: O disposto no inciso II do presente artigo não se aplica aos sócios honorários.

Capítulo II Da Estrutura Art. 15 – São órgãos da ArqPri:

I – Assembleia Geral;

II – Presidência;

III – Conselho Fiscal;

IV – Diretoria Executiva.

Seção I
Da Assembleia Geral

Art. 16 – A Assembleia Geral, integrada pelos Associados quites com suas contribuições, é o órgão máximo da ArqPri, com poderes deliberativos e normativos;

Art. 17 – A Assembleia Geral reúne-se ordinária e extraordinariamente;

Parágrafo Primeiro: As reuniões ordinárias serão anuais e as extraordinárias sempre que convocadas na forma do presente Estatuto.

Parágrafo Segundo: As reuniões ordinárias serão convocadas pela Presidência.

Parágrafo Terceiro: As reuniões extraordinárias serão convocadas pela Presidência ou por 1/3 (um terço) dos Associados no gosto de seus direitos sociais, devendo o Presidente, neste caso, concretizar a convocação, com antecedência mínima de 30 (trinta) dias corridos após a entrega da solicitação.

Parágrafo Quarto: A Assembleia Geral ordinária será realizada no mês de março na sede da Associação.

Art. 18 – Compete à Assembleia Geral:

I – Decidir, sobre mudanças estatutárias;

II – Aprovar o parecer de prestação de contas da Diretoria Executiva;

III – Examinar e decidir em grau de recurso final, pendências no âmbito da Associação;

IV – Eleger os membros da Presidência;

V – Eleger os membros do Conselho Fiscal.

Parágrafo Primeiro: As mudanças estatutárias de que trata o inciso primeiro serão decididas em Assembleia Geral extraordinária, convocada com antecedência de 15 (quinze) dias corridos, por maioria de 2/3 (dois terços) dos membros presentes respeitado o limite mínimo de 1/3 (um terço) dos associados no gozo de seus direitos sociais.

Seção II
Da Presidência

Art. 19 – A Presidência, órgão deliberativo da ArqPri, à qual compete sua supervisão em caráter permanente, é integrada por representantes estaduais, observado, necessariamente, o critério da escolha entre representantes das unidades da Federação presentes à Assembleia.

Parágrafo Primeiro: O número de integrantes da Presidência não poderá ser superior a 7 (sete) e não deverá contar com mais de 2 (dois) representantes por estado. Parágrafo Segundo: A Presidência terá um Presidente-Diretor e dois Vice-Presidentes Diretores escolhidos entre seus membros com mandato equivalente ao da Presidência.

Parágrafo Terceiro: A Presidência deverá se reunir bimestralmente.

Art. 20 – Os membros da Presidência terão mandato de 03 (três) anos e será permitida a recondução.

Art. 21 – Compete à Presidência:

I – Eleger dentre os seus membros, o Presidente-Diretor e dois Vice-Presidentes Diretores;

II – Propor à Assembleia Geral a política da ArqPri dentro de seus fins e princípios;

III – Promover contatos necessários com organizações nacionais e estrangeiras, de forma a melhor atender aos interesses e ao desenvolvimento dos arquivos privados;

IV - Zelar pela fiel observância deste Estatuto e demais disposições regimentais e normativos;

V – Representar a ArqPri em Juízo e fora dele;

VI – Convocar a Assembleia Geral;

VII – Levar à Assembleia Geral as representações de recursos dos associados;

VIII – Cumprir as deliberações da Assembleia Geral;

IX – Apresentar à Assembleia Ordinária anual o relatório das atividades da Associação do exercício anterior;

X – Fazer prestação anual de contas ao Conselho Fiscal, que a examinará e submeterá, com parecer, à Assembleia Ordinária anual;

XI – Propor à Assembleia Ordinária anual o orçamente para o exercício do ano seguinte, incluindo o valor das contribuições a serem cobradas dos associados. Parágrafo Único: Os incisos II e IV são da competência do Presidente, a quem incumbe também presidir, com voto de qualidade, às reuniões em que estiver presente.

Seção III
Do Conselho Fiscal

Art. 22 – O Conselho Fiscal será composto de 5 (cinco) membros titulares e 2 (dois) membros suplentes, competindo-lhes:

I – Emitir parecer sobre o relatório do Diretor Geral nos temos do Artigo 24, inciso IV bem como sobre o exercício das atividades do Diretor Administrativo, nos termos do artigo 26, inciso VIII;

II – Elaborar os pareceres, no prazo mínimo de 30 (trinta) dias anteriores à Assembleia Ordinária anual da Associação;

III – O Conselho Fiscal deve ter à disposição um profissional formado em Ciências Contábeis.

Seção IV
Da Diretoria Executiva

Art. 23 - A Diretoria Executiva, à qual compete obedecer às determinações da Assembleia e da Presidência, é constituída por:

I – Um Diretor Geral;

II – Um Diretor Administrativo;

III – Um Diretor Técnico;

Parágrafo Primeiro: A Diretoria Executiva poderá, ouvida a Presidência, contratar assessorias para o cumprimento dos serviços necessários ao pleno desempenho de suas atividades.

Parágrafo Segundo: A Diretoria Executiva reunir-se-á, no mínimo, uma vez por mês. O membro da Diretoria que não comparecer a 3 (três) reuniões consecutivas ou a 5 (cinco) alternadas perderá o cargo.

Parágrafo Terceiro: O Diretor Administrativo deverá obrigatoriamente ter domicílio e residência em Brasília.

Art. 24 – Os membros da Diretoria Executiva serão designados pela Presidência, com mandato de 2 (dois) anos e escolhidos dentre os associados quites com suas contribuições sociais, podendo ser reconduzidos.

Parágrafo Único: A Presidência designará ainda, 2 (dois) suplentes para as eventuais vacâncias que se manifestarem na composição da Diretoria Executiva a que se refere o presente artigo.

Art. 25 – Compete ao Diretor Geral:

I – Executar a política traçada pela ArqPri.

II – Presidir às reuniões da Diretoria Executiva.

III – Dirigir esforços para a abertura de seções estaduais e criação de pessoas jurídicas vinculadas à proteção de acervos arquivísticos privados.

IV – Zelar pelo patrimônio e pela aplicação de recursos da ArqPri.

V – Elaborar a ata das reuniões da Presidência.

Art.26 – Compete ao Diretor Administrativo:

I – Auxiliar o Diretor Geral no atendimento de suas obrigações estatutárias;

II – Substituir o Diretor Geral e o Presidente junto aos poderes Legislativo, Executivo e Judiciário, assim como nas atividades de relações externas, divulgação e publicação.

III – Colaborar com o Diretor Geral e o Presidente junto aos poderes Legislativo, Executivo e Judiciário, assim como nas atividades de relações externas, divulgação e publicação.

IV – Executar as determinações da Diretoria Executiva.

V – Elaborar atas, projetos e documentos dependentes de aprovação.

VI – Propor contratações e dispensas, contratos e distratos.

VII – Manter em dia a correspondência recebida e emitida.

VIII – Supervisionar as atividades da sede da Associação.

IX – Projetar e executar, com aprovação da Diretoria Executiva e da Presidência, a programação financeira da ArqPri.

X – Manter a contabilidade da ArqPri em dia, por meio de livros contábeis, dos lançamentos patrimoniais e da conciliação bancária.

XI – Assinar cheques e autorizar pagamentos, conjuntamente com o Presidente ou o Diretor Geral.

XII– Elaborar a ata das reuniões da Diretoria Executiva.

Art. 27 – Compete ao Diretor Técnico:

I – Planejar, avaliar e controlar o assessoramento aos associados, tanto na parte legal quanto na de prestação de serviços.

II – Propiciar as condições de suporte técnico e arquivístico da ArqPri a todos os seus membros.

III – Propor convênios e relações com outras instituições privadas ou públicas, nacionais ou estrangeiras.

IV – Providenciar inscrições e transcrições e definidas em lei nos estatutos sociais.

Art. 28 - Só terão direito a votos, os sócios efetivos, admitidos até 30 (trinta) dias da data estabelecida para as eleições.

Capítulo III
Das Eleições

Art. 29 – Terão direito a voto os sócios fundadores e efetivos, por intermédio de seus representantes legais.

Art. 30 – Não poderão exercer o direito de votar e ser votados, os sócios que não estiverem em dia com a Associação até 72 (setenta e duas) horas antes da realização da Assembleia.

Art. 31 – A Presidência deverá convocar a Assembleia Geral para as eleições, com 60 (sessenta) dias de antecedência, ficando as inscrições das chapas encerradas 30 (trinta) dias antes da data das eleições.

Capítulo III
DO PATRIMÔNIO, DA RENDA

Capítulo I
Do Patrimônio

Art. 32 - O Patrimônio da ArqPri é constituído de:
I – Bens móveis e imóveis.
II – Fundos que vieram a constituir.
III – Doações e legados.
IV – Outros direitos;

Capítulo II
Da Renda

Art. 33 – A renda da ArqPri será constituída de:
I – Contribuições dos associados.
II – Subvenções e auxílios de entidades públicas ou privadas.
III – Renda patrimonial.

Capítulo III
Da Administração Patrimonial e Financeira

Art. 34 – O Patrimônio da ArqPri, constituído na força do presente Estatuto, será utilizado obrigatoriamente na consecução dos seus fins.

Art. 35 – Alienação ou oneração de bens imóveis, só será procedida após a aprovação da Assembleia Geral.

Art. 36 – O orçamento da ArqPri coincide com o ano civil.

TÍTULO IV
DAS DISPOSIÇÕES GERAIS
Capítulo Único

Art. 37 – A ArqPri fará cumprir os princípios contidos no Código de Ética aprovado pela Assembleia Geral e adotado pelos seus associados.

Art. 38 – As violações do Código de Ética serão apuradas por Comissão instituída pela Presidência que decidirá pela aplicação de uma das seguintes penalidades:

I – Advertência.

II – Exclusão.

Parágrafo Único: A pena de exclusão será decidida pela Assembleia Geral, com ampla liberdade de defesa.

Art. 39 – A extinção da Associação será decidida pela Assembleia Geral, por 2/3 (dois terços) de seus membros, em reunião convocada com 30 (trinta) dias de antecedência. **Art. 40** – No caso de extinção o patrimônio da Associação Brasileira de Arquivos Privados será destinado a uma instituição, a critério da Assembleia Geral, desde que registrada no Conselho Nacional de Serviço Social.

TÍTULO V
DAS DISPOSIÇÕES TRANSITÓRIAS
Capítulo Único
Das Disposições Transitórias

Art. 41 – A primeira diretoria será constituída no ato de criação desta Associação não sendo necessário que ser obedeça às regras dos art. 28 – 29 – 30.

Art. 42 – Os casos omissos serão resolvidos pela presidência.

Art. 43 – O presente Estatuto entrará em vigor na data de sua aprovação pela Assembleia Geral.

Brasília – DF